高等学校消防工程专业系列教材

消防工程概预算理论与实践

XIAOFANG GONGCHENG GAIYUSUAN LILUN YU SHIJIAN

主编 ⊙ 谢宝超　范传刚　徐志胜　郑思宇

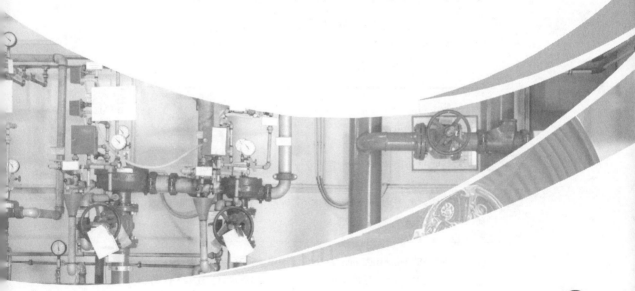

中南大学出版社
WWW.csupress.com.cn
·长沙·

图书在版编目(CIP)数据

消防工程概预算理论与实践/谢宝超等主编. ——
长沙：中南大学出版社，2023.12
ISBN 978-7-5487-5621-7

Ⅰ. ①消… Ⅱ. ①谢… Ⅲ. ①消防设备—建筑安装
—概算编制—高等学校—教材②消防设备—建筑安装—
预算编制—高等学校—教材 Ⅳ. ①TU998.13

中国国家版本馆 CIP 数据核字(2023)第 215838 号

消防工程概预算理论与实践
XIAOFANG GONGCHENG GAIYUSUAN LILUN YU SHIJIAN

谢宝超　范传刚　徐志胜　郑思宇　主编

□**责任编辑**	刘颖维	
□**封面设计**	李芳丽	
□**责任印制**	唐　曦	
□**出版发行**	中南大学出版社	
	社址：长沙市麓山南路	邮编：410083
	发行科电话：0731-88876770	传真：0731-88710482
□**印　　装**	长沙印通印刷有限公司	

□**开　　本**	787 mm×1092 mm　1/16	□**印张** 16	□**字数** 410 千字
□**版　　次**	2023 年 12 月第 1 版	□**印次** 2023 年 12 月第 1 次印刷	
□**书　　号**	ISBN 978-7-5487-5621-7		
□**定　　价**	68.00 元		

前　言

　　工程概预算也称工程计价，是指在基本建设过程中，根据不同阶段设计文件的具体内容和有关定额、指标及取费标准，预先计算和确定建设项目全部工程费用的技术经济文件。建设工程概预算为国家制定投资计划和控制投资、比较和选择设计方案、项目招投标和工程价款结算、加强经营管理和经济核算等工程建设全过程均提供了重要依据。工科专业学生及从业人员均应掌握或了解工程概预算相关知识。

　　消防工程专业是一个新兴专业，开设该专业的本科院校越来越多，目前已有近20所，开设该专业的专科院校则更多。消防工程作为基本建设项目的一个单位工程，和其他单位工程一样，其概预算的基本原理同基本建设项目概预算是一致的。而且，消防工程不能独立发挥生产能力和使用效益，必须依附于单项工程或建设项目。因此，本书概预算理论部分，站在建设项目全局的角度阐述，而在实践部分，以理论指导消防工程概预算文件的编制，并加深对概预算理论的理解。消防工程专业人员通过本书的学习，可以消防工程概预算作为切入点，扩展学习安装工程概预算、建筑工程概预算，达到举一反三、触类旁通的效果。

　　本书概预算理论部分包括基本建设和工程概预算的基本概念、建设工程造价构成、建设工程计价依据、工程量清单计价方法、建设项目招投标阶段造价管理；实践部分采用广联达 BIM 安装计量软件 GQI2021，建立了某实例工程水灭火系统、火灾自动报警系统的 BIM，编制了消防水电系统分部分项工程量清单，然后采用广联达云计价软件

GCCP6.0，编制了消防水电系统最高投标限价。本书实例工程图纸、BIM 计量文件、云计价文件均可通过扫描二维码方式获取。

本书紧扣最新的标准规范编写，注重概预算基本理论体系的系统性和条理性，展现了 BIM 计量、云计价等概预算行业的最新发展现状。但由于编者水平和时间有限，书中错误和不足之处在所难免，恳请读者批评指正，以便进一步修正、补充和完善。

本书实例工程图纸、BIM 计量文件、云计价文件

作 者

2023 年 11 月

目 录

第一章 概　论

概预算是指在基本建设过程中，根据不同设计阶段的设计文件的具体内容和有关定额、指标及取费标准，预先计算和确定建设项目的全部工程费用的技术经济文件。消防工程作为基本建设项目的一个单位工程，和其他单位工程一样，其概预算的基本原理同基本建设项目概预算是一致的。同时，消防工程不能独立发挥生产能力和使用效益，必须依附于单项工程或建设项目。因此，本书概预算理论部分从建设项目全局的角度阐述，而在实践部分，以理论指导消防工程概预算文件的编制，加深对概预算理论的理解。消防工程专业人员通过本书的学习，可以借助消防工程概预算作为切入点，扩展学习安装工程概预算、建筑工程概预算，达到举一反三、触类旁通的效果。

▶ 第一节　基本建设概述

一、基本建设的概念

基本建设是国民经济中固定资产的建造、购置和安装及与之相联系的经济活动。这一概念源自俄语，而在西方通常被称为固定资本投资。

基本建设是把一定的建筑材料、机器设备等，通过购置、建造和安装等活动，转化为固定资产，形成新的生产能力和使用效益的过程，也就是实现固定资产的扩大再生产。与之相联系的土地征购、勘察设计、建设管理等，也属于基本建设工作的组成部分。

固定资产是指单位价值在规定限额以上，可供长期使用并在使用中保持原有实物形态的劳动资料和其他物质资料，如房屋、铁路、机器设备、工具、车辆、家具等。

基本建设是促进国民经济发展的重要手段，对从根本上调整国民经济重大比例关系和部门结构，合理分布生产力，加快生产发展速度，提高人民物质文化生活水平，都具有重要意义。

二、基本建设的主要内容

基本建设的主要内容分为建筑安装工程(包括建筑工程和安装工程)，设备及工、器具购置和其他工程建设工作。

(一) 建筑工程

建筑工程包括各类房屋建筑工程, 铁路、公路、桥梁、隧道、烟囱、堤坝、水塔、水池等构筑物工程, 为施工而进行的场地平整、原有建筑物和障碍物的拆除, 以及临时用水、电、气、道路和完工后的场地清理、环境绿化美化等工作。

(二) 安装工程

安装工程包括各种机械设备的装配、安装, 与安装设备配套的管线敷设、金属支架、工作台等装设工程, 与设备有关的绝缘、保温、刷油等工程, 以及为测定安装工程质量对单体设备、系统设备进行测试、试运转等工作。按其专业分为消防工程, 给排水、采暖、燃气工程, 刷油、防腐蚀、绝热工程, 通风空调工程, 电气设备安装工程, 机械设备安装工程等。

(三) 设备及工器具购置

设备及工器具购置包括车间、实验室、医院、学校、车站等生产、使用所必须配备的各种设备、工具、器具、生产家具及实验仪器的购置。国家有关条例规定: 使用期限超过一年的机器、机械、运输工具, 以及其他与生产有关的设备、工具、器具, 或单位价值在 2000 元以上, 并且使用期限超过 2 年的不属于生产经营主要设备的物品, 为固定资产。但新建和扩建的新车间, 生产设备及工、器具单位价值不够固定资产标准的, 可列入建设投资内。

(四) 其他工程建设工作

其他工程建设工作是指在上述工作之外, 但与它们有连带关系的工作, 如土地征购、拆迁补偿、建设管理、委托勘察设计、研究试验、生产准备、技术引进、职工培训、联合试运转等工作。

三、基本建设项目的分类

为了审批和管理, 根据基本建设项目的性质、用途、规模和资金来源不同, 可做如下分类。

(一) 按建设性质分类

(1) 新建项目, 指从无到有的新项目。对原有项目扩建, 其新增固定资产价值超过原有固定资产价值三倍以上的, 也属于新建项目。

(2) 扩建项目, 指原有企业为扩大已有产品的生产能力或开发新产品而扩大固定资产, 以及事业单位为扩大使用效益而扩大固定资产的增建项目。

(3) 改建项目, 指原有企业为了提高生产效益、改进产品质量或改变产品方向, 对原有厂房、设备、生产工艺流程进行技术改造的项目; 事业单位为改变原有功能或提高使用效益而进行的改造项目。

(4) 迁建项目, 指原有企事业单位出于各种原因需搬迁到另地而进行建设的项目。搬迁建设时, 不论是否维持原来的规模, 都属于迁建项目。

(5) 恢复项目, 指企事业单位因地震、水灾、风灾等自然灾害或战争等人为灾害使固定资产遭受破坏,已全部或部分报废,而后又投资恢复建设的项目,包括按原来的规模恢复建设和恢复建设同时进行扩建的项目。

(二)按建设项目经济用途分类

(1)生产性建设项目,指直接用于物质生产和直接为物质生产服务的项目,主要包括工业、农业、建筑业、林业、商业、交通、邮电、水利、气象及物资供应、地质资源勘探等建设项目。

(2)非生产性建设项目,指直接用于满足人民物质文化生活需要的建设项目,主要包括住宅、文教卫生、科研试验、社会福利、公用事业建设及行政办公等其他建设项目。

(三)按资金来源分类

(1)国家投资项目,指国家预算内直接安排的基本建设投资项目。

(2)银行信用筹资项目,指通过银行信用方式供应基本建设投资的项目。

(3)自筹资金项目,指各部门、各地区、各单位按照财政制度提留、管理和自行分配用于基本建设投资的项目。

(4)引进外资项目,指吸收利用国外资金(包括与外商合资经营、合作经营、合作开发及外商独资经营等形式)建设的项目。

(5)利用资金市场项目,指利用国家债券筹资和社会集资(包括股票、国内债券、国内补偿贸易等)建设的项目。

(四)按建设规模和投资大小分类

为适应对建设工程项目分级管理的需要,工程建设项目按建设规模和投资大小分为大型、中型、小型三类。我国大、中、小型工程一般按产品的设计能力或全部投资金额来划分,具体划分标准按国家规定执行。

四、基本建设项目层次的划分

为便于管理基本建设项目和确定建筑安装工程造价,基本建设项目从大到小、从粗到细划分为建设项目、单项工程、单位工程、分部工程、分项工程五个层次。

(一)建设项目

建设项目是指具有一个计划任务书,在一个或几个场地上,按照一个总体设计,由一个或若干个单项工程组成,在行政上实行统一管理,经济上实行独立核算的建设单位。一般以一个企业、事业单位或独立的工程作为一个建设项目。例如一座工厂、一所大学、一个住宅小区、一家医院、一条铁路等,都是一个建设项目。

(二)单项工程

单项工程是建设项目的组成部分。它是指具有独立的设计文件,竣工后可以独立发挥生产能力或使用效益的工程。例如工厂建设项目中的各个生产车间、辅助车间、仓库等都属于单项工程,而在大学建设项目中的教学楼、图书馆、办公楼和学生公寓等也被视为单项工程。

(三)单位工程

单位工程是单项工程的组成部分。它是指具有独立的设计文件,可以独立组织施工,但建成后不能独立发挥生产能力和使用效益的工程,如生产车间的土建工程、机械设备安装工程、工业管道安装工程、给排水工程、消防工程等,教学楼中的土建工程、通风空调工程、电气设备安装工程、消防工程、建筑智能化工程等,都是相应单项工程中的单位工程。

(四)分部工程

分部工程是单位工程的组成部分,是工程性质相近,施工方式、施工工具和使用材料大体相同的同类工程。例如,消防工程中的火灾自动报警系统工程、水灭火系统工程、气体灭火系统工程、泡沫灭火系统工程等,都是分部工程。

(五)分项工程

分项工程是分部工程的组成部分,按不同的施工方法、不同材料、不同规格,将分部工程划分为若干个分项工程。例如,水灭火系统工程可分为水喷淋钢管、消火栓钢管、水喷淋(雾)喷头、报警装置、温感式水幕装置、水流指示器、减压孔板、末端试水装置等分项工程。

分项工程是建筑安装工程的基本构成要素。为了便于计算各种资源消耗和确定单位工程造价,通常把这一基本构成要素视为"假定建筑产品"。尽管这种"假定建筑产品"没有独立存在的意义,但这一概念很重要,它在预算编制、计划统计、建筑施工、成本核算等方面都是不可缺少的。

综上所述,基本建设项目层次的划分如图 1-1 所示。

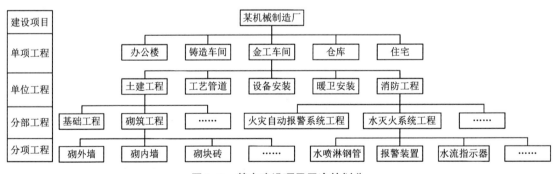

图 1-1 基本建设项目层次的划分

五、基本建设程序

基本建设程序是指建设项目从计划决策到建成投产(或使用)全过程中,各项工作必须遵循的先后顺序。我国在几十年的社会主义经济建设实践中,总结出基本建设的程序可分为四大阶段、十个程序,如图 1-2 所示。

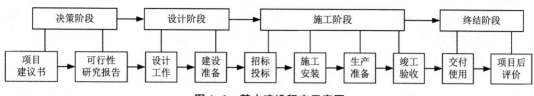

图1-2　基本建设程序示意图

(一)四大阶段

1.决策阶段

基本建设是一种投资行为,建设项目的投资决策十分重要。这个阶段的主要工作是提出项目建议书和在可行性研究的基础上编制可行性研究报告。项目建议书论述拟建项目的必要性和依据,以及经济效益、社会效益、环保和投资估算等内容,是拟建项目是否取得立项资格的前提。项目建议书批准后,即可开展可行性研究。经过调查(包括厂址选择)、预测、分析,对拟建项目的技术先进性、经济合理性及综合效益进行科学的评价,选择最优方案,并提出投资估算和设计任务书,形成可行性研究报告。国家规定,可行性研究报告必须经过咨询机构和专家评估论证,方可报批。因此,项目建议书和可行性研究报告都是各级主管部门对投资项目正确决策的科学依据。

2.设计阶段

建设项目可行性研究报告批准后,项目业主(或建设单位)即可着手建设准备(征地、拆迁、选择监理单位等)和招标(或委托)确定设计单位进行具体规划和勘察设计工作。设计工作将根据拟建项目设计的内容和深度,分阶段逐步深入和具体化,前一设计阶段完成并经上级部门批准才能进行下一阶段设计。包括总体规划、初步设计、技术设计和施工图设计及相应的设计总概算、修正总概算和施工图预算,统称为编制设计文件。

3.施工阶段

施工阶段工作繁多,包括报批开工报告,招标投标,施工准备,设备订货,施工安装,监理单位(或总承包单位)进行质量、工期和投资控制,生产准备,竣工验收与试车验收等。这个阶段是实现设计意图和固定资产产品的生产阶段。

4.终结阶段

在施工阶段结束以后,进入建设项目的终结阶段。这一阶段,意味着项目的建成和验收合格,包括项目的交付使用和按国家有关规定进行项目后评价两项工作。项目投产使用后,进行建设效果的评价,以考察投资效益和投资回收价值。

以上基本建设程序反映了客观经济规律和自然规律的要求,顺应了市场经济的发展,体现了项目业主责任制、工程建设监理制、工程招标投标制、项目咨询评估制的要求,并且与国际惯例基本趋于一致。

(二)十大程序

1.项目建议书

项目建议书(又称项目立项申请书),是从拟建项目建设的必要性和可能性出发,根据发展规划的要求，就某一具体新建、扩建项目向国家和省、市、地区主管部门提出的建议性文件。它可以减少项目选择的盲目性，为下一步可行性研究打下基础。目前广泛应用于项目的国家立项审批工作中。

2. 可行性研究报告

项目建议书批准后，应紧接着进行可行性研究。可行性研究是确定建设项目前具有决定性意义的工作，是在投资决策之前，对项目在技术上是否可行、经济上是否合理进行的科学分析和论证。其主要任务是研究基本建设项目的可行性和合理性。可行性研究报告应该在可行性研究的基础上进行报告审批。可行性研究报告被批准后，不得随意修改和变更。

3. 设计工作

设计工作是对拟建工程的实施在技术上和经济上所进行的全面而详细的安排，是组织施工的依据和项目建设计划的具体化。工程项目的设计工作一般划分为初步设计和施工图设计两个阶段，而对于重大项目和技术复杂项目，可根据需要增加技术设计阶段。

4. 建设准备

建设项目在开工建设之前，要切实做好各项准备工作，包括征地、拆迁、三通一平（通电、通路、通水及平整场地），以及组织设备、材料订货，组织施工招标，选择施工单位，报批开工报告等工作。施工前各项施工准备由施工单位根据施工项目管理的要求做好。属于业主方的施工准备，如提供合格施工现场、设备和材料等也应根据施工要求做好。

5. 招标投标

招标投标，是指在市场经济条件下，国内外的工程承包市场为买卖特殊商品而进行的特殊交易活动。"特殊商品"是指建设工程，既包括建设工程实施又包括建设工程实体形成过程中的建设工程技术咨询活动。建设工程招标投标的目的是保证工程质量、缩短建设周期、控制工程造价、提高投资效益。

6. 施工安装

建设项目经批准新开工建设，即进入施工安装阶段。项目新开工建设的时间，是指项目计划文件中规定的任何一项永久性工程第一次破土开槽开始施工的日期；无须开槽的工程，以正式开始打桩的日期作为开工日期；铁路、公路、水库等需要进行大量土石方工程的，以开始进行土石方工程的日期作为正式开工日期。

7. 生产准备

生产准备工作的内容根据项目或企业的不同，其要求也各不相同，但一般应包括招收和培训人员、生产组织准备、生产技术准备和生产物资准备。

8. 竣工验收

竣工验收是工程建设过程的最后一环，也标志着项目由建设转入生产或使用。在竣工验收阶段，会对建设成本、检验设计和施工质量进行全面考核。

9. 交付使用

房地产开发项目竣工验收合格后，方可交付使用；未经验收或者验收不合格的项目不得交付使用。

10. 项目后评价

项目后评价就是在项目建成投产或投入使用后，对项目运行进行的全面评价。建设项目的类型不同，后评价的内容也有所不同，一般来说，项目后评价包括目标后评价、效益后评价、影响后评价、持续性后评价、管理后评价。在进行具体评价时，根据项目的具体情况进行选择。

第二节 工程概预算综述

一、建设工程概预算的意义和作用

建设工程概预算是指确定建设项目所需的计划投资，即确定工程造价。

在现代化建设中，工程建设占有非常重要的地位。国家每年在工程建设和更新改造方面的投资，约占整个国民经济财政总支出的25%。国家对工程建设进行有计划的投资，促进了国民经济各部门的持续发展，使我国国力大大增强。

为了确保工程建设的顺利进行，必须严格按照工程建设程序办事，做到总体设计有估算，初步设计有概算，施工图设计有预算，竣工时有结算。因此，概预算的编制是工程建设工作中的一个重要环节。

从工程建设来讲，没有概预算的设计是不完整的设计，概预算是设计文件不可缺少的组成部分。

从施工管理来讲，概预算是安排生产，组织人力、物资，进行结算和核算成本的重要依据。

建设工程概预算的作用主要有：

(1)为国家制定建设计划和控制工程建设投资提供依据，有助于合理安排投资和资源。

(2)确定工程造价。

(3)为比较和选择设计方案提供重要依据。

(4)为建设项目招投标、签订合同和进行工程价款结算提供依据。

(5)为考核建设项目成本和评价投资效果提供依据。

(6)为施工企业加强经营管理和经济核算提供依据。

二、建设工程概预算的种类

(一)投资估算

投资估算是指在编制项目建议书和可行性研究阶段，按照规定的投资估算指标、类似建设工程造价资料或有关参数，估算出的建设项目的投资额。它是可行性研究阶段对工程项目所需投资的估计，为土地、土建工程、设备购置与安装，以及流动资金等项估计费用的总和。投资估算一般根据已建成同类工程的有关资料和概算指标编制，是项目评价和投资决策的重要依据之一。

(二)设计概算

设计概算是指设计单位在初步设计或技术设计阶段，根据设计要求，利用概算定额、概算指标等对工程建设全部投资(工程造价)进行的概略计算。设计概算由设计单位编制，其作用在于确定基本建设项目的成本和费用，是确定基本建设项目投资额、编制基本建设计划、落实基本建设任务、控制基本建设拨款、贷款和施工图预算的主要依据。设计概算较投资估算准确性有所提高，但又受投资估算的控制。设计概算是由单个到综合，局部到总体，逐个编制，层层汇总而成，是工程项目投资的最高限额。一般分为单位工程概算、单项工程综合概算、建设项目总概算三个层次。

(三) 修正概算

修正概算是设计单位在技术设计阶段，随着对初步内容的深化，对建设规模、结构性质、设备类型等方面进行必需的修改和变动的文件，它是确定单位工程和单项工程预算造价、签发施工合同，实行预算包干，进行竣工经济的依据。一般情况下，修正概算总额一般不应超过原批准的初步设计概算。

(四) 施工图预算

施工图预算又称设计预算，是由设计单位(或中介机构、施工单位)根据已批准的施工图纸、施工方案(或施工组织设计)，按照现行统一的建筑工程预算定额和工程量计算规则等编制和确定的建筑安装工程造价的技术经济文件。它应控制在设计概算确定的造价之内。

施工图预算较设计概算更为详尽和准确，是招投标确定标底、签订工程合同、银行办理拨付工程款的依据，也是施工企业经济核算的基础。施工图预算即为预算成本，它体现了现阶段经营管理的社会水平。

施工图预算文件应包括预算编制说明、总预算书、单项工程综合预算书、单位工程预算书、主要材料表及补充单位估价表。

(五) 承发包合同价

工程承发包合同价是指在工程招投标阶段，根据工程预算价格和市场竞争情况等因素，由建设单位(或造价咨询机构)预先测算和确定招标标底，投标单位编制投标报价，再通过评标并经过双方协商后确定的签订工程合同的价格。

(六) 施工预算

施工单位以承建工程为对象所编制的经济资料。以工程的设计资料、设计预算和实地技术经济勘察为依据，结合本单位的具体条件和实际水平确定所承包的工程预算。其内容一般包括按施工定额计算的分项工程量、材料耗用量、各工种的用工数量、大型机械的机种和数量。此外还包括模板需用量、混凝土、木构件和制品的加工、订货量、五金明细表、钢筋配料单等。

通过对施工预算与施工图预算的比较，能反映在承建的工程中节约消耗、降低成本的潜力，在工程竣工决算以后，可根据施工预算分析工程施工的实际消耗与计划消耗的情况，以便于总结经验、改进工作。因此，施工预算是施工单位赖以加强经济核算，从事各项经济活动分析的基本依据。

此外，施工预算与施工图预算存在一定的区别，具体区别如表1-1所示。

表 1-1 施工预算与施工图预算的区别

区别	施工预算	施工图预算
用途	用于施工企业内部核算,主要计算工料用量和直接费	确定整个单位工程造价
使用定额	施工定额	预算定额
工程项目粗细程度	项目多、划分细、综合性小	项目划分少于施工预算、综合性强
计算范围	一般只计算工程所需工料的数量,有条件的地区或计算工程的直接费	计算整个工程的直接工程费、现场经费、间接费、利润及税金等各项费用
施工组织及施工方法	所考虑的施工组织及施工方法要比施工图预算细得多	对一般民用建筑是按塔式起重机考虑的,即使是用卷扬机作吊装机械也按塔吊计算

(七)工程结算

工程结算是指承包商在工程实施过程中,依据承包合同中关于付款条件的规定和已经完成的工程量,按照规定的程序向建设单位(业主)收取工程价款的一项经济活动。工程结算是工程项目承包中的一项十分重要的工作,是该工程的实际价格和支付工程价款的依据。它包括:工程定期结算、工程阶段结算、工程年终结算、工程竣工结算。根据项目情况,建筑安装工程通常采用当期(一般以月为单位)结算、竣工结算方式;设备采购一般采用按交货进度分段结算方式。

(八)竣工决算

工程竣工决算是由建设单位编制的反映建设项目实际造价和投资效果的文件,是竣工验收报告的重要组成部分。建设项目竣工决算应包括从筹划到竣工投产全过程的全部实际费用,即建筑工程费用、安装工程费用、设备及工器具购置费用和工程建设其他费用以及预备费和投资方向调节税支出费用等。

其内容包括竣工财务决算说明书、竣工财务决算报表、工程竣工图和工程造价对比分析四个部分。前两个部分又称之为建设项目竣工财务决算,是竣工决算的核心内容和重要组成部分。

三、工程概预算的计价特点

建设工程产品所具有的单件性、固定性和建造周期长等特点,决定了工程计价在许多方面不同于一般的工农业产品,具有独特的计价特点。了解这些特点,对工程造价的确定与控制是非常必要的。建设工程造价具有单件计价、按构成的分部组合计价和多次计价等特点。

(一)单件计价

建设工程产品属于特殊的产品,不能像工农业产品和其他商品那样按品种、规格和质量档次成批定价,原因如下。

1. 用户不同

建设工程产品是为满足各个不同的使用者的需求而生产的。使用者不同，对其使用功能、建设规模、建造标准、建筑特征、设备设施等的要求是千差万别的。

2. 工程地点不同

建设工程是在各指定地点建造的，各地气候、地质、水文、地形、环境等自然条件及当地经济、文化、技术、风俗习惯等因素不同，必然使建设工程的实物形态千变万化。

3. 资源供应不同

建设工程产品的形成需要大量的活劳动和物化劳动消耗量。不同地区的人力、材料、构配件、机械及设备等供应条件是不同的，导致各项工程的投资费用不同。

因此，建设工程产品属于特殊的商品，其个体间的差异决定了必须针对每项工程进行单件计价。这是建设工程概预算计价的一个突出特点。

(二) 分部组合计价

在建设工程概预算造价三大构成中，设备及工器具购置费用、工程建设其他费用可根据提供的具体资料和有关规定进行简单计算确定。而建筑安装工程由于本身体量大，结构、构造复杂，露天作业多，其费用不仅内容繁杂，而且可变因素较多，计算复杂。为了准确地确定此项费用，必须对建设项目进行层次分解，由粗到细分为单项工程、单位工程、分部工程和分项工程。

编制工程概预算造价时，从最基本的费用构成单元即分项工程开始，逐层计算，逐层组合。首先是以建筑安装单位工程为对象，计算分部分项工程量，由各分项工程量乘以相应的分项工程单价得到直接工程费；按取费标准计算间接费、利润和税金等。将以上费用合计，得到单位工程造价。其次是将各单位工程造价进行综合并加上设备及工器具购置费等，计算出单项工程造价。最后，将各单项工程造价与工程建设其他费用汇总成建设项目总造价。

由上述可知，建设工程概预算具有组合计价的特点。

(三) 多次计价

建设工程产品的生产是一个周期长、可变因素多、资源消耗量大的生产消费过程。为适应各建设阶段对工程造价的控制和管理的要求，工程计价应在建设各阶段按照建设工程程序，进行多次计价。

(1) 在项目建议书阶段，按规定应编制初步投资估算，经有关部门批准，作为拟建项目列入国家中长期计划和开展前期工作的控制造价。

(2) 在可行性研究阶段，按规定应编制投资估算，经有关部门批准，即为该项目国家计划控制造价。

上述两个阶段形成的造价，均为该项目的指导价。

(3) 在初步设计和技术设计阶段，应编制初步设计总概算和修正总概算，经有关部门批准，即为控制拟建项目工程造价的最高限额。

(4) 在施工图设计阶段，应编制施工图预算或招标控制价，用以核实施工阶段造价是否超过批准的设计概算。施工图预算或招标控制价应控制在设计概算范围之内。

(5) 对以施工图预算模式或工程量清单计价模式为基础进行招标投标的工程，承包合同价也是以经济合同形式确定的建筑安装工程造价。

(6)在施工安装阶段,要按照施工单位实际完成的工程量,以合同价为基础,同时考虑因物价调整所引起的造价变动,考虑设计中难以预计的,但在实施阶段实际发生的工程费用,合理确定结算价。

(7)在竣工验收阶段,以结算价为基础,汇集在工程建设过程中实际花销的全部费用,编制竣工决算,如实反映该建设工程的实际造价。

建设工程的以上计价过程如图1-3所示。

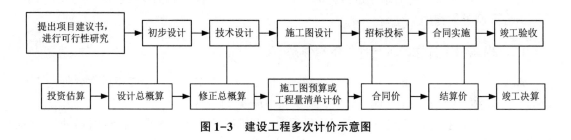

图1-3 建设工程多次计价示意图

第三节 工程概预算造价管理体制

一、工程造价管理的现状及发展方向

2003年,发布国家标准《建设工程工程量清单计价规范》(GB 50500—2003),这是建设工程计价依据第一次以国家标准的形式出现,开始了从传统的定额计价模式到工程量清单计价模式的转变,进一步确立了建设工程计价依据的法律地位,标志着一个崭新阶段的开始。

2008年,住房和城乡建设部对规范进行了更新,发布了《建设工程工程量清单计价规范》(GB 50500—2008)。

为适应深化工程计价改革的需要,国家确定了"政府宏观调控、部门动态监管、企业自主报价、市场形成价格"的宏伟目标。为实现这一目标,2013年,住房和城乡建设部、财政部联合下发了《建筑安装工程费用项目组成》;住房和城乡建设部于2013年发布了《建设工程工程量清单计价规范》(GB 50500—2013);与此相配套的一系列专业工程计算规范也相继发行,主要包括《房屋建筑与装饰工程工程量计算规范》(GB 50854—2013)、《仿古建筑工程工程量计算规范》(GB 50855—2013)、《通用安装工程工程量计算规范》(GB 50856—2013)、《市政工程工程量计算规范》(GB 50857—2013)、《园林绿化工程工程量计算规范》(GB 50858—2013)、《矿山工程工程量计算规范》(GB 50859—2013)、《构筑物工程工程量计算规范》(GB 50860—2013)、《城市轨道交通工程工程量计算规范》(GB 50861—2013)、《爆破工程工程量计算规范》(GB 50862—2013)。

通过上述一系列改革,我国建设工程造价管理逐步走向规范化。今后一段时期,我国工程造价管理改革势必进一步向纵深发展以适应经济体制不断深化改革的需要。为此,还需在以下几个方面做出努力。

(一) 健全市场决定工程造价制度

加强市场决定工程造价的法规制度建设，加快推进工程造价管理立法，依法规范市场主体计价行为，落实各方权利义务和法律责任。全面推行工程量清单计价，完善配套管理制度，为"企业自主报价，竞争形成价格"提供制度保障。细化招投标、合同订立阶段有关工程造价条款，为严格按照合同履约工程结算与合同价款支付夯实基础。

按照市场决定工程造价原则，全面清理现有工程造价管理制度和计价依据，消除对市场主体计价行为的干扰。大力培育造价咨询市场，充分发挥造价咨询企业在造价形成过程中的第三方专业服务的作用。

(二) 构建科学合理的工程计价依据体系

逐步统一各行业、各地区的工程计价规则，以工程量清单为核心，构建科学合理的工程计价依据体系，为打破行业、地区分割，服务统一开放、竞争有序的工程建设市场提供保障。

完善工程项目划分，建立多层级工程量清单，形成以清单计价规范和各专(行)业工程量计算规范配套使用的清单规范体系，满足不同设计深度、不同复杂程度、不同承包方式及不同管理需求下工程计价的需要。推行工程量清单全费用综合单价，鼓励有条件的行业和地区编制全费用定额。完善清单计价配套措施，推广适合工程量清单计价的要素价格指数调价法。

研究制定工程定额编制规则，统一全国工程定额编码、子目设置、工作内容等编制要求，并与工程量清单规范衔接。厘清全国统一、行业、地区定额专业划分和管理归属，补充完善各类工程定额，形成服务于从工程建设到维修养护全过程的工程定额体系。

(三) 建立与市场相适应的工程定额管理制度

明确工程定额定位，对国有资金投资工程，作为其编制估算、概算、最高投标限价的依据；对其他工程仅供参考。通过购买服务等多种方式，充分发挥企业、科研单位、社团组织等社会力量在工程定额编制中的基础作用，提高工程定额编制水平。鼓励企业编制企业定额。

建立工程定额全面修订和局部修订相结合的动态调整机制，及时修订不符合市场实际的内容，提高定额时效性。编制有关建筑产业现代化、建筑节能与绿色建筑等工程定额，发挥定额在新技术、新工艺、新材料、新设备推广应用中的引导约束作用，支持建筑业转型升级。

(四) 改革工程造价信息服务方式

明晰政府与市场的服务边界，明确政府提供的工程造价信息服务清单，鼓励社会力量开展工程造价信息服务，探索政府购买服务，构建多元化的工程造价信息服务方式。

建立工程造价信息化标准体系。编制工程造价数据交换标准，打破信息孤岛，奠定造价信息数据共享基础。建立国家工程造价数据库，开展工程造价数据积累，提升公共服务能力。制定工程造价指标指数编制标准，抓好造价指标指数测算发布工作。

(五)完善工程全过程造价服务和计价活动监管机制

建立健全工程造价全过程管理制度,实现工程项目投资估算、概算与最高投标限价、合同价、结算价政策衔接。注重工程造价与招投标、合同的管理制度协调,形成制度合力,保障工程造价的合理确定和有效控制。

完善建设工程价款结算办法,转变结算方式,推行过程结算,简化竣工结算。建筑工程在交付竣工验收时,必须具备完整的技术经济资料,鼓励将竣工结算书作为竣工验收备案的文件,引导工程竣工结算按约定及时办理,遏制工程款拖欠。创新工程造价纠纷调解机制,鼓励联合行业协会成立专家委员会进行造价纠纷专业调解。

推行工程全过程造价咨询服务,更加注重工程项目前期和设计的造价确定。充分发挥造价工程师的作用,从工程立项、设计、发包、施工到竣工全过程,实现对造价的动态控制。发挥造价管理机构专业作用,加强对工程计价活动及参与计价活动的工程建设各方主体、从业人员的监督检查,规范计价行为。

(六)推进工程造价咨询行政审批制度改革

研究深化行政审批制度改革路线图,做好配套准备工作,稳步推进改革。探索造价工程师交由行业协会管理。将甲级工程造价咨询企业资质认定中的延续、变更等事项交由省级住房城乡建设主管部门负责。

放宽行业准入条件,完善资质标准,调整乙级企业承接业务的范围,加强资质动态监管,强化执业责任,健全清出制度。推广合伙制企业,鼓励造价咨询企业多元化发展。

加强造价咨询企业跨省设立分支机构管理,打击分支机构和造价工程师挂靠现象。简化跨省承揽业务备案手续,清除地方、行业壁垒。简化申请资质资格的材料要求,推行电子化评审,加大公开公示力度。

(七)推进造价咨询诚信体系建设

加快造价咨询企业职业道德守则和执业标准建设,加强执业质量监管。整合资质资格管理系统与信用信息系统,搭建统一的信息平台。依托统一信息平台,建立信用档案,及时公开信用信息,形成有效的社会监督机制。加强信息资源整合,逐步建立与工商、税务、社保等部门的信用信息共享机制。

探索开展以企业和从业人员执业行为和执业质量为主要内容的评价,并与资质资格管理联动,营造"褒扬守信、惩戒失信"的环境。鼓励行业协会开展社会信用评价。

(八)促进造价专业人才水平提升

研究制定工程造价专业人才发展战略,提升专业人才素质。注重造价工程师考试和继续教育的实务操作和专业需求。加强与大专院校联系,指导工程造价专业学科建设,保证专业人才培养质量。

研究造价员从业行为监管办法。支持行业协会完善造价员全国统一自律管理制度,逐步统一各地、各行业造价员的专业划分和级别设置。

二、全国造价工程师职业资格制度

为提高固定资产投资效益，维护国家、社会和公共利益，充分发挥造价工程师在工程建设经济活动中合理确定和有效控制工程造价的作用，我国实行造价工程师职业资格制度。原人事部、原建设部于1996年发布了《造价工程师执业资格制度暂行规定》；住房城乡建设部、交通运输部、水利部、人力资源社会保障部于2018年发布《造价工程师职业资格制度规定》及《造价工程师职业资格考试实施办法》。

同时，为了加强对注册造价工程师的管理，规范注册造价工程师执业行为，维护社会公共利益，原建设部于2000年发布了《造价工程师注册管理办法》，原建设部于2006年发布了《注册造价工程师管理办法》，住房和城乡建设部于2016年和2020年进行了修正。

造价工程师，是指通过职业资格考试取得中华人民共和国造价工程师职业资格证书，并经注册后从事建设工程造价工作的专业技术人员。造价工程师分为一级造价工程师和二级造价工程师：一级造价工程师职业资格考试全国统一大纲、统一命题、统一组织；二级造价工程师职业资格考试全国统一大纲，各省、自治区、直辖市自主命题并组织实施。一级和二级造价工程师职业资格考试均设置基础科目和专业科目。造价工程师执业资格考试属于国家统一规划的专业技术人员执业资格制度范围。

(一)造价工程师报考条件

凡遵守中华人民共和国宪法、法律、法规，具有良好的业务素质和道德品行，具备下列条件之一者，可以申请参加一级造价工程师职业资格考试：

(1)具有工程造价专业大学专科(或高等职业教育)学历，从事工程造价业务工作满5年；具有土木建筑、水利、装备制造、交通运输、电子信息、财经商贸大类大学专科(或高等职业教育)学历，从事工程造价业务工作满6年。

(2)具有通过工程教育专业评估(认证)的工程管理、工程造价专业大学本科学历或学位，从事工程造价业务工作满4年；具有工学、管理学、经济学门类大学本科学历或学位，从事工程造价业务工作满5年。

(3)具有工学、管理学、经济学门类硕士学位或者第二学士学位，从事工程造价业务工作满3年。

(4)具有工学、管理学、经济学门类博士学位，从事工程造价业务工作满1年。

(5)具有其他专业相应学历或者学位的人员，从事工程造价业务工作年限相应增加1年。

凡遵守中华人民共和国宪法、法律、法规，具有良好的业务素质和道德品行，具备下列条件之一者，可以申请参加二级造价工程师职业资格考试：

(1)具有工程造价专业大学专科(或高等职业教育)学历，从事工程造价业务工作满2年；具有土木建筑、水利、装备制造、交通运输、电子信息、财经商贸大类大学专科(或高等职业教育)学历，从事工程造价业务工作满3年。

(2)具有工程管理、工程造价专业大学本科及以上学历或学位，从事工程造价业务工作满1年；具有工学、管理学、经济学门类大学本科及以上学历或学位，从事工程造价业务工作满2年。

(3)具有其他专业相应学历或学位的人员，从事工程造价业务工作年限相应增加1年。

(二) 造价工程师考试办法

一级造价工程师职业资格考试设《建设工程造价管理》《建设工程计价》《建设工程技术与计量》《建设工程造价案例分析》4 个科目。其中,《建设工程造价管理》和《建设工程计价》为基础科目,《建设工程技术与计量》和《建设工程造价案例分析》为专业科目。

二级造价工程师职业资格考试设《建设工程造价管理基础知识》《建设工程计量与计价实务》2 个科目。其中,《建设工程造价管理基础知识》为基础科目,《建设工程计量与计价实务》为专业科目。

造价工程师职业资格考试专业科目分为土木建筑工程、交通运输工程、水利工程和安装工程 4 个专业类别,考生在报名时可根据实际工作需要选择其一。其中,土木建筑工程、安装工程专业由住房城乡建设部负责;交通运输工程专业由交通运输部负责;水利工程专业由水利部负责。

一级造价工程师职业资格考试分 4 个半天进行。《建设工程造价管理》《建设工程技术与计量》《建设工程计价》科目的考试时间均为 2.5 小时;《建设工程造价案例分析》科目的考试时间为 4 小时。

二级造价工程师职业资格考试分 2 个半天。《建设工程造价管理基础知识》科目的考试时间为 2.5 小时,《建设工程计量与计价实务》为 3 小时。

一级造价工程师职业资格考试成绩实行 4 年为一个周期的滚动管理办法,在连续的 4 个考试年度内通过全部考试科目,方可取得一级造价工程师职业资格证书。

二级造价工程师职业资格考试成绩实行 2 年为一个周期的滚动管理办法,参加全部 2 个科目考试的人员必须在连续的 2 个考试年度内通过全部科目,方可取得二级造价工程师职业资格证书。

一级造价工程师职业资格考试每年一次。二级造价工程师职业资格考试每年不少于一次,具体考试日期由各地确定。

(三) 造价工程师注册

国家对造价工程师职业资格实行执业注册管理制度。取得造价工程师职业资格证书且从事工程造价相关工作的人员,经注册方可以造价工程师名义执业。

经批准注册的申请人,由住房城乡建设部、交通运输部、水利部核发《中华人民共和国一级造价工程师注册证》(或电子证书);或由各省、自治区、直辖市住房城乡建设、交通运输、水利行政主管部门核发《中华人民共和国二级造价工程师注册证》(或电子证书)。

造价工程师执业时应持注册证书和执业印章。注册证书、执业印章样式以及注册证书编号规则由住房城乡建设部会同交通运输部、水利部统一制定。执业印章由注册造价工程师按照统一规定自行制作。

住房城乡建设部、交通运输部、水利部按照职责分工建立造价工程师注册管理信息平台,保持通用数据标准统一。住房城乡建设部负责归集全国造价工程师注册信息,促进造价工程师注册、执业和信用信息互通共享。

住房城乡建设部、交通运输部、水利部负责建立完善造价工程师的注册和退出机制,对以不正当手段取得注册证书等违法违规行为,依照注册管理的有关规定撤销其注册证书。

(四)造价工程师执业

造价工程师在工作中，必须遵纪守法，恪守职业道德和从业规范，诚信执业，主动接受有关主管部门的监督检查，加强行业自律。

住房城乡建设部、交通运输部、水利部共同建立健全造价工程师执业诚信体系，制定相关规章制度或从业标准规范，并指导监督信用评价工作。

造价工程师不得同时受聘于两个或两个以上单位执业，不得允许他人以本人名义执业，严禁"证书挂靠"。出租出借注册证书的，依据相关法律法规进行处罚；构成犯罪的，依法追究刑事责任。

一级造价工程师的执业范围包括建设项目全过程的工程造价管理与咨询等，具体工作内容：

(1)项目建议书、可行性研究投资估算与审核，项目评价造价分析。

(2)建设工程设计概算、施工预算编制和审核。

(3)建设工程招标投标文件工程量和造价的编制与审核。

(4)建设工程合同价款、结算价款、竣工决算价款的编制与管理。

(5)建设工程审计、仲裁、诉讼、保险中的造价鉴定，工程造价纠纷调解。

(6)建设工程计价依据、造价指标的编制与管理。

(7)与工程造价管理有关的其他事项。

二级造价工程师主要协助一级造价工程师开展相关工作，可独立开展以下具体工作：

(1)建设工程工料分析、计划、组织与成本管理，施工图预算、设计概算编制。

(2)建设工程量清单、最高投标限价、投标报价编制。

(3)建设工程合同价款、结算价款和竣工决算价款的编制。

造价工程师应在本人工程造价咨询成果文件上签章，并承担相应责任。工程造价咨询成果文件应由一级造价工程师审核并加盖执业印章。

对出具虚假工程造价咨询成果文件或者有重大工作过失的造价工程师，不再予以注册，造成损失的依法追究其责任。

取得造价工程师注册证书的人员，应当按照国家专业技术人员继续教育的有关规定接受继续教育，更新专业知识，提高业务水平。

三、工程造价咨询企业管理办法

为了加强对工程造价咨询企业的管理，提高工程造价咨询工作质量，维护建设市场秩序和社会公共利益，原建设部于 2000 年发布了《工程造价咨询单位管理办法》，2006 年发布了《工程造价咨询企业管理办法》，住房和城乡建设部于 2015 年、2016 年、2020 年进行了修正。

(一)总则

工程造价咨询企业，是指接受委托，对建设项目投资、工程造价的确定与控制提供专业咨询服务的企业。

工程造价咨询企业应当依法取得工程造价咨询企业资质，并在其资质等级许可的范围内从事工程造价咨询活动。

工程造价咨询企业从事工程造价咨询活动，应当遵循独立、客观、公正、诚实信用的原则，不得损害社会公共利益和他人的合法权益。任何单位和个人不得非法干预依法进行的工程造价咨询活动。

国务院住房城乡建设主管部门负责全国工程造价咨询企业的统一监督管理工作。省、自治区、直辖市人民政府住房城乡建设主管部门负责本行政区域内工程造价咨询企业的监督管理工作。有关专业部门负责对本专业工程造价咨询企业实施监督管理。

工程造价咨询行业组织应当加强行业自律管理。鼓励工程造价咨询企业加入工程造价咨询行业组织。

(二)工程造价咨询企业资质等级与标准

工程造价咨询企业资质等级分为甲级、乙级。

甲级工程造价咨询企业资质标准主要如下：

(1)已取得乙级工程造价咨询企业资质证书满3年。

(2)技术负责人已取得一级造价工程师注册证书，并具有工程或工程经济类高级专业技术职称，且从事工程造价专业工作15年以上。

(3)专职从事工程造价专业工作的人员(以下简称专职专业人员)不少于12人，其中，具有工程(或工程经济类)中级以上专业技术职称或者取得二级造价工程师注册证书的人员合计不少于10人；取得一级造价工程师注册证书的人员不少于6人，其他人员具有从事工程造价专业工作的经历。

乙级工程造价咨询企业资质标准主要如下：

(1)技术负责人已取得一级造价工程师注册证书，并具有工程或工程经济类高级专业技术职称，且从事工程造价专业工作10年以上。

(2)专职专业人员不少于6人，其中，具有工程(或工程经济类)中级以上专业技术职称或者取得二级造价工程师注册证书的人员合计不少于4人；取得一级造价工程师注册证书的人员不少于3人，其他人员具有从事工程造价专业工作的经历。

工程造价咨询企业资质有效期为3年。

(三)工程造价咨询管理

工程造价咨询企业依法从事工程造价咨询活动，不受行政区域限制。甲级工程造价咨询企业可以从事各类建设项目的工程造价咨询业务。乙级工程造价咨询企业可以从事工程造价2亿元人民币以下各类建设项目的工程造价咨询业务。

工程造价咨询业务范围包括：

(1)建设项目建议书及可行性研究投资估算、项目经济评价报告的编制和审核。

(2)建设项目概预算的编制与审核，并配合设计方案比选、优化设计、限额设计等工作进行工程造价分析与控制。

(3)建设项目合同价款的确定(包括招标工程工程量清单和标底、投标报价的编制和审核)；合同价款的签订与调整(包括工程变更、工程洽商和索赔费用的计算)及工程款支付，工程结算及竣工结(决)算报告的编制与审核等。

(4)工程造价经济纠纷的鉴定和仲裁的咨询。

(5)提供工程造价信息服务等。

工程造价咨询企业可以对建设项目的组织实施进行全过程或者若干阶段的管理和服务。

工程造价咨询企业不得有下列行为：

(1)涂改、倒卖、出租、出借资质证书，或者以其他形式非法转让资质证书。

(2)超越资质等级业务范围承接工程造价咨询业务。

(3)同时接受招标人和投标人或两个以上投标人对同一工程项目的工程造价咨询业务。

(4)以给予回扣、恶意压低收费等方式进行不正当竞争。

(5)转包承接的工程造价咨询业务。

(6)法律、法规禁止的其他行为。

第二章　建设工程造价构成

第一节　我国建设项目总投资及工程造价的构成

建设项目总投资是为完成工程项目建设并达到使用要求或生产条件,在建设期内预计或实际投入的全部费用总和。生产性建设项目总投资包括建设投资、建设期利息和流动资金三部分;非生产性建设项目总投资包括建设投资和建设期利息两部分。其中建设投资和建设期利息之和对应于固定资产投资,固定资产投资与建设项目的工程造价在量上相等。工程造价基本构成包括用于购买工程项目所含各种设备的费用,用于建筑施工和安装施工所需支出的费用,用于委托工程勘察设计应支付的费用,用于获取土地使用权所需的费用,也包括用于建设单位自身进行项目筹建和项目管理所需的费用等。总之,工程造价是指在建设期预计或实际支出的建设费用。

工程造价中的主要构成部分是建设投资,建设投资是为完成工程项目建设,在建设期内投入且形成现金流出的全部费用。根据国家发改委和建设部发布的《建设项目经济评价方法与参数(第三版)》的规定,建设投资包括工程费用、工程建设其他费用和预备费三部分。工程费用是指建设期内直接用于工程建造、设备购置及其安装的建设投资,可以分为建筑安装工程费和设备及工器具购置费。工程建设其他费用是指建设期为项目建设或运营必须发生的但不包括在工程费用中的费用。预备费是在建设期内因各种不可预见因素的变化而预留的可能增加的费用,包括基本预备费和价差预备费。建设项目总投资的具体构成内容如图 2-1 所示。

流动资金指为进行正常生产运营,用于购买原材料、燃料、支付工资及其他运营费用等所需的周转资金。在可行性研究阶段用于财务分析时计为全部流动资金,在初步设计及以后阶段用于计算"项目报批总投资"或"项目概算总投资"时计为铺底流动资金。铺底流动资金是指生产经营性建设项目为保证投产后正常的生产运营所需,并在项目资本金中筹措的自有流动资金。

图 2-1 仅以建筑工程为例阐述建设项目总投资构成,其他专业类别的工程造价及总投资构成与建筑工程有所不同,例如,水利工程总投资由工程部分投资、建设征地移民补偿投资、环境保护工程投资、水土保持工程投资、价差预备费和建设期融资利息组成。公路工程总投

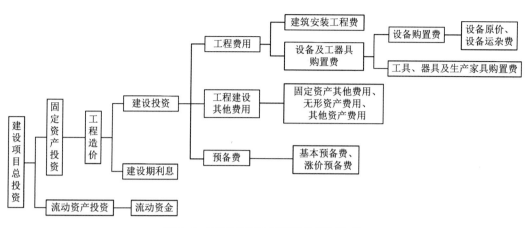

图 2-1　我国现行建设项目总投资构成

资由建筑安装工程费、土地使用及拆迁补偿费、工程建设其他费、预备费和建设期贷款利息构成。铁路工程投资总额由建筑安装工程费、设备购置费、其他费、基本预备费、工程造价增长预留费和建设期债务性资金利息、机车车辆(动车)购置费和铺底流动资金构成。水运工程总投资由工程费用、工程建设其他费用、预留费用、建设期贷款利息和专项估算组成。其他专业工程总投资构成不再一一列举。

▶ 第二节　设备及工器具购置费用组成

设备及工器具购置费用由设备购置费和工具、器具及生产家具购置费所组成,它是固定资产投资中的积极部分。在生产性工程建设中,设备及工器具购置费用占工程造价比重的增大,意味着生产技术的进步和资本有机构成的提高。

一、设备购置费的构成及计算

设备购置费是指为建设项目购置或自制的达到固定资产标准设备、工器具及生产家具等所需的费用。它由设备原价和设备运杂费构成,计算公式见式(2-1)。

$$设备购置费=设备原价(含备品备件费)+设备运杂费 \qquad (2-1)$$

式中:设备原价指国内采购设备的出厂价格,或国外采购设备的抵岸价格,设备原价通常包含备品备件费,备品备件费指设备购置时随设备同时订货的首套备品备件所发生的费用;设备运杂费指除设备原价之外的关于设备采购、运输、途中包装及仓库保管等方面支出费用的总和。

(一)国产设备原价的构成及计算

国产设备原价一般指的是设备制造厂的交货价或订货合同价,即出厂价格。它一般根据生产厂或供应商的询价、报价、合同价确定,或采用一定的方法计算确定。国产设备原价分为国产标准设备原价和国产非标准设备原价。

1. 国产标准设备原价

国产标准设备是指按照主管部门颁布的标准图纸和技术要求，由国内设备生产厂批量生产的、符合国家质量检测标准的设备。国产标准设备一般有完善的设备交易市场，因此可通过查询相关交易市场价格或向设备生产厂家询价得到国产标准设备原价。

2. 国产非标准设备原价

国产非标准设备是指国家尚无定型标准，各设备生产厂不可能在工艺过程中采用批量生产，只能按订货要求并根据具体的设计图纸制造的设备。非标准设备由于单件生产、无定型标准，所以无法获取市场交易价格，只能按其成本构成或相关技术参数估算其价格。非标准设备原价有多种不同的计算方法，如成本计算估价法、系列设备插入估价法、分部组合估价法、定额估价法等。但无论采用哪种方法，都应该使非标准设备计价接近实际出厂价，并且计算方法要简便。成本计算估价法是一种比较常用的估算非标准设备原价的方法。按成本计算估价法，非标准设备的原价由以下各项组成。

(1)材料费，其计算公式见式(2-2)：
$$材料费=材料净重×(1+加工损耗系数)×每吨材料综合价 \quad (2-2)$$

(2)加工费，包括生产工人工资和工资附加费、燃料动力费、设备折旧费、车间经费等，其计算公式见式(2-3)：
$$加工费=设备总质量(吨)×设备每吨加工费 \quad (2-3)$$

(3)辅助材料费(简称辅材费)，包括焊条、焊丝、氧气、氩气、氮气、油漆、碳化钙(电石)等费用，其计算公式见式(2-4)：
$$辅助材料费=设备总质量×辅助材料费指标 \quad (2-4)$$

(4)专用工具费，按(1)~(3)项之和乘以一定百分比计算。

(5)废品损失费，按(1)~(4)项之和乘以一定百分比计算。

(6)外购配套件费，按设备设计图纸所列的外购配套件的名称、型号、规格、数量、质量，根据相应的价格加运杂费计算。

(7)包装费，按以上(1)~(6)项之和乘以一定百分比计算。

(8)利润，可按(1)~(5)项加第(7)项之和乘以一定利润率计算。

(9)税金，主要指增值税，通常是指设备制造厂销售设备时向购入设备方收取的销项税额，计算公式见式(2-5)：
$$销项税额=销售额×适用增值税率 \quad (2-5)$$
其中，销售额为(1)~(8)项之和。

(10)非标准设备设计费，按国家规定的设计费收费标准计算。非标准设备设计费独立计算，与其他9项费用无关。

综上所述，单台非标准设备原价可用式(2-6)表达：
$$单台非标准设备原价=\{[(材料费+加工费+辅助材料费)×(1+专用工具费率)×$$
$$(1+废品损失费率)+外购配套件费]×(1+包装费率)-$$
$$外购配套件费\}×(1+利润率)+外购配套件费+销项税额+$$
$$非标准设备设计费 \quad (2-6)$$

【例2-1】　某工厂采购一台国产非标准设备，制造厂生产该台设备所用材料费20万元，加工费2万元，辅助材料费4000元。专用工具费率1.5%，废品损失费率10%，外购配套件费5万元，包装费率1%，利润率为7%，增值税率为13%，非标准设备设计费2万元，求该国产非标准设备的原价。

解： 专用工具费=（20+2+0.4）×1.5%=0.336（万元）

废品损失费=（20+2+0.4+0.336）×10%=2.274（万元）

包装费=（22.4+0.336+2.274+5）×10%=3.001（万元）

利润=（22.4+0.336+2.274+3.001）×7%=1.960（万元）

销项税额=（22.4+0.336+2.274+5+3.001+1.960）×13%=4.546（万元）

该国产非标准设备的原价=22.4+0.336+2.274+3.001+1.960+4.546+2+5

=41.517（万元）

(二)进口设备原价的构成及计算

进口设备的原价是指进口设备的抵岸价，即设备抵达买方边境、港口或车站，交纳完各种手续费、税费后形成的价格。抵岸价通常由进口设备到岸价（CIF）和进口从属费构成。进口设备到岸价，即设备抵达买方边境港口或边境车站所形成的价格。在国际贸易中，交易双方所使用的交货类别不同，则交易价格的构成内容也有所差异。进口设备从属费用是指进口设备在办理进口手续过程中发生的应计入设备原价的银行财务费、外贸手续费、进口关税、消费税、进口环节增值税及进口车辆的车辆购置税等。

1. 进口设备的交易价格

在国际贸易中，较为广泛使用的交易价格术语有 FOB、CFR 和 CIF，解释如下。

（1）FOB（free on board），意为装运港船上交货，也称为离岸价格。FOB 术语是指当货物在装运港被装上指定船时，卖方即完成交货义务。风险转移以在指定的装运港货物被装上指定船时为分界点，费用划分与风险转移的分界点相一致。

在 FOB 交货方式下，卖方的基本义务有：在合同规定的时间或期限内，在装运港按照习惯方式将货物交到买方指派的船上，并及时通知买方；自负风险和费用，取得出口许可证或其他官方批准证件，在需要办理海关手续时，办理货物出口所需的一切海关手续；负担货物在装运港至装上船为止的一切费用和风险；自付费用提供证明货物已交至船上的通常单据或具有同等效力的电子单证。买方的基本义务有：自负风险和费用，取得进口许可证或其他官方批准的证件，在需要办理海关手续时，办理货物进口及经由他国过境的一切海关手续，并支付有关费用及过境费；负责租船或订舱，支付运费，并给予卖方关于船名、装船地点和要求交货时间的充分的通知；负担货物在装运港装上船后的一切费用和风险；接受卖方提供的有关单据，受领货物，并按合同规定支付货款。

（2）CFR（cost and freight），意为成本加运费，或称为运费在内价。CFR 术语是指货物在装运港被装上指定船时卖方即完成交货，卖方必须支付将货物运至指定的目的港所需的运费和费用，但交货后货物灭失或损坏的风险，以及由各种事件造成的任何额外费用，即由卖方转移到买方。与 FOB 价格相比，CFR 的费用划分与风险转移的分界点是不一致的。

在 CFR 交货方式下，卖方的基本义务有：自负风险和费用，取得出口许可证或其他官方批准的证件，在需要办理海关手续时，办理货物出口所需的一切海关手续；签订从指定装运港承运货物运往指定目的港的运输合同；在买卖合同规定的时间和港口，将货物装上船并支付至目的港的运费，装船后及时通知买方；负担货物在装运港至装上船为止的一切费用和风险；向买方提供通常的运输单据或具有同等效力的电子单证。买方的基本义务有：自负风险和费用，取得进口许可证或其他官方批准的证件，在需要办理海关手续时，办理货物进口及必要时经由另一国过境的一切海关手续，并支付有关费用及过境费；负担货物在装运港装上船后的一切费用和风险；接受卖方提供的有关单据，受领货物，并按合同规定支付货款；支付除通常运费以外的有关货物在运输途中所产生的各项费用及包括驳运费和码头费在内的卸货费。

（3）CIF(cost insurance and freight)，意为成本加保险费、运费，习惯称到岸价格。在 CIF 术语中，卖方除负有与 CFR 相同的义务外，还应办理货物在运输途中最低险别的海运保险，并应支付保险费。如买方需要更高的保险险别，则需要与卖方明确地达成协议，或者自行做出额外的保险安排。除保险这项义务之外，买方的义务与 CFR 相同。

2. 进口设备到岸价

进口设备到岸价的构成如下所示，计算公式见式(2-7)。

$$进口设备到岸价(CIF) = 离岸价格(FOB) + 国际运费 + 运输保险费$$
$$= 运费在内价(CFR) + 运输保险费 \tag{2-7}$$

（1）货价，一般指装运港船上交货价(FOB)。设备货价分为原币货价和人民币货价。原币货价一律折算为美元表示，人民币货价按原币货价乘以外汇市场美元兑换人民币汇率中间价确定。进口设备货价按有关生产厂商询价、报价、订货合同价计算。

（2）国际运费，即从装运港(站)到达我国目的港(站)的运费。我国进口设备大部分采用海洋运输，小部分采用铁路运输，个别采用航空运输。进口设备国际运费计算公式见式(2-8)：

$$国际运费(海、陆、空) = 原币货价(FOB) × 运费率$$
$$国际运费(海、陆、空) = 单位运价 × 运量 \tag{2-8}$$

式中：运费率或单位运价参照有关部门或进出口公司的规定执行。

（3）运输保险费，对外贸易货物运输保险是由保险人(保险公司)与被保险人(出口人或进口人)订立保险契约，在被保险人交付议定的保险费后，保险人根据保险契约的规定对货物在运输过程中发生的承保责任范围内的损失给予经济上的补偿。这是一种财产保险，计算公式见式(2-9)：

$$运输保险费 = \frac{原币货价(FOB) + 国际运费}{1 - 保险费率} × 保险费率 \tag{2-9}$$

式中：保险费率按保险公司规定的进口货物保险费率计算。

3. 进口从属费

进口从属费的构成如下所示，计算公式见式(2-10)：

$$进口从属费 = 银行财务费 + 外贸手续费 + 关税 + 消费税 + 进口环节增值税 + 进口车辆购置税 \tag{2-10}$$

（1）银行财务费，一般是指在国际贸易结算中，金融机构为进出口商提供金融结算服务所收取的费用，可按式(2-11)简化计算：

$$银行财务费 = 离岸价格(FOB) × 人民币外汇汇率 × 银行财务费率 \tag{2-11}$$

（2）外贸手续费，指按对外经济贸易部规定的外贸手续费率计取的费用，外贸手续费率一般取 1.5%，计算公式见式(2-12)：

$$外贸手续费 = 到岸价格(CIF) × 人民币外汇汇率 × 外贸手续费率 \tag{2-12}$$

(3)关税，由海关对进出国境或关境的货物和物品征收的一种税，计算公式见式(2-13)：

$$关税=到岸价格(CIF)\times 人民币外汇汇率\times 进口关税税率 \qquad (2-13)$$

到岸价格作为关税的计征基数时，通常又可称为关税完税价格。进口关税税率分为优惠和普通两种。优惠税率适用于与我国签订关税互惠条款的贸易条约或协定的国家的进口设备。普通税率适用于与我国未签订关税互惠条款的贸易条约或协定的国家的进口设备。进口关税税率按我国海关总署发布的进口关税税率计算。

(4)消费税，仅对部分进口设备(如轿车、摩托车等)征收，一般计算公式见式(2-14)：

$$应纳消费税税额=\frac{到岸价格(CIF)\times 人民币外汇汇率+关税}{1-消费税税率}\times 消费税税率 \qquad (2-14)$$

式中：消费税税率根据规定的税率计算。

(5)进口环节增值税，是对从事进口贸易的单位和个人，在进口商品报关进口后征收的税种。我国增值税条例规定，进口应税产品均按组成计税价格和增值税税率直接计算应纳税额，计算公式见式(2-15)：

$$进口环节增值税额=组成计税价格\times 增值税税率$$
$$组成计税价格=关税完税价格+关税+消费税 \qquad (2-15)$$

式中：增值税税率根据规定的税率计算。

(6)进口车辆购置税，计算公式见式(2-16)：

$$进口车辆购置税=(关税完税价格+关税+消费税)\times 车辆购置税率 \qquad (2-16)$$

【例2-2】 从某国进口应纳消费税的设备，重量1000 t，装运港船上交货价为400万美元，工程建设项目位于国内某省会城市。如果国际运费标准为300美元/t，海上运输保险费率为3‰，银行财务费率为5‰，外贸手续费率为1.5%，关税税率为20%，增值税税率为13%，消费税税率为10%，银行外汇牌价为1美元=6.9元人民币，对该设备的原价进行估算。

解：进口设备 FOB$=400\times 6.9=2760($万元$)$

国际运费$=300\times 1000\times 6.9=207($万元$)$

海运保险费$=\dfrac{2760+207}{1-3‰}\times 3‰=8.93($万元$)$

CIF$=2760+207+8.93=2975.93($万元$)$

银行财务费$=2760\times 5‰=13.8($万元$)$

外贸手续费$=2975.93\times 1.5\%=44.64($万元$)$

关税$=2975.93\times 20\%=595.19($万元$)$

消费税$=\dfrac{2975.93+595.19}{1-10\%}\times 10\%=396.79($万元$)$

增值税$=(2975.93+595.19+396.79)\times 13\%=515.83($万元$)$

进口从属费$=13.8+44.64+595.19+396.79+515.83=1566.25($万元$)$

进口设备原价$=2975.93+1566.25=4542.18($万元$)$

(三)设备运杂费的构成与计算

1.设备运杂费的构成

设备运杂费是指国内采购设备自来源地、国外采购设备自到岸港运至工地仓库或指定堆放地点发生的采购、运输、运输保险、保管、装卸等费用。通常由下列各项构成：

（1）运费和装卸费。国产设备由设备制造厂交货地点起至工地仓库（或施工组织设计指定的需要安装设备的堆放地点）止所发生的运费和装卸费；进口设备由我国到岸港口或边境车站起至工地仓库（或施工组织设计指定的需安装设备的堆放地点）止所发生的运费和装卸费。

（2）包装费。在设备原价中没有包含的，为运输而进行的包装支出的各种费用。

（3）设备供销部门的手续费。按有关部门规定的统一费率计算。

（4）采购与仓库保管费。指采购、验收、保管和收发设备所发生的各种费用，包括设备采购人员、保管人员和管理人员的工资、工资附加费、办公费、差旅交通费，设备供应部门办公和仓库所占固定资产使用费、工具用具使用费、劳动保护费、检验试验费等。这些费用可按主管部门规定的采购与保管费费率计算。

2.设备运杂费的计算

设备运杂费按设备原价乘以设备运杂费率计算，计算公式见式(2-17)：

$$设备运杂费 = 设备原价 × 设备运杂费率 \qquad (2-17)$$

式中：设备运杂费率按各部门及省（区、市）有关规定计取。

【例2-3】 A项目所需设备为进口设备，经询价，设备的货价（离岸价）为1500万美元，国际海洋运输公司的现行海运费率为5%，国际海运保险费率为3‰，银行手续费率、外贸手续费率、关税税率、增值税率分别按5‰、1.5%、17%、25%计取。国内供销手续费率为0.4%，运输、装卸和包装费率为0.1%，采购保管费率为1%。美元兑换人民币的汇率均按1美元=6.2元人民币计算。

列式计算A项目进口设备购置费（以万元为单位）。（计算过程及计算结果保留小数点后两位。）

【解答】本题考查的是进口设备购置费。

解：货价(FOB) = 1500(万美元)

海运费 = 1500×5% = 75(万美元)

海运保险费 = (1500+75)×3‰/(1-3‰) = 4.74(万美元)

到岸价(CIF) = 1500+75+4.74 = 1579.74(万美元)

银行手续费 = 1500×5‰ = 7.5(万美元)

外贸手续费 = 1579.74×1.5% = 23.7(万美元)

关税 = 1579.74×17% = 268.56(万美元)

增值税 = (1579.74+268.56)×25% = 462.08(万美元)

抵岸价(原价) = 1500+75+4.74+7.5+23.7+268.56+462.08

= 2341.58(万美元) = 2341.58×6.2 = 14517.80(万元)

进口设备购置费 = 14517.8×(1+0.4%+0.1%)×(1+1%) = 14736.29(万元)

二、工具、器具及生产家具购置费的构成及计算

工具、器具及生产家具购置费，是指新建或扩建项目初步设计规定的，保证初期正常生产必须购置的没有达到固定资产标准的设备、仪器、工卡模具、器具、生产家具和备品备件等的购置费用。一般以设备购置费为计算基数，按照部门或行业规定的工具、器具及生产家

具费率计算，计算公式见式(2-18)：

$$工具、器具及生产家具购置费=设备购置费×定额费率 \quad (2-18)$$

第三节　建筑安装工程费用的构成和计算

一、建筑安装工程费用的构成

(一)建筑安装工程费用内容

建筑安装工程费是指为完成工程项目建造、生产性设备及配套工程安装所需的费用。

1.建筑工程费用内容

(1)各类房屋建筑工程和列入房屋建筑工程预算的供水、供暖、卫生、通风、煤气等设备费用及其装设、油饰工程的费用，列入建筑工程预算的各种管道、电力、电信和电缆导线敷设工程的费用。

(2)设备基础、支柱、工作台、烟囱、水塔、水池、灰塔等建筑工程及各种炉窑的砌筑工程和金属结构工程的费用。

(3)为施工而进行的场地平整、工程和水文地质勘察，原有建筑物和障碍物的拆除及施工临时用水、电、暖、气、路、通信和完工后的场地清理、环境绿化、美化等工作的费用。

(4)矿井开凿、井巷延伸、露天矿剥离，石油、天然气钻井，修建铁路、公路、桥梁、水库、堤坝、灌渠及防洪等工程的费用。

2.安装工程费用内容

(1)生产、动力、起重、运输、传动和医疗、实验等各种需要安装的机械设备的装配费用，与设备相连的工作台、梯子、栏杆等设施的工程费用，附属于被安装设备的管线敷设工程费，以及被安装设备的绝缘、防腐、保温、油漆等工作的材料费和安装费。

(2)为测定安装工程质量，对单台设备进行单机试运转、对系统设备进行系统联动无负荷试运转工作的调试费。

(二)我国现行建筑安装工程费用项目组成

根据《住房城乡建设部　财政部关于印发〈建筑安装工程费用项目组成〉的通知》(建标〔2013〕44号)，我国现行建筑安装工程费用项目按两种不同的方式划分，即按费用构成要素划分和按造价形成划分。但施工企业基于成本管理的需要，仍然习惯于按照直接成本和间接成本的方式对建筑安装工程成本进行划分。为兼顾这一实际情况，本教材中仍然保留直接费和间接费这两个概念。直接费包括人工费、材料费、施工机具使用费，间接费包括企业管理费和规费。

二、按费用构成要素划分建筑安装工程费用项目构成和计算

按照费用构成要素划分，建筑安装工程费包括人工费、材料费(包含工程设备费，下同)、施工机具使用费、企业管理费、利润、规费和税金。

　　根据《建设工程计价设备材料划分标准》(GB/T 50531—2009)的规定,工业、交通等项目中的建筑设备购置有关费用应列入建筑工程费,单一的房屋建筑工程项目的建筑设备购置有关费用宜列入建筑工程费。按费用构成要素划分的建筑安装工程费用项目组成如图2-2所示。

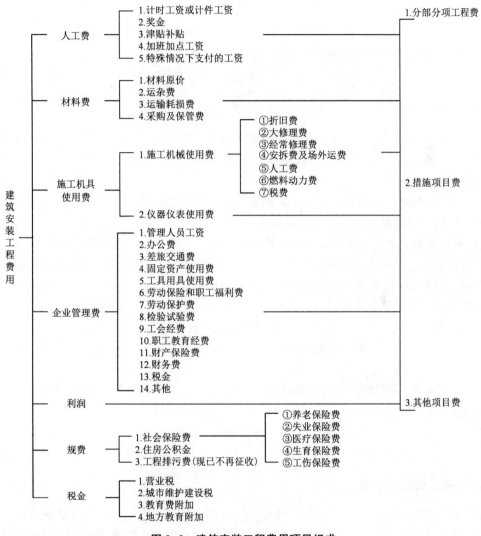

图2-2　建筑安装工程费用项目组成

(一)人工费

　　建筑安装工程费中的人工费,是指支付给直接从事建筑安装工程施工作业的生产工人的各项费用。

　　为了完善建设工程人工单价市场形成机制,住房和城乡建设部发布了《住房城乡建设部关于加强和改善工程造价监管的意见》(建标〔2017〕209号),文件中提出改革计价依据中人工单价的计算方法,使其更加贴近市场,满足市场实际需要,扩大人工单价计算口径,将单价构成调整为工资、津贴、职工福利费、劳动保护费、社会保险费、住房公积金、工会经费、职工教育经费及特殊情况下工资性费用。

计算人工费的基本要素有两个，即人工工日消耗量和人工日工资单价。

(1)人工工日消耗量，是指在正常施工生产条件下，完成规定计量单位的建筑安装产品所消耗的生产工人的工日数量。它由分项工程所综合的各个工序劳动定额包括的基本用工、其他用工两部分组成。

(2)人工日工资单价，是指直接从事建筑安装工程施工的生产工人在每个法定工作日的工资、津贴及奖金等。人工费的基本计算公式见式(2-19)：

$$人工费 = \sum(工日消耗量 \times 日工资单价) \tag{2-19}$$

(二)材料费

建筑安装工程费中的材料费，是指工程施工过程中耗费的各种原材料、半成品、构配件、工程设备等的费用，以及周转材料等的摊销、租赁费用。计算材料费的基本要素是材料消耗量和材料单价。

(1)材料消耗量，是指在正常施工生产条件下，完成规定计量单位的建筑安装产品所消耗的各类材料的净用量和不可避免的损耗量。

(2)材料单价，是指建筑材料从其来源地运到施工工地仓库直至出库形成的综合平均单价。由材料原价、运杂费、运输损耗费、采购及保管费组成。当采用一般计税方法时，材料单价中的材料原价、运杂费等均应扣除增值税进项税额。

材料费的基本计算公式见式(2-20)、式(2-21)：

$$材料费 = \sum(材料消耗量 \times 材料单价) \tag{2-20}$$

$$材料单价 = \{(材料原价+运杂费) \times [1+运输损耗率(\%)]\} \times [1+采购保管费率(\%)] \tag{2-21}$$

(3)工程设备，是指构成或计划构成永久工程一部分的机电设备、金属结构设备、仪器装置及其他类似的设备和装置。工程设备费计算公式见式(2-22)、式(2-23)：

$$工程设备费 = \sum(工程设备量 \times 工程设备单价) \tag{2-22}$$

$$工程设备单价 = (设备原价+运杂费) \times [1+采购保管费率(\%)] \tag{2-23}$$

(三)施工机具使用费

施工机具使用费是指施工作业所发生的施工机械、仪器仪表使用费或租赁费。

(1)施工机械使用费，是指施工机械作业发生的使用费或租赁费。构成施工机械使用费的基本要素是施工机械台班消耗量和施工机械台班单价。施工机械台班消耗量是指在正常施工生产条件下，完成规定计量单位的建筑安装产品所消耗的施工机械台班的数量。施工机械台班单价是指折合到每台班的施工机械使用费。施工机械使用费的基本计算公式见式(2-24)：

$$施工机械使用费 = \sum(施工机械台班消耗量 \times 施工机械台班单价) \tag{2-24}$$

式中：施工机械台班单价由折旧费、大修理费、经常修理费、安拆费及场外运费(大型机械除外)、人工费、燃料动力费和税费组成。

(2)仪器仪表使用费，是指工程施工所需使用的仪器仪表的摊销及维修费用，其计算公式见式(2-25)：

$$仪器仪表使用费=工程使用的仪器仪表摊销费+维修费 \qquad (2-25)$$

与施工机械使用费类似，仪器仪表使用费也可按式(2-26)计算：

$$仪器仪表使用费=\sum(仪器仪表台班消耗量×仪器仪表台班单价) \qquad (2-26)$$

式中：仪器仪表台班单价通常由折旧费、维护费、校验费和动力费组成。

当采用一般计税方法时，施工机械台班单价和仪器仪表台班单价中的相关子项均须扣除增值税进项税额。

(四) 企业管理费

1. 企业管理费的内容

企业管理费是指建筑安装企业组织施工生产和经营管理所需的费用，包括：

(1) 管理人员工资：是指按规定支付给管理人员的计时工资、奖金、津贴补贴、加班加点工资及特殊情况下支付的工资等。

(2) 办公费：是指企业管理办公用的文具、纸张、账表、印刷、邮电、书报、办公软件、现场监控、会议、水电、烧水和集体取暖降温(包括现场临时宿舍取暖降温)等费用。当采用一般计税方法时，办公费中增值税进项税额的扣除原则：以购进货物适用的相应税率扣减，其中购进自来水、暖气、冷气、图书、报纸、杂志等适用的税率为9%，接受邮政和基础电信服务等适用的税率为9%，接受增值电信服务等适用的税率为6%，其他一般为13%。

(3) 差旅交通费：是指职工因公出差、调动工作的差旅费、住勤补助费，市内交通费和误餐补助费，职工探亲路费，劳动力招募费，职工退休、退职一次性路费，工伤人员就医路费，工地转移费及管理部门使用的交通工具的油料、燃料等费用。

(4) 固定资产使用费：是指管理和试验部门及附属生产单位使用的属于固定资产的房屋、设备、仪器等的折旧、大修、维修或租赁费。当采用一般计税方法时，固定资产使用费中增值税进项税额的扣除原则：购入的不动产适用的税率为9%，购入的其他固定资产适用的税率为13%，设备、仪器的折旧、大修、维修或租赁费以购进货物、接受修理修配劳务或租赁有形动产服务适用的税率扣除，均为13%。

(5) 工具用具使用费：是指企业施工生产和管理使用的不属于固定资产的工具、器具、家具、交通工具和检验、试验、测绘、消防用具等的购置、维修和摊销费。当采用一般计税方法时，工具用具使用费中增值税进项税额的扣除原则：以购进货物或接受修理修配劳务适用的税率扣减，均为13%。

(6) 劳动保险和职工福利费：是指由企业支付的职工退职金、按规定支付给离休干部的经费，集体福利费、夏季防暑降温、冬季取暖补贴、上下班交通补贴等。

(7) 劳动保护费：是企业按规定发放的劳动保护用品的支出。如工作服、手套、防暑降温饮料及在有碍身体健康的环境中施工的保健费用等。

(8) 检验试验费：是指施工企业按照有关标准规定，对建筑及材料、构件和建筑安装物进行一般鉴定、检查所发生的费用，包括自设试验室进行试验所耗用的材料等费用。不包括新结构、新材料的试验费，对构件做破坏性试验及其他特殊要求检验试验的费用和建设单位委托检测机构进行检测的费用，对此类检测发生的费用，由建设单位在工程建设其他费用中列支。但对施工企业提供的具有合格证明的材料进行检测不合格的，该检测费用由施工企业支付。当采用一般计税方法时，检验试验费中增值税进项税额以现代服务业适用的税率6%

扣减。

(9)工会经费：是指企业按《中华人民共和国工会法》规定的全部职工工资总额比例计提的工会经费。

(10)职工教育经费：是指按职工工资总额的规定比例计提，企业为职工进行专业技术和职业技能培训，专业技术人员继续教育、职工职业技能鉴定、职业资格认定及根据需要对职工进行各类文化教育所发生的费用。

(11)财产保险费：是指施工管理用财产、车辆等的保险费用。

(12)财务费：是指企业为施工生产筹集资金或提供预付款担保、履约担保、职工工资支付担保等所发生的各种费用。

(13)税金：是指企业按规定缴纳的房产税、车船税、土地使用税、印花税、城市维护建设税、教育费附加、地方教育附加等各项税费。

营改增方案实施后，城市维护建设税、教育费附加、地方教育附加的计算基数均为应纳增值税额（即销项税额-进项税额），但由于在工程造价的前期预测时，无法明确可抵扣的进项税额的具体数额，造成此三项附加税无法计算。因此，根据《增值税会计处理规定》，城市维护建设税、教育费附加、地方教育附加等均作为"税金及附加"在管理费中核算。

(14)其他：包括技术转让费、技术开发费、投标费、业务招待费、绿化费、广告费、公证费、法律顾问费、审计费、咨询费、保险费等。

2.企业管理费的计算方法

企业管理费一般采用取费基数乘以费率的方法计算，取费基数有以下几种：分部分项工程费、直接费、人工费和施工机具使用费合计、人工费。企业管理费费率计算方法如下：

(1)以分部分项工程费为计算基础，计算公式见式(2-27)。

$$企业管理费费率(\%)=\frac{生产工人年平均管理费}{年有效施工天数×人工单价}×人工费占分部分项工程费比例(\%)$$

$$(2-27)$$

(2)以人工费和施工机具使用费合计为计算基础，计算公式见式(2-28)。

$$企业管理费费率(\%)=\frac{生产工人年平均管理费}{年有效施工天数×(人工单价+每一工日机械使用费)}×100\%$$

$$(2-28)$$

(3)以人工费为计算基础，计算公式见式(2-29)。

$$企业管理费费率(\%)=\frac{生产工人年平均管理费}{年有效施工天数×人工单价}×100\% \qquad (2-29)$$

注：上述公式适用于施工企业投标报价时自主确定管理费，是工程造价管理机构编制计价定额时确定企业管理费的参考依据。

工程造价管理机构在确定计价定额中的企业管理费时，应以定额人工费或（定额人工费+定额机械费）作为计算基数，其费率根据历年工程造价积累的资料，辅以调查数据确定，列入分部分项工程和措施项目中。

(五) 利润

利润是指施工企业完成所承包工程获得的盈利,由施工企业根据企业自身需求并结合建筑市场实际自主确定,列入报价中。

工程造价管理机构在确定计价定额中的利润时,应以定额人工费或(定额人工费+定额机械费)作为计算基数,其费率根据历年工程造价积累的资料,并结合建筑市场实际确定,以单位(单项)工程测算,利润在税前建筑安装工程费的比重可按不低于5%且不高于7%的费率计算。利润应列入分部分项工程和措施项目中。

(六) 规费

1.规费的内容

规费是指按国家法律、法规规定,由省级政府和省级有关权力部门规定必须缴纳或计取的费用,主要包括社会保险费、住房公积金。

(1)社会保险费。

①养老保险费:是指企业按照规定标准为职工缴纳的基本养老保险费。

②失业保险费:是指企业按照规定标准为职工缴纳的失业保险费。

③医疗保险费:是指企业按照规定标准为职工缴纳的基本医疗保险费。

④生育保险费:是指企业按照规定标准为职工缴纳的生育保险费。根据国务院办公厅印发的《关于全面推进生育保险和职工基本医疗保险合并实施的意见》,2019年年底前实现生育保险和职工基本医疗保险合并实施。

⑤工伤保险费:是指企业按照规定标准为职工缴纳的工伤保险费。

(2)住房公积金:是指企业按规定标准为职工缴纳的住房公积金。

工程排污费:是指按规定缴纳的施工现场工程排污费(现已不再征收)。

其他应列而未列入的规费,按实际发生计取。

2.规费的计算

社会保险费和住房公积金应以定额人工费为计算基础,根据工程所在地省、自治区、直辖市或行业建设主管部门规定费率计算,计算公式见式(2-30)。

$$社会保险费和住房公积金 = \sum (工程定额人工费 \times 社会保险费和住房公积金费率) \tag{2-30}$$

式中:社会保险费和住房公积金费率可以每万元发承包价的生产工人人工费和管理人员工资含量与工程所在地规定的缴纳标准综合分析取定。

(七) 税金

税金是指国家税法规定的应计入建筑安装工程造价内的营业税、城市维护建设税、教育费附加及地方教育附加。税金即增值税,按税前造价乘以增值税税率确定。

1.采用一般计税方法时增值税的计算

当采用一般计税方法时,建筑业增值税税率为9%,计算公式见式(2-31):

$$增值税 = 税前造价 \times 9\% \tag{2-31}$$

式中:税前造价为人工费、材料费、施工机具使用费、企业管理费、利润和规费之和,各费用项目均以不包含增值税可抵扣进项税额的价格计算。

2. 采用简易计税方法时增值税的计算

(1)简易计税的适用范围。根据《营业税改征增值税试点实施办法》《营业税改征增值税试点有关事项的规定》《关于建筑服务等营改增试点政策的通知》的规定,简易计税方法主要适用于以下几种情况:

①小规模纳税人发生应税行为适用简易计税方法计税。小规模纳税人通常是指纳税人提供建筑服务的年应征增值税销售额未超过 500 万元,并且会计核算不健全,不能按规定报送有关税务资料的增值税纳税人。年应税销售额超过 500 万元但不经常发生应税行为的单位也可选择按照小规模纳税人计税。

②一般纳税人以清包工方式提供的建筑服务,可以选择适用简易计税方法计税。以清包工方式提供建筑服务,是指施工方不采购建筑工程所需的材料或只采购辅助材料,并收取人工费、管理费或者其他费用的建筑服务。

③一般纳税人为甲供工程提供的建筑服务,可以选择适用简易计税方法计税。甲供工程是指全部或部分设备、材料、动力由工程发包方自行采购的建筑工程。其中建筑工程总承包单位为房屋建筑的地基与基础、主体结构提供工程服务,建设单位自行采购全部或部分钢材、混凝土、砌体材料、预制构件的,适用简易计税方法计税。

④一般纳税人为建筑工程老项目提供的建筑服务,可以选择适用简易计税方法计税。建筑工程老项目:《建筑工程施工许可证》注明的合同开工日期在 2016 年 4 月 30 日前的建筑工程项目;未取得《建筑工程施工许可证》的,建筑工程承包合同注明的开工日期在 2016 年 4 月 30 日前的建筑工程项目。

(2)简易计税的计算方法。当采用简易计税方法时,建筑业增值税税率为 3%。计算公式见式(2-32):

$$增值税 = 税前造价 \times 3\% \qquad (2\text{-}32)$$

式中:税前造价为人工费、材料费、施工机具使用费、企业管理费、利润和规费之和,各费用项目均以包含增值税进项税额的含税价格计算。

三、按造价形成划分建筑安装工程费用项目构成和计算

建筑安装工程费按照工程造价形成由分部分项工程费、措施项目费、其他项目费、规费和税金组成,分部分项工程费、措施项目费、其他项目费包含人工费、材料费、施工机具使用费、企业管理费和利润,如图 2-3 所示。

(一)分部分项工程费

分部分项工程费是指各专业工程的分部分项工程应予列支的各项费用。各类专业工程的分部分项工程划分遵循国家或行业工程量计算规范的规定。分部分项工程费通常用分部分项工程量乘以综合单价进行计算,计算公式见式(2-33):

$$分部分项工程费 = \sum(分部分项工程量 \times 综合单价) \qquad (2\text{-}33)$$

式中:综合单价包括人工费、材料费、施工机具使用费、企业管理费、利润及一定范围的风险费用(下同)。

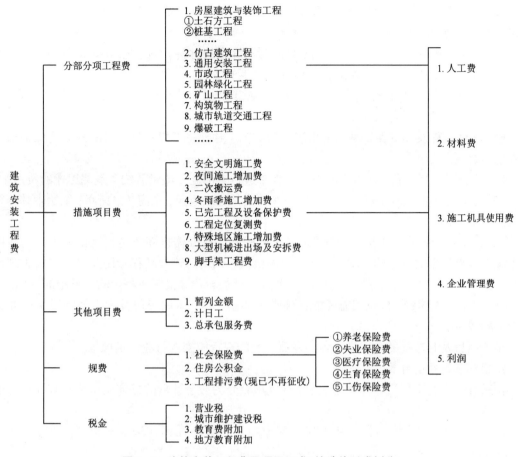

图 2-3　建筑安装工程费用项目组成 (按造价形成划分)

(二) 措施项目费

1. 措施项目费的构成

措施项目费是指为完成建设工程施工,发生于该工程施工前和施工过程中的技术、生活、安全、环境保护等方面的费用。措施项目及其包含的内容应遵循各类专业工程的现行国家或行业工程量计算规范。以《房屋建筑与装饰工程工程量计算规范》(GB 50854—2013) 中的规定为例,措施项目费可以归纳为以下几项。

(1) 安全文明施工费。安全文明施工费是指工程项目施工期间,施工单位为保证安全施工、文明施工和保护现场内外环境等所发生的措施项目费用。通常由环境保护费、文明施工费、安全施工费、临时设施费组成。

①环境保护费,施工现场为达到环保部门要求所需要的各项费用。

②文明施工费,施工现场文明施工所需要的各项费用。

③安全施工费,施工现场安全施工所需要的各项费用。

④临时设施费,施工企业为进行建设工程施工所必须搭设的生活和生产用的临时建筑

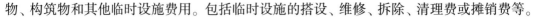

物、构筑物和其他临时设施费用。包括临时设施的搭设、维修、拆除、清理费或摊销费等。

（2）夜间施工增加费：是指因夜间施工所发生的夜班补助费、夜间施工降效、夜间施工照明设备摊销及照明用电等费用。

（3）二次搬运费：是指因施工场地条件限制而发生的材料、构配件、半成品等一次运输不能到达堆放地点，必须进行二次或多次搬运所发生的费用。

（4）冬雨季施工增加费：是指在冬季或雨季施工需增加的临时设施、防滑、排除雨雪，人工及施工机械效率降低等费用。

（5）已完工程及设备保护费：是指竣工验收前，对已完工程及设备采取的必要保护措施所发生的费用。

（6）工程定位复测费：是指工程施工过程中进行全部施工测量放线和复测工作的费用。

（7）特殊地区施工增加费：是指工程在沙漠或其边缘地区、高海拔、高寒、原始森林等特殊地区施工增加的费用。

（8）大型机械设备进出场及安拆费：是指机械整体或分体自停放地运至施工现场或由一个施工地点运至另一个施工地点，所发生的机械进出场运输及转移费用及机械在施工现场进行安装、拆卸所需的人工费、材料费、机械费、试运转费和安装所需的辅助设施的费用。

（9）脚手架工程费：指施工需要的各种脚手架搭、拆、运输费用及脚手架购置费的摊销（或租赁）费用。

措施项目及其包含的内容详见各类专业工程的现行国家或行业计量规范。

2. 措施项目费的计算

按照有关专业工程量计算规范规定，措施项目分为应予计量的措施项目和不宜计量的措施项目两类。

（1）应予计量的措施项目。基本与分部分项工程费的计算方法基本相同，计算公式见式（2-34）：

$$措施项目费 = \sum（措施项目工程量 \times 综合单价）\qquad(2-34)$$

不同的措施项目工程量的计算单位是不同的，分列如下：

①脚手架费通常按照建筑面积或垂直投影面积以"m^2"计算。

②混凝土模板及支架（撑）费通常是按照模板与现浇混凝土构件的接触面积以"m^2"计算。

③垂直运输费可根据不同情况用两种方法进行计算：按照建筑面积以"m^2"为单位计算；按照施工工期日历天数以"天"为单位计算。

④超高施工增加费通常按照建筑物超高部分的建筑面积以"m^2"为单位计算。

⑤大型机械设备进出场及安拆费通常按照机械设备的使用数量以"台次"为单位计算。

⑥施工排水、降水费分两个不同的独立部分计算：成井费用通常按照设计图示尺寸以钻孔深度以"m"计算；排水、降水费用通常按照排、降水日历天数以"昼夜"计算。

（2）不宜计量的措施项目，通常用计算基数乘以费率的方法予以计算。

①安全文明施工费计算公式见式（2-35）：

$$安全文明施工费 = 计算基数 \times 安全文明施工费费率（\%）\qquad(2-35)$$

计算基数应为定额基价（定额分部分项工程费+定额中可以计量的措施项目费）、定额人工费或定额人工费与施工机具使用费之和，其费率由工程造价管理机构根据各专业工程的特点综合确定。

②其余不宜计量的措施项目，包括夜间施工增加费、二次搬运费、冬雨季施工增加费、已完工程及设备保护费等，计算公式见式(2-36)：

$$措施项目费=计算基数×措施项目费费率(\%) \tag{2-36}$$

上述项措施项目的计费基数应为定额人工费或定额人工费与定额施工机具使用费之和，其费率由工程造价管理机构根据各专业工程特点和调查资料综合分析后确定。

(三)其他项目费

1. 暂列金额

暂列金额是指建设单位在工程量清单中暂定并包括在工程合同价款中的一笔款项。用于施工合同签订时尚未确定或者不可预见的所需材料、工程设备、服务的采购，施工中可能发生的工程变更、合同约定调整因素出现时的工程价款调整及发生的索赔、现场签证确认等的费用。

暂列金额由建设单位根据工程特点，按有关计价规定估算，施工过程中由建设单位掌握使用、扣除合同价款调整后如有余额，归建设单位。

2. 计日工

计日工是指在施工过程中，施工企业完成建设单位提出的施工图纸以外的零星项目或工作所需的费用。

计日工由建设单位和施工企业按施工过程中的签证计价。

3. 总承包服务费

总承包服务费是指总承包人为配合、协调建设单位进行的专业工程发包，对建设单位自行采购的材料、工程设备等进行保管及施工现场管理、竣工资料汇总整理等服务所需的费用。

总承包服务费由建设单位在招标控制价中根据总包服务范围和有关计价规定编制，施工企业投标时自主报价，施工过程中按签约合同价执行。

(四)规费和税金

规费和税金的定义和计算与按费用构成要素划分的相同。

▶ 第四节 工程建设其他费用的构成和计算

工程建设其他费用是指建设期发生的与土地使用权取得、全部工程项目建设及未来生产经营有关的，除工程费用、预备费、增值税、建设期融资费用、流动资金以外的费用。

政府有关部门对建设项目管理监督所发生的，并由其部门财政支出的费用，不得列入相应建设项目的工程造价。

一、建设单位管理费

(一)建设单位管理费的内容

建设单位管理费是指项目建设单位从项目筹建之日起至办理竣工财务决算之日止发生的

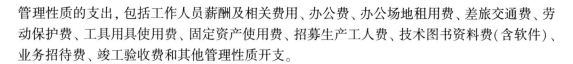

管理性质的支出，包括工作人员薪酬及相关费用、办公费、办公场地租用费、差旅交通费、劳动保护费、工具用具使用费、固定资产使用费、招募生产工人费、技术图书资料费(含软件)、业务招待费、竣工验收费和其他管理性质开支。

(二)建设单位管理费的计算

建设单位管理费按照工程费用之和(包括设备工器具购置费和建筑安装工程费用)乘以建设单位管理费费率计算，见式(2-37)。

$$建设单位管理费 = 工程费用 \times 建设单位管理费费率 \qquad (2-37)$$

实行代建制管理的项目，计列代建管理费等同建设单位管理费，不得同时计列建设单位管理费。委托第三方行使部分管理职能的，支付的管理费或咨询费列入技术服务费项目。

二、用地与工程准备费

用地与工程准备费是指取得土地与工程建设施工准备所发生的费用，包括土地使用费和补偿费、场地准备费、临时设施费等。

(一)土地使用费和补偿费

建设用地的取得，实质是依法获取国有土地的使用权。根据《中华人民共和国土地管理法》《中华人民共和国土地管理法实施条例》《中华人民共和国城市房地产管理法》规定，获取国有土地使用权的基本方法有两种：一是出让方式，二是划拨方式。建设用地取得的基本方式还可能包括转让和租赁方式。土地使用权出让是指国家以土地所有者的身份将土地使用权在一定年限内让与土地使用者，并由土地使用者向国家支付土地使用权出让金的行为；土地使用权转让是指土地使用者将土地使用权再转移的行为，包括出售、交换和赠予；土地使用权租赁是指国家将国有土地出租给使用者使用，使用者支付租金的行为，是土地使用权出让方式的补充，但对于经营性房地产开发用地，不实行租赁。

建设用地如通过行政划拨方式取得，须承担征地补偿费用或对原用地单位或个人的拆迁补偿费用；若通过市场机制取得，则不但承担以上费用，还须向土地所有者支付有偿使用费，即土地使用权出让金。

1. 征地补偿费用

(1)土地补偿费。

土地补偿费是对农村集体经济组织因土地被征用而造成的经济损失的一种补偿。土地补偿费归农村集体经济组织所有。征收农用地的土地补偿费标准由省、自治区、直辖市通过制定公布区片综合地价确定，并至少每三年调整或者重新公布一次。大中型水利、水电工程建设征收土地的补偿费标准和移民安置办法，由国务院另行规定。

(2)青苗补偿费和地上附着物补偿费。

青苗补偿费是因征地时对被征用土地上正在生长的农作物受到损害而做出的一种赔偿。在农村实行承包责任制后，农民自行承包土地的青苗补偿费应付给本人，属于集体种植的青苗补偿费可纳入当年集体收益。凡在协商征地方案后抢种的农作物、树木等，一律不予补偿。地上附着物是指房屋、水井、树木、涵洞、桥梁、公路、水利设施、林木等地面建筑物、构筑物、附着物等。如附着物产权属个人，则该项补助费付给个人。地上附着物和青苗等的补偿标准由省、自治区、直辖市制定。对其中的农村村民住宅，应当按照先补偿后搬迁、居住条件有改善的原则，尊重农村村民意愿，采取重新安排宅基地建房、提供安置房或者货币补偿等方式给予公平、合理的补偿，并对因征收造成的搬迁、临时安置等费用予以补偿，保障农村村民居住的权利和合法的住房财产权益。

（3）安置补助费。

安置补助费应支付给被征地单位和安置劳动力的单位，作为劳动力安置与培训的支出，以及作为不能就业人员的生活补助。征收农用地的安置补助费标准由省、自治区、直辖市通过制定公布区片综合地价确定，并至少每三年调整或者重新公布一次。县级以上地方人民政府应当将被征地农民纳入相应的养老等社会保障体系。被征地农民的社会保障费用主要用于符合条件的被征地农民的养老保险等社会保险缴费补贴，依据省、自治区、直辖市规定的标准单独列支。

（4）耕地开垦费和森林植被恢复费。

国家实行占用耕地补偿制度。非农业建设经批准占用耕地的，按照"占多少，垦多少"的原则，由占用耕地的单位负责开垦与所占用耕地的数量和质量相当的耕地；没有条件开垦或者开垦的耕地不符合要求的，应当按照省、自治区、直辖市的规定缴纳耕地开垦费，专款用于开垦新的耕地。涉及占用森林草原的还应列支森林植被恢复费用。

（5）生态补偿与压覆矿产资源补偿费。

生态补偿费是指建设项目对水土保持等生态造成影响所发生的除工程费用之外补救或者补偿费用；压覆矿产资源补偿费是指项目工程对被其压覆的矿产资源利用造成影响所发生的补偿费用。

（6）其他补偿费。

其他补偿费是指建设项目涉及的对房屋、市政、铁路、公路、管道、通信、电力、河道、水利、厂区、林区、保护区、矿区等不附属于建设用地但与建设项目相关的建筑物、构筑物或设施的拆除、迁建补偿、搬迁运输补偿等费用。

2. 拆迁补偿费用

在城镇规划区内国有土地上实施房屋拆迁，拆迁人应当对被拆迁人给予补偿、安置。

（1）拆迁补偿金。

补偿方式可以实行货币补偿，也可以实行房屋产权调换。

货币补偿的金额，根据被拆迁房屋的区位、用途、建筑面积等因素，以房地产市场评估价格确定。具体办法由省、自治区、直辖市人民政府制定。

实行房屋产权调换的，拆迁人与被拆迁人按照计算得到的被拆迁房屋的补偿金额和所调换房屋的价格，结清产权调换的差价。

（2）迁移补偿费。

迁移补偿费包括征用土地上的房屋及附属构筑物、城市公共设施等拆除、迁建补偿费、搬迁运输费，企业单位因搬迁造成的减产、停工损失补贴费，拆迁管理费等。

拆迁人应当对被拆迁人或者房屋承租人支付搬迁补助费，对于在规定的搬迁期限届满前搬迁的，拆迁人可以付给提前搬家奖励费；在过渡期限内，被拆迁人或者房屋承租人自行安排住处的，拆迁人应当支付临时安置补助费；被拆迁人或者房屋承租人使用拆迁人提供的周转房的，拆迁人不支付临时安置补助费。

迁移补偿费的标准，由省、自治区、直辖市人民政府规定。

3.土地使用权出让金

以出让等有偿使用方式取得国有土地使用权的建设单位，按照国务院规定的标准和办法缴纳土地使用权出让金等土地有偿使用费和其他费用后，方可使用土地。土地使用权出让金为用地单位向国家支付的土地所有权收益，出让金标准一般参考城市基准地价并结合其他因素制定。基准地价是指在城镇规划区范围内，对不同级别的土地或者土地条件相当的均质地域，按照商业、居住、工业等用途分别评估的，并由市、县以上人民政府公布的，国有土地使用权的平均价格。

在有偿出让和转让土地时，政府对地价不做统一规定，但应坚持以下原则：即地价对目前的投资环境不产生大的影响；地价与当地的社会经济承受能力相适应；地价要考虑已投入的土地开发费用、土地市场供求关系、土地用途、所在区类、容积率和使用年限等。有偿出让和转让使用权，要向土地受让者征收契税；转让土地如有增值，要向转让者征收土地增值税；土地使用者每年应按规定的标准缴纳土地使用费。土地使用权出让或转让，应先由地价评估机构进行价格评估后，再签订土地使用权出让和转让合同。

土地使用权出让合同约定的使用年限届满，土地使用者需要继续使用土地的，应当至迟于届满前一年申请续期，除根据社会公共利益需要收回该幅土地的，应当予以批准。经批准予续期的，应当重新签订土地使用权出让合同，依照规定支付土地使用权出让金。

(二)场地准备及临时设施费

1.场地准备及临时设施费的内容

(1)建设项目场地准备费是指为使工程项目的建设场地达到开工条件，由建设单位组织进行的场地平整等准备工作而发生的费用。

(2)建设单位临时设施费是指建设单位为满足施工建设需要而提供的未列入工程费用的临时水、电、路、信、气、热等工程和临时仓库等建(构)筑物的建设、维修、拆除、摊销费用或租赁费用，以及货场、码头租赁等费用。

2.场地准备及临时设施费的计算

(1)场地准备及临时设施应尽量与永久性工程统一考虑。建设场地的大型土石方工程应计入工程费用中的总图运输费用中。

(2)新建项目的场地准备和临时设施费应根据实际工程量估算，或按工程费用的比例计算。改扩建项目一般只计拆除清理费，计算公式见式(2-38)。

$$场地准备和临时设施费 = 工程费用 \times 费率 + 拆除清理费 \qquad (2-38)$$

(3)发生拆除清理费时可按新建同类工程造价或主材费、设备费的比例计算。凡可回收材料的拆除工程采用以料抵工方式冲抵拆除清理费。

(4)此项费用不包括已列入建筑安装工程费用中的施工单位临时设施费用。

三、市政公用配套设施费

市政公用配套设施费是指使用市政公用配套设施的工程项目，按照项目所在地政府有关规定建设或缴纳的市政公用设施建设配套费用。

市政公用配套设施可以是界区外配套的水、电、路、信等，包括绿化、人防等配套设施。

四、技术服务费

技术服务费是指在项目建设全部过程中委托第三方提供项目策划、技术咨询、勘察设计、项目管理和跟踪验收评估等技术服务发生的费用。技术服务费包括可行性研究费、专项评价费、勘察设计费、监理费、研究试验费、特殊设备安全监督检验费、监造费、招标费、设计评审费、技术经济标准使用费、工程造价咨询费及其他咨询费。按照国家发展改革委《关于进一步放开建设项目专业服务价格的通知》(发改价格〔2015〕299号)的规定,技术服务费应实行市场调节价。

(一)可行性研究费

可行性研究费是指在工程项目投资决策阶段,对有关建设方案、技术方案或生产经营方案进行的技术经济论证,以及编制、评审可行性研究报告等所需的费用,包括项目建议书、预可行性研究、可行性研究费等。

(二)专项评价费

专项评价费是指建设单位按照国家规定委托相关单位开展专项评价及有关验收工作发生的费用。

专项评价费包括环境影响评价费、安全预评价费、职业病危害预评价费、地质灾害危险性评价费、水土保持评价费、压覆矿产资源评价费、节能评估费、危险与可操作性分析及安全完整性评价费以及其他专项评价费。

(1)环境影响评价费。

环境影响评价费是指在工程项目投资决策过程中,对其进行环境污染或影响评价所需的费用,包括编制环境影响报告书(含大纲)、环境影响报告表和评估等所需的费用,以及建设项目竣工验收阶段环境保护验收调查和环境监测、编制环境保护验收报告的费用。

(2)安全预评价费。

安全预评价费是指为预测和分析建设项目存在的危害因素种类和危险危害程度,提出先进、科学、合理可行的安全技术和管理对策,而编制评价大纲、编写安全评价报告书和评估等所需的费用。

(3)职业病危害预评价费。

职业病危害预评价费是指建设项目因可能产生职业病危害,而编制职业病危害预评价书、职业病危害控制效果评价书和评估所需的费用。

(4)地质灾害危险性评价费。

地质灾害危险性评价费是指在灾害易发区对建设项目可能诱发的地质灾害和建设项目本身可能遭受的地质灾害危险程度的预测评价,编制评价报告书和评估所需的费用。

(5)水土保持评价费。

水土保持评价费是指对建设项目在生产建设过程中可能造成水土流失进行预测,编制水土保持方案和评估所需的费用。

(6)压覆矿产资源评价费。

压覆矿产资源评价费是指对需要压覆重要矿产资源的建设项目,编制压覆重要矿床评价和评估所需的费用。

(7)节能评估费。

节能评估费是指对建设项目的能源利用是否科学合理进行分析评估,并编制节能评估报告所发生的费用。

(8)危险与可操作性分析及安全完整性评价费。

危险与可操作性分析及安全完整性评价费是指对应用于生产具有流程性工艺特征的新建、改建、扩建项目进行工艺危害分析和对安全仪表系统的设置水平及可靠性进行定量评估所发生的费用。

(9)其他专项评价费。

根据国家法律法规、建设项目所在省、自治区、直辖市人民政府有关规定,以及行业规定需进行的其他专项评价、评估、咨询所需的费用。如重大投资项目社会稳定风险评估、防洪评价、交通影响评价费等。

(三)勘察设计费

1.勘察费

勘察费是指勘察人根据发包人的委托,收集已有资料、现场踏勘、制定勘察纲要,进行勘察作业,以及编制工程勘察文件和岩土工程设计文件等收取的费用。

2.设计费

设计费是指设计人根据发包人的委托,提供编制建设项目初步设计文件、施工图设计文件、非标准设备设计文件、竣工图文件等服务所收取的费用。

(四)监理费

监理费是指受建设单位委托,工程监理单位为工程建设提供监理服务所发生的费用。

(五)研究试验费

研究试验费是指为建设项目提供或验证设计参数、数据、资料等进行必要的研究试验,以及设计规定在建设过程中必须进行试验、验证所需的费用,包括自行或委托其他部门的专题研究、试验所需人工费、材料费、试验设备及仪器使用费等。这项费用按照设计单位根据本工程项目的需要提出的研究试验内容和要求计算,在计算时要注意不应包括以下项目:

(1)应由科技三项费用(即新产品试制费、中间试验费和重要科学研究补助费)开支的项目。

(2)应在建筑安装费用中列支的施工企业对建筑材料、构件和建筑物进行一般鉴定、检查所发生的费用及技术革新的研究试验费。

(3)应由勘察设计费或工程费用中开支的项目。

(六)特殊设备安全监督检验费

特殊设备安全监督检验费是指对在施工现场安装的列入国家特种设备范围内的设备(设施)检验检测和监督检查所发生的应列入项目开支的费用。

(七)监造费

监造费是指对项目所需设备材料制造过程、质量进行驻厂监督所发生的费用。

设备监造是指承担设备监造工作的单位受项目法人或建设单位的委托,按照设备、材料供货合同的要求,坚持客观公正、诚信科学的原则,对工程项目所需设备、材料在制造和生产过程中的工艺流程、制造质量等进行监督,并对委托人(项目法人或建设单位)负责的服务。

(八)招标费

招标费是指建设单位委托招标代理机构进行招标服务所发生的费用。

(九)设计评审费

设计评审费是指建设单位委托有资质的机构对设计文件进行评审的费用。设计文件包括初步设计文件和施工图设计文件等。

(十)技术经济标准使用费

技术经济标准使用费是指建设项目投资确定与计价、费用控制过程中使用相关技术经济标准使发生的费用。

(十一)工程造价咨询费

工程造价咨询费是指建设单位委托造价咨询机构进行各阶段相关造价业务工作所发生的费用。

五、建设期计列的生产经营费

建设期计列的生产经营费是指为达到生产经营条件在建设期发生或将要发生的费用,包括专利及专有技术使用费、联合试运转费、生产准备费等。

(一)专利及专有技术使用费

专利及专有技术使用费是指在建设期内为取得专利、专有技术、商标权、商誉、特许经营权等发生的费用。

1. 专利及专有技术使用费的主要内容

(1)工艺包费、设计及技术资料费、有效专利、专有技术使用费、技术保密费和技术服务费等。

(2)商标权、商誉和特许经营权费。

(3)软件费等。

2. 专利及专有技术使用费的计算

在专利及专有技术使用费的计算时应注意以下问题:

(1)按专利使用许可协议和专有技术使用合同的规定计列。

(2)专有技术的界定应以省、部级鉴定批准为依据。

（3）项目投资中只计需在建设期支付的专利及专有技术使用费。协议或合同规定在生产期支付的使用费应在生产成本中核算。

（4）一次性支付的商标权、商誉及特许经营权费按协议或合同规定计列。协议或合同规定在生产期支付的商标权或特许经营权费应在生产成本中核算。

（二）联合试运转费

联合试运转费是指新建或新增加生产能力的工程项目，在交付生产前按照设计文件规定的工程质量标准和技术要求，对整个生产线或装置进行负荷联合试运转所发生的费用净支出（试运转支出大于收入的差额部分费用）。试运转支出包括试运转所需原材料、燃料及动力消耗、低值易耗品、其他物料消耗、工具用具使用费、机械使用费、联合试运转人员工资、施工单位参加试运转人员工资、专家指导费，以及必要的工业炉烘炉费等；试运转收入包括试运转期间的产品销售收入和其他收入。联合试运转费不包括应由设备安装工程费用开支的调试及试车费用，以及在试运转中暴露出来的因施工或设备缺陷等发生的处理费用。

（三）生产准备费

1. 生产准备费的内容

在建设期内，建设单位为保证项目正常生产所做的提前准备工作发生的费用，包括人员培训、提前进厂费，以及投产使用必备的办公、生活家具用具及工器具等的购置费用。

（1）人员培训及提前进厂费，包括自行组织培训或委托其他单位培训的人员工资、工资性补贴、职工福利费、差旅交通费、劳动保护费、学习资料费等。

（2）为保证初期正常生产（或营业、使用）所必需的生产办公、生活家具用具购置费。

2. 生产准备费的计算

（1）新建项目按设计定员为基数计算，改扩建项目按新增设计定员为基数计算，见式（2-39）：

$$生产准备费 = 设计定员 \times 生产准备费指标（元/人） \tag{2-39}$$

（2）可采用综合的生产准备费指标进行计算，也可以按费用内容的分类指标计算。

六、工程保险费

工程保险费是指为转移工程项目建设的意外风险，在建设期内对建筑工程、安装工程、机械设备和人身安全进行投保而发生的费用，包括建筑安装工程一切险、引进设备财产保险和人身意外伤害险等。不同的建设项目可根据工程特点选择投保险种。

根据不同的工程类别，分别以其建筑、安装工程费乘以建筑、安装工程保险费率计算。民用建筑（住宅楼、综合性大楼、商场、旅馆、医院、学校）占建筑工程费的2‰~4‰；其他建筑（工业厂房、仓库、道路、码头、水坝、隧道、桥梁、管道等）占建筑工程费的3‰~6‰；安装工程（农业、工业、机械、电子、电器、纺织、矿山、石油、化学及钢铁工业、钢结构桥梁）占建筑工程费的3‰~6‰。

七、税金

税金是指按财政部《基本建设项目建设成本管理规定》，统一归纳计列的城镇土地使用税、耕地占用税、契税、车船税、印花税等除增值税外的税金。

第五节　预备费和建设期利息的计算

一、预备费

预备费是指在建设期内因各种不可预见因素的变化而预留的可能增加的费用，包括基本预备费和价差预备费。

(一)基本预备费

1.基本预备费的内容

基本预备费是指投资估算或工程概算阶段预留的，由于工程实施中不可预见的工程变更及洽商、一般自然灾害处理、地下障碍物处理、超规超限设备运输等而可能增加的费用，亦可称为工程建设不可预见费。基本预备费一般由以下四部分构成：

(1)工程变更及洽商。在批准的初步设计范围内，技术设计、施工图设计及施工过程中所增加的工程费用；设计变更、工程变更、材料代用、局部地基处理等增加的费用。

(2)一般自然灾害处理。一般自然灾害造成的损失和预防自然灾害所采取的措施费用。实行工程保险的工程项目，该费用应适当降低。

(3)不可预见的地下障碍物处理的费用。

(4)超规超限设备运输增加的费用。

2.基本预备费的计算

基本预备费是以建设项目工程费用和工程建设其他费用之和为记取基础，乘以基本预备费费率计算，计算公式见式(2-40)。

$$基本预备费 = (工程费用+工程建设其他费用) \times 基本预备费费率 \tag{2-40}$$

式中：基本预备费费率的取值应执行国家及有关部门的规定。

(二)价差预备费

1.价差预备费的内容

价差预备费是指为在建设期内利率、汇率或价格等因素的变化而预留的可能增加的费用，亦称为价格变动不可预见费。价差预备费包括：人工、设备、材料、施工机具的价差费，建筑安装工程费及工程建设其他费用调整，利率、汇率调整等增加的费用。

2.价差预备费的计算

价差预备费一般根据国家规定的投资综合价格指数，以估算年份价格水平的投资额为基数，采用复利方法计算。其计算公式为式(2-41)：

$$PF = \sum_{t=1}^{n} I_t \left[(1+f)^t - 1 \right] \tag{2-41}$$

式中：PF 为价差预备费；n 为建设期年份数；T_t 为建设期中第 t 年的静态投资计划额，包括工程费用、工程建设其他费用及基本预备费；f 为年涨价率；n 为建设前期年限(从编制估算到开工建设,单位:年)。

二、建设期利息

建设期利息主要是指在建设期内发生的为工程项目筹措资金的融资费用及债务资金利息。

建设期利息实行复利计算。根据贷款发放形式的不同,建设期利息计算公式有所不同。贷款发放形式一般有两种:

(1)贷款总额一次性贷出且利率固定,计算公式见式(2-42)、式(2-43):

$$贷款利息 = F - P \tag{2-42}$$

$$F = P(1 + i)^n \tag{2-43}$$

式中:F 为建设期还款时的本利和;P 为一次性贷款金额;i 为年利率;n 为贷款期限。

(2)贷款总额是分年均衡(按比例)发放,利率固定。

当总贷款分年均衡发放时,建设期利息的计算可按当年借款在年中支用考虑,即当年贷款按半年计息,上年贷款按全年计息,计算公式见式(2-44):

$$q_j = \left(P_{j-1} + \frac{1}{2}A_j\right)i \tag{2-44}$$

式中:q_j 为建设期第 j 年应计利息;P_{j-1} 为建设期第 $(j-1)$ 年末累计贷款本金与利息之和;A_j 为建设期第 j 年贷款金额;i 为年利率。

第三章　建设工程计价依据

▶ 第一节　概述

一、工程计价基本原理

工程计价的基本原理是项目的分解和价格的组合。即将建设项目自上而下细分至最基本的构造单元(假定的建筑安装产品),采用适当的计量单位计算其工程量,以及当时当地的工程单价,首先计算各基本构造单元的价格,再对费用按照类别进行组合汇总,计算出相应工程造价。

工程计价的基本过程见式(3-1):

$$分部分项工程费(或单价措施项目费) \atop = \sum[基本构造单元工程量(定额项目或清单项目) \times 相应单价] \tag{3-1}$$

工程计价可分为工程计量和工程组价两个环节。

1. 工程计量

工程计量工作包括工程项目的划分和工程量的计算。

(1)单位工程基本构造单元的确定,即划分工程项目。编制工程概预算时,主要是按工程定额进行项目的划分;编制工程量清单时主要是按照清单工程量计算规范规定的清单项目进行划分。

(2)工程量的计算就是按照工程项目的划分和工程量计算规则,就不同的设计文件对工程实物量进行计算。工程实物量是计价的基础,不同的计价依据有不同的计算规则。目前,工程量计算规则包括两大类:

1)各类工程定额规定的计算规则。

2)各专业工程量计算规范附录中规定的计算规则。

2. 工程组价

工程组价包括工程单价的确定和总价的计算。

(1)工程单价是指完成单位工程基本构造单元的工程量所需要的基本费用。工程单价包括工料单价和综合单价。

1）工料单价仅包括人工、材料、机具使用费,是各种人工消耗量、各种材料消耗量、各类施工机具台班消耗量与其相应单价的乘积,计算公式见式(3-2):

$$工料单价 = \sum(人材机消耗量 \times 人材机单价) \quad\quad (3-2)$$

2）综合单价除包括人工、材料、机具使用费外,还包括可能分摊在单位工程基本构造单元上的费用。根据我国现行有关规定,又可以分成清单综合单价(不完全综合单价)与全费用综合单价(完全综合单价)两种:清单综合单价除包括人工、材料、机具使用费外,还包括企业管理费、利润和风险因素;全费用综合单价除包括人工、材料、机具使用费外,还包括企业管理费、利润、规费和税金。

综合单价根据国家、地区、行业定额或企业定额消耗量和相应生产要素的市场价格,以及定额或市场的取费费率来确定。

(2)工程总价是指按规定的程序或办法逐级汇总形成的相应工程造价。根据计算程序的不同,分为实物量法和单价法。

1）实物量法。实物量法是依据图纸和相应计价定额的项目划分即工程量计算规则,先计算出分部分项工程量,然后套用消耗量定额计算人材机等要素的消耗量,再根据各要素的实际价格及各项费率汇总形成相应工程造价的方法。

2）单价法。单价法包括综合单价法和工料单价法。

①综合单价法。若采用全费用综合单价(完全综合单价),首先依据相应工程量计算规范规定的工程量计算规则计算工程量,并依据相应的计价依据确定综合单价,然后用工程量乘以综合单价,汇总即可得出分部分项工程及单价措施项目费,之后再按相应的办法计算总价措施项目费、其他项目费,汇总后形成相应工程造价。我国现行的《建设工程工程量清单计价规范》(GB 50500—2013)中规定的清单综合单价属于不完全综合单价,当把规费和税金计入不完全综合单价后即形成完全综合单价。

②工料单价法。首先依据相应计价定额的工程量计算规则计算工程量;其次依据定额的人材机消耗量和预算单价计算工料单价;用工程量乘以工料单价,汇总可得分部分项工程人材机费合计;最后按照相应的取费程序计算其他各项费用,汇总后形成相应工程造价。

二、工程计价依据

我国的工程造价管理体系可划分为工程造价管理的相关法律法规体系、工程造价管理标准体系、工程定额体系和工程计价信息体系四个主要部分。法律法规是实施工程造价管理的制度依据和重要前提;工程造价管理标准是在法律法规要求下,规范工程造价管理的核心技术要求;工程定额通过提供国家、行业、地方定额的参考性依据和数据,指导企业的定额编制,起到规范管理和科学计价的作用;工程计价信息是市场经济体制下,进行造价信息传递和形成造价成果文件的重要支撑。从工程造价管理体系的总体架构看,工程造价管理的相关法律法规体系、工程造价管理标准体系属于工程造价宏观管理的范畴,工程定额体系、工程计价信息体系属于工程造价微观管理的范畴。工程造价管理体系中的工程造价管理标准体系、工程定额体系和工程计价信息体系是工程计价的主要依据。

(一) 工程造价管理标准

工程造价管理标准泛指除应以法律法规进行管理和规范的内容外,应以国家标准、行业标准进行规范的工程管理和工程造价咨询行为、质量的有关技术内容。工程造价管理的标准体系按照管理性质可分为：统一工程造价管理的基本术语、费用构成等的基础标准；规范工程造价管理行为、项目划分和工程量计算规则等管理性规范；规范各类工程造价成果文件编制的业务操作规程；规范工程造价咨询质量和档案的质量标准；规范工程造价指数发布及信息交换的信息标准等。

1. 基础标准

基础标准主要包括《工程造价术语标准》（GE/T 50875—2013）、《建设工程计价设备材料划分标准》（GB/T 50531—2009）等。此外，我国目前还没有统一的建设工程造价费用构成标准，而这一标准的制定应是规范工程计价最重要的基础工作。

2. 管理规范

管理规范主要包括《建设工程工程量清单计价规范》（GB 50500—2013）、《建设工程造价咨询规范》（GB/T 51095—2015）、《建设工程造价鉴定规范》（GB/T 51262—2017）、《建筑工程建筑面积计算规范》（GB/T 50353—2013）及不同专业的建设工程工程量计算规范等。建设工程工程量计算规范由《房屋建筑与装饰工程工程量计算规范》（GB 50854—2013）、《仿古建筑工程工程量计算规范》（GB 50855—2013）、《通用安装工程工程量计算规范》（GB 50856—2013）、《市政工程工程量计算规范》（GB 50857—2013）、《园林绿化工程工程量计算规范》（GB 50858—2013）、《矿山工程工程量计算规范》（GB 50859—2013）、《构筑物工程工程量计算规范》（GB 50860—2013）、《城市轨道交通工程工程量计算规范》（GB 50861—2013）、《爆破工程工程量计算规范》（GB 50862—2013）组成。同时也包括各专业部委发布的各类清单计价、工程量计算规范，《水利工程工程量清单计价规范》（GB 50501—2007）、《水运工程工程量清单计价规范》（JTS/T 271—2020）及各省（区市）发布的公路工程工程量清单计价规范等。

3. 团体标准与操作规程

团体标准与操作规程主要包括中国建设工程造价管理协会陆续发布的各类团体标准和操作规程：《建设项目工程总承包计价规范》（T/CCEAS 001—2002）、《房屋工程总承包工程量计算规范》（T/CCEAS 002—2022）、《市政工程总承包工程量计算规范》（T/CCEAS 003—2002）、《城市轨道交通工程总承包工程量计算规范》（T/CCEAS 004—2022）、《建设项目投资估算编审规程》（CECA/GC 1—2015）、《建设项目设计概算编审规程》（CECA/GC 2—2015）、《建设项目工程结算编审规程》（CECA/GC 3—2010）、《建设项目全过程造价咨询规程》（CECA/GC 4—2017）、《建设项目施工图预算编审规程》（CECA/GC 5—2010）、《建设工程招标控制价编审规程》（CECA/GC 6—2011）、《建设工程造价鉴定规程》（CECA/GC 8—2012）、《建设项目工程竣工决算编制规程》（CECA/GC 9—2013）、《工程造价咨询企业服务清单》（CCEA/GC 11—2019）。其中《建设项目全过程造价咨询规程》（CECA/GC 4—2017）是我国最早发布的涉及建设项目全过程工程咨询的标准之一。

4. 质量管理标准

质量管理标准主要包括《建设工程造价咨询成果文件质量标准》（CECA/GC 7—2012），该标准编制的目的是对工程造价咨询成果文件和过程文件的组成、表现形式、质量管理要素、成果质量标准等进行规范。

5. 信息管理规范

信息管理规范主要包括《建设工程人工材料设备机械数据标准》（GB/T 50851—2013）和

《建设工程造价指标指数分类与测算标准》(GB/T 51290—2018)等。

(二) 工程定额

工程定额主要指国家、地方或行业主管部门及企业自身制定的各种定额,包括工程消耗量定额、工程计价定额、工期定额等。工程消耗量定额主要是指完成规定计量单位合格建筑安装产品所消耗的人工、材料、施工机具台班的数量标准。工程定额是指直接用于工程计价的定额或指标,包括预算定额、概算定额、概算指标和投资估算指标等。工期定额是指在正常的施工技术和组织条件下,完成建设项目和各类工程所需的工期标准。

随着工程造价市场化改革的不断深入,工程计价定额的作用主要在于建设前期造价预测以及投资管控目标的合理设定,而在建设项目交易过程中,定额的作用将逐步弱化,而更加依赖于市场价格信息进行计价。

根据《住房城乡建设部关于进一步推进工程造价管理改革的指导意见》(建表〔2014〕142号)的要求,工程定额的定位应为对国有资金投资工程,作为其编制估算、概算、最高投标限价的依据;对其他工程仅供参考。同时通过购买服务等多种方式,充分发挥企业、科研单位、社会组织等社会力量在工程定额编制中的基础作用,提高工程定额编制水平,并应鼓励企业编制企业定额。

应建立工程定额全面修订和局部修订相结合的动态调整机制,及时修订不符合市场实际的内容,提高定额的时效性。编制有关建筑产业现代化、建筑节能与绿色建筑等工程定额,发挥定额在新技术、新工艺、新材料、新设备推广应用中的引导约束作用,支持建筑业转型升级。

(三) 工程计价信息

工程计价信息是指国家、各地区、各部门工程造价管理机构、行业组织及企业发布的指导或服务于建设工程计价的人工、材料、工程设备、施工机具的价格信息,以及各类工程的造价指数、指标、典型工程数据库等。工程造价信息化建设需要以标准化、网络化、动态化的基本原则进行,通过工程建设各方共同参与的建设工程造价信息化平台,进行计价信息的发布、共享和服务。

三、工程定额体系

工程定额是指在正常施工条件下完成规定计量单位的合格建筑安装工程所消耗的人工、材料、施工机具台班、工期天数及相关费率等的数量标准。

(一) 工程定额的分类

工程定额是一个综合概念,是建设工程造价计价和管理中各类定额的总称,包括许多种类的定额,可以按照不同的原则和方法对它进行分类。

1.按定额反映的生产要素消耗内容分类

按定额反映的生产要素消耗内容可以把工程定额划分为劳动消耗定额、材料消耗定额和机具消耗定额三种。

(1)劳动消耗定额。简称劳动定额(也称为人工定额),是在正常的施工技术和组织条件下，完成规定计量单位合格的建筑安装产品所消耗的人工工日的数量标准。劳动定额的主要表现形式是时间定额，但同时也表现为产量定额。时间定额与产量定额互为倒数。

（2）材料消耗定额。简称材料定额，是指在正常的施工技术和组织条件下，完成规定计量单位合格的建筑安装产品所消耗的原材料、成品、半成品、构配件、燃料及水、电等动力资源的数量标准。

（3）机具消耗定额。机具消耗定额由机械消耗定额与仪器仪表消耗定额组成。机械消耗定额是以一台机械一个工作班为计量单位，所以又称为机械台班定额。机械消耗定额是指在正常的施工技术和组织条件下，完成规定计量单位合格的建筑安装产品所消耗的施工机械台班的数量标准。机械消耗定额的主要表现形式是机械时间定额，同时也以产量定额表现。仪器仪表消耗定额的表现形式与机械消耗定额类似。

2. 按定额的编制程序和用途分类

按定额的编制程序和用途可以把工程定额分为施工定额、预算定额、概算定额、概算指标、投资估算指标等。

（1）施工定额。施工定额是完成一定计量单位的某一施工过程或基本工序所需消耗的人工、材料和施工机具台班数量标准。施工定额是施工企业（建筑安装企业）组织生产和加强管理在企业内部使用的一种定额，属于企业定额的性质。施工定额是以某一施工过程或基本工序作为研究对象，表示生产产品数量与生产要素消耗综合关系编制的定额。为了适应组织生产和管理的需要，施工定额的项目划分很细，是工程定额中分项最细、定额子目最多的一种定额，也是工程定额中的基础性定额。

（2）预算定额。预算定额是在正常的施工条件下，完成一定计量单位合格分项工程或结构构件所需消耗的人工、材料、施工机具台班数量及其费用标准。预算定额是一种计价性定额。从编制程序上看，预算定额是以施工定额为基础综合扩大编制的，同时它也是编制概算定额的基础。

（3）概算定额。概算定额是完成单位合格扩大分项工程或扩大结构构件所需消耗的人工、材料和施工机具台班的数量及其费用标准，是一种计价性定额。概算定额是编制扩大初步设计概算、确定建设项目投资额的依据。概算定额的项目划分粗细，与扩大初步设计的深度相适应，一般是在预算定额的基础上综合扩大而成的，每一扩大分项概算定额都包含了数项预算定额。

（4）概算指标。概算指标是以单位工程为对象，反映完成一个规定计量单位建筑安装产品的经济指标。概算指标是概算定额的扩大与合并，以更为扩大的计量单位来编制的。概算指标的内容包括人工、材料、机具台班三个基本部分，同时还列出了分部工程量及单位工程的造价，是一种计价定额。

（5）投资估算指标。投资估算指标是以建设项目、单项工程、单位工程为对象，反映建设总投资及其各项费用构成的经济指标。它是在项目建议书和可行性研究阶段编制投资估算、计算投资需要量时使用的一种定额。它的概略程度与可行性研究阶段相适应。投资估算指标往往根据历史的预、决算资料和价格变动等资料编制，但其编制基础仍然离不开预算定额、概算定额。

上述各种定额的相互联系可参见表3-1。

表 3-1　各种定额的比较

项目	施工定额	预算定额	概算定额	概算指标	投资估算指标
对象	施工过程或基本工序	分项工程或结构构件	扩大分项工程或扩大结构构件	单位工程	建设项目、单项工程、单位工程
用途	编制施工预算	编制施工图预算	编制扩大初步设计概算	编制初步设计概算	编制投资估算
项目划分	最细	细	较粗	粗	很粗
定额水平	平均先进	平均			
定额性质	生产性定额	计价性定额			

3. 按专业分类

由于工程建设涉及众多的专业，不同的专业所包含的内容也不同，因此就确定人工、材料和机具台班消耗数量标准的工程定额来说，需按不同的专业分别进行编制和执行。

(1)建筑工程定额按专业对象分为建筑及装饰工程定额、房屋修缮工程定额、市政工程定额、铁路工程定额、公路工程定额、矿山井巷工程定额、水利建筑工程定额、内河航运水工建筑工程定额等。

(2)安装工程定额按专业对象分为电气设备安装工程定额、机械设备安装工程定额、热力设备安装工程定额、通信设备安装工程定额、消防工程定额、化学工业设备安装工程定额、工业管道安装工程定额、工艺金属结构安装工程定额等。

4. 按主编单位和管理权限分类

按主编单位和管理权限可以把工程定额分为全国统一定额、行业统一定额、地区统一定额、企业定额、补充定额等。

(1)全国统一定额是由国家建设行政主管部门综合全国工程建设中技术和施工组织管理的情况编制，并在全国范围内执行的定额。

(2)行业统一定额是考虑到各行业专业工程技术特点，以及施工生产和管理水平编制的。一般只在本行业和相同专业性质的范围内使用。

(3)地区统一定额包括省、自治区、直辖市定额。地区统一定额主要是考虑地区性特点和全国统一定额水平做适当调整和补充编制的。

(4)企业定额是施工单位根据本企业的施工技术、机械装备和管理水平编制的人工、材料、机具台班等的消耗标准。企业定额在企业内部使用，是企业综合素质的标志。企业定额水平一般应高于国家现行定额，才能满足生产技术发展、企业管理和市场竞争的需要。在工程量清单计价方法下，企业定额是施工企业进行投标报价的依据。

(5)补充定额是指随着设计、施工技术的发展，现行定额不能满足需要的情况下，为了补充缺陷所编制的定额。补充定额只能在指定的范围内使用，可以作为以后修订定额的基础。

上述各种定额虽然适用于不同的情况，但是它们是一个互相联系的、有机的整体，在实际工作中可以配合使用。

（二）工程定额的改革和发展

1. 工程定额的改革任务

在传统的定额编制工作中，因为定额编制工作复杂，定额编制周期长，定额数据往往滞后于市场变化，具有滞后性；再者，由于定额编制人员的专业局限性、定额编制方式、数据质量等原因，导致定额消耗量及费用标准与市场水平存在偏差，具有差异性，从而使工程计价、投资管控等受到影响。

住房和城乡建设部办公厅于 2020 年 7 月 24 日印发了《工程造价改革工作方案》（建办标〔2020〕38 号），该方案指出：改革开放以来，工程造价管理坚持市场化改革方向，在工程发承包计价环节探索引入竞争机制，全面推行工程量清单计价，各项制度不断完善。但还存在定额等计价依据不能很好满足市场需要，造价信息服务水平不高，造价形成机制不够科学等问题。为充分发挥市场在资源配置中的决定性作用，促进建筑业转型升级，需对工程造价进行改革。其中，与工程造价计价依据改革相关的任务主要包括以下两个方面：

（1）完善工程计价依据发布机制。加快转变政府职能，优化概算定额、估算指标编制发布和动态管理，取消最高投标限价按定额计价的规定，逐步停止发布预算定额。搭建市场价格信息发布平台，统一信息发布标准和规则，鼓励企事业单位通过信息平台发布各自的人工、材料、机械台班市场价格信息，供市场主体选择。加强市场价格信息发布行为监管，严格信息发布单位主体责任。

（2）加强工程造价数据积累。加快建立国有资金投资的工程造价数据库，按地区、工程类型、建筑结构等分类发布人工、材料、项目等造价指标指数，利用大数据、人工智能等信息化技术为概预算编制提供依据。加快推进工程总承包和全过程工程咨询，综合运用造价指标指数和市场价格信息，控制设计限额、建造标准、合同价格，确保工程投资效益得到有效发挥。

2. 大数据技术对工程定额编制的影响

工程计价及造价管理过程中，会产生大量的造价信息数据。随着科技的发展，特别是信息技术的发展，给这些数据的管理和挖掘提供了现代化的手段。大数据信息技术势必对定额的编制和项目各阶段设计价及造价管理产生积极且深远的影响。

（1）企业定额测算和管理的高效化。因为企业定额需要准确反映企业实际技术和管理水平，因此，随着企业生产力水平的提高，企业定额需要及时更新。为适应市场竞争，企业应注重本企业定额数据的积累。大数据时代，企业可以建立基于大数据的企业定额测算体系并建立信息化平台，动态积累企业定额消耗量数据，监测企业定额的变动情况，进而动态管理企业定额。大数据的应用不仅可以节省定额测定方面的人力、物力、财力，而且提高了工作效率。

（2）工程定额编制和管理的动态化。行业主管部门可以与互联网相结合，建立定额动态管理平台，从业人员可在平台上共享数据，对于定额应用问题可随时提出相关建议，使全行业人员参与到定额的动态使用、反馈和管理上来，最大程度上拓宽覆盖面，解决传统编制过程中编制人员来源途径单一的问题，改善定额偏差性的缺陷；能够实现信息的快速收集、存储和分析，从而实现缩短定额编制周期和定额编制时间，最大程度上改善定额滞后性、差异性的缺陷；能够使得数据更真实、更有代表性和更加贴近市场。

（3）工程定额编制和管理的市场化。大数据技术可以将来自市场的真实数据实时纳入数据库中，并依据这些数据编制工程定额，缩短定额编制周期，充分走进市场、贴近市场 和反映市场，体现市场决定价格的作用。

第二节　建筑安装工程人工、材料和施工机具台班消耗量的确定

一、施工过程分解及工时研究

(一) 施工过程及其分类

1.施工过程的含义

施工过程就是为完成某一项施工任务，在施工现场所进行的生产过程。其最终目的是要建造、改建、修复或拆除工业及民用建筑物和构筑物的全部或一部分。

建筑安装施工过程与其他物质生产过程一样，也包括生产力三要素，即劳动者、劳动对象、劳动工具，也就是说，施工过程是由不同工种、不同技术等级的建筑安装工人使用各种劳动工具(手动工具、小型工具、大中型机械和仪器仪表等)，按照一定的施工工序和操作方法，直接或间接地作用于各种劳动对象(各种建筑、装饰材料、半成品、预制品和各种设备、零配件等)，使其按照人们预定的目的，生产出建筑、安装及装饰合格产品的过程。

每个施工过程的结束，获得了一定的产品，这种产品或者是改变了劳动对象的外表形态、内部结构或性质(由于制作和加工的结果)，或者是改变了劳动对象在空间的位置(由于运输和安装的结果)。

按照工程分部组合的计价原理，对于复杂的工程体，需要自上而下分解为细小的计价单元，计价时，通过对计价单元价格自下而上适当组合形成工程造价。对施工过程的研究，就是要研究不同施工过程产出的产品(计价单元)与其工作内容、投入资源之间的关系，从而为定额编制奠定基础。

2.施工过程分类

根据不同的标准和需要，施工过程有如下分类。

(1)根据施工过程组织上的复杂程度，施工过程可以分解为工序、工作过程和综合工作过程。

1)工序是指施工过程中在组织上不可分割，在操作上属于同一类的作业环节。其主要特征是劳动者、劳动对象和使用的劳动工具均不发生变化。如果其中一个因素发生变化，就意味着由一项工序转入了另一项工序。如钢筋制作，它由平直钢筋、钢筋除锈、切断钢筋、弯曲钢筋等工序组成。

从施工的技术操作和组织观点看，工序是工艺方面最简单的施工过程。在编制施工定额时，工序是主要的研究对象。测定定额时只需分解和标定到工序为止。如果进行某项先进技术或新技术的工时研究，就要分解到操作甚至动作为止，从中研究可加以改进的操作或节约的工时。

工序可以由一个工人来完成，也可由小组或施工队内的几个工人协同完成；可以手动完

成，也可以由机械操作完成。在机械化的施工工序中，还可以包括由工人自己完成的各项操作和由机器完成的工作两部分。

2）工作过程是由同一工人或同一小组所完成的在技术操作上相互有机联系的工序的总合体。其特点是劳动者和劳动对象不发生变化，而使用的劳动工具可以变换。例如，砌墙和勾缝，抹灰和粉刷等。

3）综合工作过程是同时进行的，在组织上有直接联系的，为完成一个最终产品结合起来的各个施工过程的总和。例如，砌筑砌块墙这一综合工作过程，由调制砂浆、运砂浆、运砌块、砌墙等工作过程构成，它们在不同的空间同时进行，在组织上有直接联系，并最终形成的共同产品是一定数量的砌块墙。

（2）按照施工工序是否重复循环分类，施工过程可以分为循环施工过程和非循环施工过程两类。如某施工过程的工序或其组成部分以同样的内容和顺序不断循环，并且每重复一次可以生产出同样的产品，则称为循环施工过程，反之，则称为非循环施工过程。

（3）按施工过程的完成方法和手段分类，施工过程可以分为手工操作过程（手动过程）、机械化过程（机动过程）和机手并动过程（半自动化过程）。

（4）按劳动者、劳动工具、劳动对象所处位置和变化分类，施工过程可分为工艺过程、搬运过程和检验过程。

3. 施工过程的影响因素

对施工过程的影响因素进行研究，其目的是正确确定单位施工产品所需要的作业时间消耗。施工过程的影响因素包括技术因素、组织因素和自然因素。

（1）技术因素。包括产品的种类和质量要求，所用材料、半成品、构配件的类别、规格和性能，所用工具和机械设备的类别、型号、性能及完好情况等。

（2）组织因素。包括施工组织与施工方法、劳动组织、工人技术水平、操作方法和劳动态度、工资分配方式、劳动竞赛等。

（3）自然因素。包括酷暑、大风、雨、雪、冰冻等。

（二）工作时间分类

研究施工中的工作时间最主要的目的是确定施工的时间定额和产量定额，其前提是对工作时间按其消耗性质进行分类，以便研究工时消耗的数量及其特点。

工作时间指的是工作班延续时间，一个工作班按 8 h 计算，午休时间不包括在内。对工作时间消耗的研究，可以分为两个部分进行，即工人工作时间的消耗和施工机械工作时间消耗。

1. 工人工作时间消耗的分类

工人在工作班内消耗的工作时间，按其消耗的性质，基本可以分为两大类：必需消耗的时间和损失时间。

（1）必需消耗的时间是工人在正常施工条件下，为完成一定合格产品（工作任务）所消耗的时间，是制定定额的主要依据，包括有效工作时间、休息时间和不可避免的中断时间的消耗。

1）有效工作时间是从生产效果来看与产品生产直接有关的时间消耗。其中包括基本工作时间、辅助工作时间、准备与结束工作时间的消耗。

①基本工作时间是工人完成能生产一定产品的施工工艺过程所消耗的时间。通过这些工艺过程可以使材料改变外形，如钢筋煨弯等；可以使预制构配件安装组合成型；也可以改变产品外部及表面的性质，如粉刷、油漆等。基本工作时间所包括的内容依工作性质各不相同。基本工作时间的长短和工作量大小成正比。工人工作时间分类如图3-1所示。

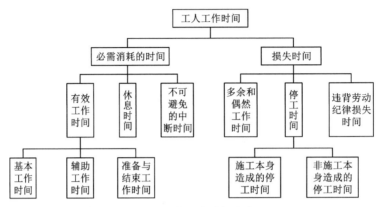

图3-1　工人工作时间分类图

②辅助工作时间是为保证基本工作能顺利完成所消耗的时间。在辅助工作时间里，不能使产品的形状大小、性质或位置发生变化。辅助工作时间的结束，往往就是基本工作时间的开始。辅助工作一般是手工操作。但如果在机手并动的情况下，辅助工作是在机械运转过程中进行的，为避免重复则不应再计辅助工作时间的消耗。辅助工作时间长短与工作量大小有关。

③准备与结束工作时间是执行任务前或任务完成后所消耗的工作时间。如工作地点、劳动工具和劳动对象的准备工作时间；工作结束后的整理工作时间等。准备和结束工作时间的长短与所担负的工作量大小无关，但往往和工作内容有关。这项时间消耗可以分为班内的准备与结束工作时间和任务的准备与结束工作时间。其中任务的准备与结束工作时间是在一批任务的开始与结束时产生的，如熟悉图纸、准备相应的工具、事后清理场地等，通常不反映在每一个工作班里。

2)休息时间是工人在工作过程中为恢复体力所必需的短暂休息和生理需要的时间消耗。这种时间是为了保证工人精力充沛地工作，所以在定额时间中必须进行计算。休息时间的长短与劳动性质、劳动条件、劳动强度和劳动危险性等密切相关。

3)不可避免的中断时间是由施工工艺特点引起的工作中断所必需的时间。与施工过程工艺特点有关的工作中断时间，应包括在定额时间内，但应尽量缩短此项时间消耗。

(2)损失时间是与产品生产无关，与施工组织和技术上的缺点有关，与工人在施工过程中的个人过失或某些偶然因素有关的时间消耗。损失时间包括多余和偶然工作时间、停工时间、违背劳动纪律损失时间。

1)多余工作是工人进行了任务以外而又不能增加产品数量的工作。如重新施工质量不合格的工程。多余工作的工时损失，一般都是由工程技术人员和工人的差错而引起的，因此，不应计入定额时间中。偶然工作也是工人在任务外进行的工作，但能够获得一定产品。

如抹灰工不得不补上偶然遗留的墙洞等。由于偶然工作能获得一定产品，拟定定额时要适当考虑它的影响。

2)停工时间是工作班内停止工作造成的工时损失。停工时间按其性质可分为施工本身造成的停工时间和非施工本身造成的停工时间两种。施工本身造成的停工时间，是由施工组织不善、材料供应不及时、工作面准备工作做得不好、工作地点组织不良等情况引起的停工时间。非施工本身造成的停工时间，是由停电等外因引起的停工时间。前一种情况在拟定定额时不应该计算，后一种情况定额中则应给予合理的考虑。

3)违背劳动纪律损失时间是指工人迟到、早退、擅自离开工作岗位、工作时间怠工等造成的工时损失。由于个别工人违背劳动纪律而影响其他工人无法工作的时间损失，也包括在内。

2.施工机械工作时间消耗的分类

在机械化施工过程中，对工作时间消耗的分析和研究，除了要对工人工作时间的消耗进行分类研究之外，还需要分类研究机器工作时间的消耗。

机器工作时间的消耗，按其性质也分为必需消耗的时间和损失时间两大类，如图3-2所示。

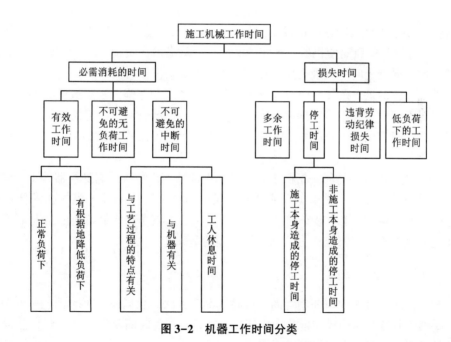

图3-2　机器工作时间分类

(1)在必需消耗的时间中，包括有效工作、不可避免的无负荷工作和不可避免的中断三项时间消耗。而在有效工作的时间消耗中又包括正常负荷下、有根据地降低负荷下的工时消耗。

1)正常负荷下的工作时间是机器在与机器说明书规定的额定负荷相符的情况下进行工作的时间。

2)有根据地降低负荷下的工作时间是在个别情况下由于技术上的原因，机器在低于其计

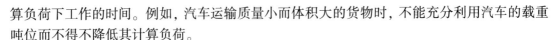

算负荷下工作的时间。例如，汽车运输质量小而体积大的货物时，不能充分利用汽车的载重吨位而不得不降低其计算负荷。

3）不可避免的无负荷工作时间是由施工过程的特点和机械结构的特点造成的机械无负荷工作时间。例如，筑路机在工作区末端调头等就属于此项工作时间的消耗。

4）不可避免的中断时间是与工艺过程的特点、机器的使用和保养、工人休息有关的中断时间。

①与工艺过程的特点有关的不可避免的中断时间，有循环的和定期的两种。循环的不可避免中断，是在机器工作的每一个循环中重复一次，如汽车装货和卸货时的停车。定期的不可避免中断，是经过一定时期重复一次。例如把灰浆泵由一个工作地点转移到另一工作地点时的工作中断。

②与机器有关的不可避免的中断时间是由工人进行准备与结束工作或辅助工作时，机器停止工作而引起的中断时间。它是与机器的使用与保养有关的不可避免的中断时间。

③工人休息时间，前面已经做了说明。这里要注意的是，应尽量利用与工艺过程有关的和与机器有关的不可避免的中断时间进行休息，以充分利用工作时间。

（2）损失时间包括多余工作、停工、违背劳动纪律所消耗的工作时间和低负荷下的工作时间。

1）机器的多余工作时间，一是机器进行任务内和工艺过程内未包括的工作而延续的时间，如工人没有及时供料而使机器空运转的时间；二是机械在负荷下所做的多余工作，如混凝土搅拌机搅拌混凝土时超过规定搅拌时间，即属于多余工作时间。

2）机器的停工时间，按其性质也可分为施工本身造成和非施工本身造成的停工。前者是由施工组织得不好而引起的停工现象，如由未及时供给机器燃料而引起的停工。后者是由气候条件所引起的停工现象，如暴雨时压路机的停工。上述停工中延续的时间，均为机器的停工时间。

3）违背劳动纪律损失时间是指由工人迟到早退或擅离岗位等引起的机器停工时间。

4）低负荷下的工作时间是由工人或技术人员的过错所造成的施工机械在降低负荷的情况下工作的时间。例如，工人装车的砂石数量不足引起的汽车在降低负荷的情况下工作所延续的时间。此项工作时间不能作为计算时间定额的基础。

（三）计时观察法

计时观察法是研究工作时间消耗的一种技术测定方法。它以研究工时消耗为对象，以观察测时为手段，通过密集抽样和粗放抽样等技术进行直接的时间研究。计时观察法以现场观察为主要技术手段，所以也称为现场观察法。

计时观察法能够把现场工时消耗情况和施工组织技术条件联系起来加以考察，它不仅能为制订定额提供基础数据，而且能为改善施工组织管理、改善工艺过程和操作方法、消除不合理的工时损失和进一步挖掘生产潜力提供技术根据。计时观察法的局限性，是考虑人的因素不够。

对施工过程进行观察、测时，计算实物和劳务产量，记录施工过程所处的施工条件和确定影响工时消耗的因素，是计时观察法的主要内容和要求。计时观察法种类很多，主要有测时法、写实记录法和工作日写实法三种。

1.测时法

测时法主要适用于测定定时重复的循环工作的工时消耗，是精确度比较高的一种计时观察法，一般可为 0.2~15 s。测时法只用来测定施工过程中循环组成部分工作时间消耗，不研究工人休息、准备与结束及其他非循环的工作时间。

2.写实记录法

写实记录法是一种研究各种性质的工作时间消耗的方法，包括基本工作时间、辅助工作时间、不可避免的中断时间、准备与结束时间及各种损失时间。采用这种方法，可以获得分析工作时间消耗和制定定额所必需的全部资料。这种测定方法比较简便、易于掌握，并能保证必需的精度。因此，写实记录法在实际中得到了广泛应用。

3.工作日写实法

工作日写实法是一种研究整个工作班内的各种工时消耗的方法。运用工作日写实法主要有两个目的，一是取得编制定额的基础资料；二是检查定额的执行情况，找出缺点，改进工作。

工作日写实法与测时法、写实记录法相比较，具有技术简便、费力不多、应用面广和资料全面的优点，在我国是一种采用较广的编制定额的方法。工作日写实法的缺点主要是由于有观察人员在场，即使在观察前做了充分准备，仍不免在工时利用上有一定的虚假性。

随着信息技术的发展，计时观察的基本原理不变，但可采用更为先进的技术手段进行观测。例如，通过物联网智能设备实时采集施工现场数据，借助大数据分析技术，形成准确动态的资源消耗量、实物产量、劳务产出等数据。

二、确定人工定额消耗量的基本方法

时间定额和产量定额是人工定额的两种表现形式。拟定出时间定额，也就可以计算出产量定额。

在全面分析了各种影响因素的基础上，通过计时观察资料，我们可以获得定额的各种必须消耗时间。将这些时间进行归纳，有的经过换算，有的根据不同的工时规范附加，最后把各种定额时间加以综合和类比就是整个工作过程的人工消耗的时间定额。

(一)确定工序作业时间

根据计时观察资料的分析和选择，我们可以获得各种产品的基本工作时间和辅助工作时间，将这两种时间合并，称为工序作业时间。它是各种因素的集中反映，决定着整个产品的定额时间。

1.拟定基本工作时间

基本工作时间在必需消耗的工作时间中占的比重最大。在确定基本工作时间时，必须细致、精确。基本工作时间消耗一般应根据计时观察资料来确定。其做法是，首先确定工作过程每一组成部分的工时消耗，然后再综合出工作过程的工时消耗。如果组成部分的产品计量单位和工作过程的产品计量单位不符，则需先求出不同计量单位的换算系数，进行产品计量单位的换算，然后再相加，求得工作过程的工时消耗。

(1)各组成部分单位与最终产品单位一致时的基本工作时间计算。此时，单位产品基本工作时间就是施工过程各个组成部分作业时间的总和。

（2）各组成部分单位与最终产品单位不一致时的基本工作时间计算。此时，各组成部分基本工作时间应分别乘以相应的换算系数。

2. 拟定辅助工作时间

辅助工作时间的确定方法与基本工作时间相同。如果在计时观察时不能取得足够的资料，也可采用工时规范或经验数据来确定。如具有现行的工时规范，可以直接利用工时规范中规定的辅助工作时间的百分比来计算，举例见表3-2。

表3-2　木作工程各类辅助工作时间的百分率参考表

工作项目	占工序作业时间/%	工作项目	占工序作业时间/%
磨刨刀	12.3	磨线刨	8.3
磨槽刨	5.9	锉锯	8.2
磨凿子	3.4	—	—

(二) 确定规范时间

规范时间包括工序作业时间以外的准备与结束时间、不可避免的中断时间及休息时间。

1. 确定准备与结束时间

准备与结束时间分为班内和任务两种。任务的准备与结束时间通常不能集中在某一个工作日中，而要采取分摊计算的方法，分摊在单位产品的时间定额里。

如果在计时观察资料中不能取得足够的准备与结束时间的资料，也可根据工时规范或经验数据来确定。

2. 确定不可避免的中断时间

在确定不可避免的中断时间定额时，必须注意由工艺特点所引起的不可避免中断才可列入工作过程的时间定额。

不可避免的中断时间也需要根据计时观察资料通过整理分析获得，也可以根据经验数据或工时规范，以占工作日的百分比表示此项工时消耗的时间定额。

3. 拟定休息时间

休息时间应根据工作班作息制度、经验资料、计时观察资料及对工作的疲劳程度做全面分析来确定。同时，应考虑尽可能利用不可避免的中断时间作为休息时间。

规范时间均可利用工时规范或经验数据确定，常用的参考数据见表3-3。

表3-3　准备与结束、休息、不可避免的中断时间占工作班时间的百分率参考表

序号	工种	准备与结束时间占工作班时间/%	休息时间占工作班时间/%	不可避免的中断时间占工作班时间/%
1	材料运输及材料加工	2	13~16	2
2	人力土方工程	3	13~16	2
3	架子工程	4	12~15	2

续表3-3

序号	工种	准备与结束时间占工作班时间/%	休息时间占工作班时间/%	不可避免的中断时间占工作班时间/%
4	砖石工程	6	10~13	4
5	抹灰工程	6	10~13	3
6	手工木作工程	4	7~10	3
7	机械木作工程	3	4~7	3
8	模板工程	5	7~10	3
9	钢筋工程	4	7~10	4
10	现浇混凝土工程	6	10~13	3
11	预制混凝土工程	4	10~13	2
12	防水工程	5	25	3
13	油漆玻璃工程	3	4~7	2
14	钢制品制作及安装工程	4	4~7	2
15	机械土方工程	2	4~7	2
16	石方工程	4	13~16	2
17	机械打桩工程	6	10~13	3
18	构件运输及吊装工程	6	10~13	3
19	水暖电气工程	5	7~10	3

(三) 拟定定额时间

确定的基本工作时间、辅助工作时间、准备与结束时间、不可避免的中断时间与休息时间之和，就是劳动定额的时间定额。根据时间定额可计算出产量定额，时间定额和产量定额互成倒数。

利用工时规范，可以计算劳动定额的时间定额。计算公式见式(3-3)~式(3-6)：

$$工序作业时间=基本工作时间+辅助工作时间 \tag{3-3}$$

$$规范时间=准备与结束时间+不可避免的中断时间+休息时间 \tag{3-4}$$

$$工序作业时间=基本工作时间+辅助工作时间=基本工作时间/[1-辅助时间(\%)] \tag{3-5}$$

$$定额时间=工序作业时间/[1-规范时间(\%)] \tag{3-6}$$

【例3-1】　通过计时观察资料得知，人工挖二类土1 m³ 的基本工作时间为6 h，辅助工作时间占工序作业时间的2%，准备与结束时间、不可避免的中断时间、休息时间分别占工作日的3%、2%、18%。求该人工挖二类土的时间定额是多少？

解：基本工作时间=6 h=0.75(工日/m³)

工序作业时间=0.75/(1-2%)=0.765(工日/m³)

$$时间定额 = 0.765/(1-3\%-2\%-18\%) = 0.994(工日/m^3)$$

三、确定材料定额消耗量的基本方法

(一) 材料的分类

合理确定材料消耗定额，必须研究和区分材料在施工过程中的类别。

1. 根据材料消耗的性质划分

施工中材料的消耗可分为必须消耗的材料和损失的材料两类性质。

必须消耗的材料，是指在合理用料的条件下生产合格产品需要消耗的材料，包括直接用于建筑和安装工程的材料、不可避免的施工废料、不可避免的材料损耗。

必须消耗的材料属于施工正常消耗，是确定材料消耗定额的基本数据。其中，直接用于建筑和安装工程的材料编制材料净用量定额，不可避免的施工废料和材料损耗编制材料损耗定额。

2. 根据材料消耗与工程实体的关系划分

施工中的材料可分为实体材料和非实体材料两类。

(1) 实体材料是指直接构成工程实体的材料，包括工程直接性材料和辅助性材料。工程直接性材料主要是指一次性消耗、直接用于工程构成建筑物或结构本体的材料，如钢筋混凝土柱中的钢筋、水泥、砂、碎石等；辅助性材料主要是指虽也是施工过程中的一次性消耗，却并不构成建筑物或结构本体的材料。如土石方爆破工程中所需的炸药、引信、雷管等。工程直接性材料用量大，辅助性材料用量少。

(2) 非实体材料是指在施工中必须使用但又不能构成工程实体的施工措施性材料。非实体材料主要是指周转性材料，如模板、脚手架、支撑等。

(二) 确定材料消耗量的基本方法

确定实体材料的净用量定额和材料损耗定额的计算数据，是通过现场技术测定、实验室试验、现场统计和理论计算等方法获得的。

(1) 现场技术测定法，又称为观测法，是根据对材料消耗过程的观测，通过完成产品数量和材料消耗量的计算而确定各种材料消耗定额的一种方法。现场技术测定法主要用于确定材料损耗量，因为该部分数值用统计法或其他方法较难得到。通过现场观测，还可以区别出哪些是可以避免的损耗，哪些是难以避免的损耗，明确定额中不应列入可以避免的损耗。

(2) 实验室试验法，主要用于编制材料净用量定额。通过试验，能够对材料的结构、化学成分和物理性能，以及按强度等级控制的混凝土、砂浆、沥青、油漆等配比做出科学的结论，给编制材料消耗定额提供有技术根据的、比较精确的计算数据。这种方法的优点是能更深入、更详细地研究各种因素对材料消耗的影响，其缺点在于无法估计到施工现场某些因素对材料消耗量的影响。

(3) 现场统计法，是以施工现场积累的分部分项工程使用材料数量、完成产品数量、完成工作原材料的剩余数量等统计资料为基础，经过整理分析，获得材料消耗的数据。这种方法比较简单易行，但也有缺陷：一是该方法一般只能确定材料总消耗量，不能确定必须消耗的材料和损失量；二是其准确程度受到统计资料和实际使用材料的影响。因而其不能作为确定

材料净用量定额和材料损耗定额的依据,只能作为编制定额的辅助性方法使用。

(4)理论计算法,是根据施工图和建筑构造要求,用理论计算公式计算出产品的材料净用量的方法。这种方法较适合不易产生损耗,且容易确定废料的材料消耗量的计算。

1)标准砖墙材料用量计算。每立方米砖墙的用砖数和砌筑砂浆的用量可用下列理论计算公式计算各自的净用量。

用砖数计算公式见式(3-7):

$$A = \frac{1}{墙厚 \times (砖长 + 灰缝) \times (砖厚 + 灰缝)} \times k \tag{3-7}$$

式中:k 为墙厚的砖数×2。

砂浆用量计算公式见式(3-8):

$$B = 1 - 砖数 \times 每块砖体 \tag{3-8}$$

材料的损耗一般以损耗率表示。材料损耗率可以通过观察法或统计法确定。材料损耗率及材料损耗量的计算通常采用式(3-9)、式(3-10):

$$损耗率 = \frac{损耗量}{净用量} \times 100\% \tag{3-9}$$

$$消耗量 = 净用量 + 损耗量 = 净用量 \times (1 + 损耗率) \tag{3-10}$$

【例3-2】计算 1 m³ 标准砖一砖外墙砌体砖数和砂浆的净用量。

解: 砖净用量 $= \dfrac{1}{0.24 \times (0.24 + 0.01) \times (0.053 + 0.01)} \times 1 \times 2 = 529(块)$

砂浆净用量 $= 1 - 529 \times (0.24 \times 0.115 \times 0.053) = 0.226(m^3)$

2)块料面层的材料用量计算。

每 100 m² 面层块料数量、灰缝及结合层材料用量公式见式(3-11)、式(3-12):

$$100 \text{ m}^2 块料净用量 = \frac{100}{(块料长 + 灰缝宽) \times (块料宽 + 灰缝宽)} \tag{3-11}$$

$$结合层材料净用量 = 100 \text{ m}^2 \times 结合层厚度 \tag{3-12}$$

四、确定施工机具台班定额消耗量的基本方法

施工机具台班定额消耗量包括施工机械台班定额消耗量和仪器仪表台班定额消耗量,二者的确定方法大体相同,本部分主要介绍施工机械台班定额消耗量的确定。

(一)确定机械 1 h 纯工作正常生产率

机械纯工作时间,是指机械的必需消耗时间。机械 1 h 纯工作正常生产率,就是在正常施工组织条件下,具有必需的知识和技能的技术工人操纵机械 1 h 的生产率。根据机械工作特点的不同,机械 1 h 纯工作正常生产率的确定方法也有所不同。

(1)对于循环动作机械,确定机械纯工作 1 h 正常生产率的计算公式见式(3-13)~式(3-15):

$$机械一次循环的正常延续时间 = \sum(循环各组成部分正常延续时间) - 交叠时间 \tag{3-13}$$

$$机械纯工作 1 \text{ h 循环次数} = \frac{60 \times 60(s)}{一次循环的正常延续时间} \tag{3-14}$$

机械纯工作 1 h 正常生产率=机械纯工作 1 h 循环次数×一次循环生产的产品数量

$$(3-15)$$

（2）对于连续动作机械，确定机械纯工作 1 h 正常生产率要根据机械的类型和结构特征，以及工作过程的特点来进行计算，公式见式（3-16）：

$$连续动作机械纯工作 1 h 正常生产率=\frac{60 工作时间内生产的产品数量}{工作时间（h）} \quad (3-16)$$

工作时间内的产品数量和工作时间的消耗，要通过多次现场观察和机械说明书来取得数据。

（二）确定施工机械的时间利用系数

确定施工机械的时间利用系数，是指机械在一个工作班内的纯工作时间与工作班延续时间之比。机械的时间利用系数和机械在工作班内的工作状况有着密切的关系。所以，要确定机械的时间利用系数，首先要拟定机械工作班的正常工作状况，保证合理利用工时。机械时间利用系数的计算公式见式（3-17）：

$$机械时间利用系数=\frac{机械在一个工作班内的纯工作时间}{一个工作班延续时间（8 h）} \quad (3-17)$$

（三）计算施工机械台班定额

计算施工机械台班定额是编制机械定额工作的最后一步。在确定了机械工作正常条件、机械 1 h 纯工作正常生产率和机械时间利用系数之后，采用下列公式计算施工机械的产量定额，见式（3-18）或式（3-19）：

$$施工机械台班产量定额=机械 1 h 纯工作正常生产率×工作班纯工作时间 \quad (3-18)$$

或

$$施工机械时间定额=\frac{1}{施工机械台班产量定额} \quad (3-19)$$

【例 3-3】 某工程现场采用出料容量 500 L 的混凝土搅拌机，每一次循环中，装料、搅拌、卸料、中断需要的时间分别为 1 min、3 min、1 min、1 min，机械时间利用系数为 0.9，求该机械的台班产量定额。

解：该搅拌机一次循环的正常延续时间 = 1+3+1+1 = 6（min）= 0.1（h）

该搅拌机纯工作 1 h 循环次数 = 10（次）

该搅拌机纯工作 1 h 正常生产率 = 10×500 = 5000（L）= 5（m³）

该搅拌机台班产量定额 = 5×8×0.9 = 36（m³/台班）

▶ 第三节　建筑安装工程人工、材料和施工机具台班单价的确定

一、人工日工资单价的组成和确定方法

人工日工资单价是指施工企业平均技术熟练程度的生产工人在每工作日（国家法定工作

时间内)按规定从事施工作业应得的日工资总额。合理确定人工工日单价是正确计算人工费和工程造价的前提和基础。

(一)人工日工资单价组成内容

人工日工资单价由计时工资或计件工资、奖金、津贴补贴及特殊情况下支付的工资组成。

(1)计时工资或计件工资,是指按计时工资标准和工作时间或对已做工作按计件单价支付给个人的劳动报酬。

(2)奖金,是指对超额劳动和增收节支支付给个人的劳动报酬,如节约奖、劳动竞赛奖等。

(3)津贴补贴,是指为了补偿职工特殊或额外的劳动消耗和其他原因支付给个人的津贴,以及为了保证职工工资水平不受物价影响支付给个人的物价补贴,如流动施工津贴、特殊地区施工津贴、高温(寒)作业临时津贴、高空津贴等。

(4)特殊情况下支付的工资,是指根据国家法律、法规和政策规定,因病、工伤、产假、计划生育假、婚丧假、事假、探亲假、定期休假、停工学习、执行国家或社会义务等按计时工资标准或计件工资标准的一定比例支付的工资。

(二)人工日工资单价确定方法

(1)年平均每月法定工作日。由于人工日工资单价是每一个法定工作日的工资总额,因此需要对年平均每月法定工作日进行计算。计算公式见式(3-20):

$$年平均每月法定工作日 = \frac{全年日历日 - 法定假日}{12} \qquad (3-20)$$

式中:法定假日指双休日和法定节日。

(2)日工资单价的计算。确定了年平均每月法定工作日后,将上述工资总额进行分摊,即形成了人工日工资单价。计算公式见式(3-21):

$$工资单价 = \frac{平均月工资(计时、计件)}{12} + \frac{平均月(奖金 + 津贴补贴 + 特殊情况下支付的工资)}{12}$$

$$(3-21)$$

(3)日工资单价的管理。虽然施工企业投标报价时可以自主确定人工费,但由于人工日工资单价在我国具有一定的政策性,因此工程造价管理机构确定日工资单价应根据工程项目的技术要求,通过市场调查并参考实物工程量人工单价综合分析确定,发布的最低日工资单价不得低于工程所在地人力资源和社会保障部门所发布的最低工资标准:普工1.3倍、一般技工2倍、高级技工3倍。

(三)影响人工日工资单价的因素

影响人工日工资单价的因素很多,归纳起来有以下几方面:

(1)社会平均工资水平。建筑安装工人人工工资单价必然和社会平均工资水平趋同。社会平均工资水平取决于经济发展水平。由于经济的增长,社会平均工资也会增长,从而影响人工日工资单价的提高。

（2）消费价格指数。消费价格指数的提高会影响人工日工资单价的提高，以减少生活水平的下降，或维持原来的生活水平。消费价格指数的变动取决于物价的变动，尤其取决于消费品及服务价格水平的变动。

（3）人工日工资单价的组成内容。例如，《建筑安装工程费用项目组成》将职工福利费和劳动保护费从人工日工资单价中删除，这也必然影响人工日工资单价的变化。

（4）劳动力市场供需变化。劳动力市场如果需求大于供给，人工日工资单价就会增长；供给大于需求，市场竞争激烈，人工日工资单价就会下降。

（5）政府推行的社会保障和福利政策也会影响人工日工资单价的变动。

二、材料单价的组成和确定方法

在建筑工程中，材料费占总造价的 60%~70%，在金属结构工程中所占比重还要大。因此，合理确定材料价格构成，正确计算材料单价，有利于合理确定和有效控制工程造价。材料单价是指建筑材料从其来源地运到施工工地仓库，直至出库形成的综合平均单价。

（一）材料单价的编制依据和确定方法

1. 材料原价（或供应价格）

材料原价是指国内采购材料的出厂价格，国外采购材料抵达买方边境、港口或车站并缴纳完各种手续费、税费（不含增值税）后形成的价格。在确定原价时，凡同一种材料因来源地、交货地、供货单位、生产厂家不同，而有几种价格（原价），根据不同来源地供货数量比例，采取加权平均的方法确定其综合原价。计算公式见式（3-22）：

$$加权平均原价 = \frac{K_1 C_1 + K_2 C_2 + \cdots + K_n C_n}{K_1 + K_2 + \cdots + K_n} \qquad (3-22)$$

式中：K_1，K_2，$\cdots$，K_n 为各不同供应地点的供应量或各不同使用地点的需要量；C_1，C_2，$\cdots$，C_n 为各不同供应地点的原价。

若材料供货价格为含税价格，则材料原价应以购进货物适用的税率（13%或9%）或征收率（3%）扣除增值税进项税额。

2. 材料运杂费

材料运杂费是指国内采购材料自来源地、国外采购材料自到岸港运至工地仓库或指定堆放地点发生的费用（不含增值税），含外埠中转运输过程中所发生的一切费用和过境过桥费用，包括调车和驳船费、装卸费、运输费及附加工作费等。

同一品种的材料有若干个来源地，应采用加权平均的方法计算材料运杂费。计算公式见式（3-23）：

$$加权平均运杂费 = \frac{K_1 T_1 + K_2 T_2 + \cdots + K_n T_n}{K_1 + K_2 + \cdots + K_n} \qquad (3-23)$$

式中：K_1，K_2，$\cdots$，K_n 为各不同供应地点的供应量或各不同使用地点的需要量；T_1，T_2，$\cdots$，T_n 为各不同运距的运费。

若运输费用为含税价格，则需要按"两票制"和"一票制"两种支付方式分别调整。

（1）"两票制"支付方式。是指材料供应商就收取的货物销售价款和运杂费向建筑业企业分别提供货物销售和交通运输两张发票的支付方式。在这种方式下，运杂费以接受交通运输与服务适用税率9%扣除增值税进项税额。

（2）"一票制"支付方式。是指材料供应商就收取的货物销售价款和运杂费合计金额向建筑业企业仅提供一张货物销售发票的支付方式。在这种方式下，运杂费采用与材料原价相同的方式扣除增值税进项税额。

3. 运输损耗

在材料的运输中应考虑一定的场外运输损耗费用。这是指材料在运输装卸过程中不可避免的损耗。运输损耗的计算公式见式（3-24）：

$$运输损耗=（材料原价+运杂费）×运输损耗率（\%） \tag{3-24}$$

4. 采购及保管费

采购及保管费是指为组织采购、供应和保管材料过程中所需要的各项费用，包括采购费、仓储费、工地保管费和仓储损耗。

采购及保管费一般按照材料到库价格乘以费率取定。材料采购及保管费计算公式见式（3-25）：

$$采购及保管费=材料运到工地仓库价格×采购及保管费费率（\%）$$
$$=（材料原价+运杂费+运输损耗费）×采购及保管费费率（\%） \tag{3-25}$$

综上所述，材料单价的一般计算公式见式（3-26）：

$$材料单价=\{（供应价格+运杂费）×[1+运输损耗率（\%）]\}×[1+采购及保管费费率（\%）] \tag{3-26}$$

由于我国幅员辽阔，建筑材料产地与使用地点的距离，各地差异很大，采购、保管、运输方式也不尽相同，因此材料单价原则上按地区范围编制。

（二）影响材料单价变动的因素

（1）市场供需变化。材料原价是材料单价中最基本的组成。市场供大于求价格就会下降，反之，价格就会上升，从而影响材料单价的涨落。

（2）材料生产成本的变动直接影响材料单价的波动。

（3）流通环节的多少和材料供应体制也会影响材料单价。

（4）运输距离和运输方法的改变会影响材料运输费用的增减，从而也会影响材料单价。

（5）国际市场行情会对进口材料单价产生影响。

三、施工机械台班单价的组成和确定方法

施工机械台班单价是指一台施工机械，在正常运转条件下一个工作班中所发生的全部费用，每台班按8 h工作制计算。正确制定施工机械台班单价是合理确定和控制工程造价的重要方面。

施工机械划分为十二个类别：土石方及筑路机械、桩工机械、起重机械、水平运输机械、垂直运输机械、混凝土及砂浆机械、加工机械、泵类机械、焊接机械、动力机械、地下工程机械和其他机械。

施工机械台班单价由七项费用组成，包括折旧费、检修费、维护费、安拆费及场外运费、人工费、燃料动力费和其他费用。

(一) 折旧费的组成及确定

折旧费是指施工机械在规定的耐用总台班内, 陆续收回其原值的费用, 计算公式见式(3-27):

$$台班折旧费 = \frac{机械预算价格 \times (1-残值率)}{耐用总台班} \quad (3-27)$$

1.机械预算价格

(1)国产施工机械的预算价格。按照机械原值、相关手续费和一次运杂费及车辆购置税之和计算。

1)机械原值。机械原值应按下列途径询价、采集:

①编制期施工企业购进施工机械的成交价格。

②编制期施工机械展销会发布的参考价格。

③编制期施工机械生产厂、经销商的销售价格。

④其他能反映编制期施工机械价格水平的市场价格。

2)相关手续费和一次运杂费应按实际费用综合取定, 也可按其占施工机械原值的百分率确定。

3)车辆购置税的计算。车辆购置税应按式(3-28)计算:

$$车辆购置税 = 计取基数 \times 车辆购置税率 \quad (3-28)$$

式中: 计取基数=机械原值+相关手续费和一次运杂费。车辆购置税率应按编制期间国家有关规定计算。

(2)进口施工机械的预算价格。进口施工机械的预算价格按照到岸价格、关税、消费税、相关手续费和国内一次运杂费、银行财务费、车辆购置税之和计算。

1)进口施工机械原值应按下列方法取定:

①进口施工机械原值应按"到岸价格+关税"取定, 到岸价格应按编制期施工企业签订的采购合同、外贸与海关等部门的有关规定及相应的外汇汇率计算取定。

②进口施工机械原值应按不含标准配置以外的附件及备用零配件的价格取定。

2)关税、消费税及银行财务费应执行编制期国家有关规定, 并参照实际发生的费用计算, 也可按占施工机械原值的百分率取定。

3)相关手续费和国内一次运杂费应按实际费用综合取定, 也可按其占施工机械原值的百分率确定。

4)车辆购置税应按式(3-29)计算:

$$车辆购置税 = 计税价格 \times 车辆购置税率 \quad (3-29)$$

式中: 计税价格=到岸价格+关税+消费税, 车辆购置税率应按编制期间国家有关规定计算。

2.残值率

残值率是指机械报废时回收其残余价值占施工机械预算价格的百分数。残值率应按编制期国家有关规定确定, 目前各类施工机械均按5%计算。

3.耐用总台班

耐用总台班指施工机械从开始投入使用至报废前使用的总台班数, 应按相关技术指标取定。

年工作台班指施工机械在一个年度内使用的台班数量。年工作台班应在编制期制度工作日基础上扣除检修、维护天数及考虑机械利用率等因素综合取定。

机械耐用总台班的计算公式见式(3-30)：

$$耐用总台班 = 折旧年限 \times 年工作台班 = 检修间隔台班 \times 检修周期 \qquad (3-30)$$

检修间隔台班是指机械自投入使用起至第一次检修止或自上一次检修后投入使用起至下一次检修止，应达到的使用台班数。检修周期是指机械正常的施工作业条件下，将其寿命期（即耐用总台班）按规定的检修次数划分为若干个周期。其计算公式见式(3-31)：

$$检修周期 = 检修次数 + 1 \qquad (3-31)$$

(二)检修费的组成及确定

检修费是指施工机械在规定的耐用总台班内，按规定的检修间隔进行必要的检修，以恢复其正常功能所需的费用。检修费是机械使用期限内全部检修费之和在台班费用中的分摊额取决于一次检修费、检修次数和耐用总台班的数量，其计算公式见式(3-32)：

$$台班检修费 = \frac{一次检修费 \times 检修次数}{耐用总台班} \times 除税系数 \qquad (3-32)$$

(1)一次检修费，是指施工机械一次检修发生的工时费、配件费、辅料费、燃料费等。一次检修费应以施工机械的相关技术指标和参数为基础，结合编制期市场价格综合确定。可按其占预算价格的百分率取定。

(2)检修次数，是指施工机械在其耐用总台班内的检修次数。检修次数应按施工机械的相关技术指标取定。

(3)除税系数，是指考虑一部分检修可以购买服务，从而需扣除维护费中包括的增值税进项税额，计算公式见式(3-33)、式(3-34)：

$$台班检修费 = \frac{一次检修费 \times 检修次数}{耐用总台班} \times 除税系数 \qquad (3-33)$$

$$除税系数 = 自行检修比例 + 委外检修比例 / (1 + 税率) \qquad (3-34)$$

式中：自行检修比例、委外检修比例是指施工机械自行检修、委托专业修理修配部门检修占检修费比例。具体比值应结合本地区(部门)施工机械检修实际综合取定。税率按增值税修理修配劳务适用税率计取。

(三)维护费的组成及确定

维护费是指施工机械在规定的耐用总台班内，按规定的维护间隔进行各级维护和临时故障排除所需的费用。保障机械正常运转所需替换与随机配备工具、附具的摊销和维护费用、机械运转及日常保养维护所需润滑与擦拭的材料费用及机械停滞期间的维护费用等。各项费用分摊到台班中，即为维护费。其计算公式见式(3-35)：

$$台班维护费 = \frac{\sum(各级维护一次费用 \times 除税系数 \times 各级维护次数) + 临时故障排除费}{耐用总台班}$$

$$(3-35)$$

当维护费计算公式中各项数值难以确定时，也可按式(3-36)计算：

$$台班维护费 = 台班检修费 \times K \qquad (3-36)$$

式中: K 为维护费系数, 指维护费占检修费的百分数。

(1) 各级维护一次费用应按施工机械的相关技术指标, 结合编制期市场价格综合取定。

(2) 各级维护次数应按施工机械的相关技术指标取定。

(3) 临时故障排除费可按各级维护费用之和的百分数取定。

(4) 替换设备及工具附具台班摊销费应按施工机械的相关技术指标, 结合编制期市场价格综合取定。

(5) 除税系数, 计算公式见式(3-37):

$$除税系数 = 自行维护比例 + 委外维护比例 /(1 + 税率) \qquad (3-37)$$

式中: 自行维护比例、委外维护比例是指施工机械自行维护、委托专业修理修配部门维护占维护费比例。具体比值应结合本地区(部门)施工机械维护实际综合取定。税率按增值税修理修配劳务适用税率计取。

(四) 安拆费及场外运费的组成和确定

安拆费指施工机械在现场进行安装与拆卸所需的人工、材料、机械和试运转费用, 以及机械辅助设施的折旧、搭设、拆除等费用; 场外运费指施工机械整体或分体自停放地点运至施工现场或由一施工地点运至另一施工地点的运输、装卸、辅助材料及架线等费用。

安拆费及场外运费根据施工机械不同分为计入台班单价、单独计算和不需计算三种类型。

(1) 安拆简单、移动需要起重及运输机械的轻型施工机械, 其安拆费及场外运费计入台班单价。安拆费及场外运费应按式(3-38)计算:

$$台班安拆费及场外运费 = \frac{一次安拆费及场外运费 \times 年平均安拆次数}{年工作台班} \qquad (3-38)$$

1) 一次安拆费应包括施工现场机械安装和拆卸一次所需的人工费、材料费、机械费、安全监测部门的检测费及试运转费。

2) 一次场外运费应包括运输、装卸、辅助材料、回程等费用。

3) 年平均安拆次数按施工机械的相关技术指标, 结合具体情况综合确定。

4) 运输距离均按平均值 30 km 计算。

(2) 单独计算的情况包括:

1) 安拆复杂、移动需要起重及运输机械的重型施工机械, 其安拆费及场外运费单独计算。

2) 利用辅助设施移动的施工机械, 其辅助设施(包括轨道和枕木)等的折旧、搭设和拆除等费用可单独计算。

(3) 不需计算的情况包括:

1) 不需安拆的施工机械, 不计算一次安拆费。

2) 不需相关机械辅助运输的自行移动机械, 不计算场外运费。

3) 固定在车间的施工机械, 不计算安拆费及场外运费。

(4) 自升式塔式起重机、施工电梯安拆费的超高起点及其增加费, 各地区、部门可根据具体情况确定。

(五) 人工费的组成及确定

人工费指机上司机(司炉)和其他操作人员的人工费,按式(3-39)计算:

$$台班人工费 = \frac{人工消耗量 \times 年制度工作日 \times 人工单价}{年工作台班} \qquad (3-39)$$

(1)人工消耗量指机上司机(司炉)和其他操作人员工日消耗量。

(2)年制度工作日应执行编制期国家有关规定。

(3)人工单价应执行编制期工程造价管理机构发布的信息价格。

【例3-4】 某载重汽车配司机1人,当年制度工作日为250天,年工作台班为230台班,人工单价为50元。求该载重汽车的人工费为多少?

解: 人工费 = 1×250×50/230 = 54.35(元/台班)

(六) 燃料动力费的组成和确定

燃料动力费是指施工机械在运转作业中所耗用的燃料及水、电等费用,计算公式见式(3-40):

$$台班燃料动力费 = \sum(台班燃料动力消耗量 \times 燃料动力单价) \qquad (3-40)$$

(1)燃料动力消耗量应根据施工机械技术指标等参数及实测资料综合确定,可采用式(3-41):

$$台班燃料动力消耗量 = (实测数 \times 4 + 定额平均值 + 调查平均值)/6 \qquad (3-41)$$

(2)燃料动力单价应执行编制期工程造价管理机构发布的不含税信息价格。

(七) 其他费用的组成和确定

其他费用是指施工机械按照国家规定应缴纳的车船税、保险费及检测费等。其计算公式见式(3-42):

$$台班其他费 = \frac{年车船税 + 年保险费 + 年检测费}{年工作台班} \qquad (3-42)$$

(1)年车船税、年检测费应执行编制期国家及地方政府有关部门的规定。

(2)年保险费应执行编制期国家及地方政府有关部门强制性保险的规定,非强制性保险不应计算在内。

四、施工仪器仪表台班单价的组成和确定方法

施工仪器仪表划分为七个类别:自动化仪表及系统、电工仪器仪表、光学仪器、分析仪表、试验机、电子和通信测量仪器仪表、专用仪器仪表。

施工仪器仪表台班单价由四项费用组成,包括折旧费、维护费、校验费、动力费。施工仪器仪表台班单价中的费用组成不包括检测软件的相关费用。

(一) 折旧费

施工仪器仪表台班折旧费是指施工仪器仪表在耐用总台班内,陆续收回其原值的费用,计算公式如式(3-43):

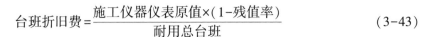

$$台班折旧费 = \frac{施工仪器仪表原值 \times (1-残值率)}{耐用总台班} \qquad (3-43)$$

（1）施工仪器仪表原值应按以下方法取定：

①对从施工企业采集的成交价格，各地区、部门可结合本地区、部门实际情况，综合确定施工仪器仪表原值。

②对从施工仪器仪表展销会采集的参考价格或从施工仪器仪表生产厂、经销商采集的销售价格，各地区、部门可结合本地区、部门实际情况，测算价格调整系数取定施工仪器仪表原值。

③对类别、名称、性能规格相同而生产厂家不同的施工仪器仪表，各地区、部门可根据施工企业实际购进情况，综合取定施工仪器仪表原值。

④对进口与国产施工仪器仪表性能规格相同的，应以国产为准取定施工仪器仪表原值。

⑤进口施工仪器仪表原值应按编制期国内市场价格取定。

⑥施工仪器仪表原值应按不含一次运杂费和采购保管费的价格取定。

（2）残值率指施工仪器仪表报废时回收其残余价值占施工仪器仪表原值的百分比。残值率应按国家有关规定取定。

（3）耐用总台班指施工仪器仪表从开始投入使用至报废前所积累的工作总台班数量。耐用总台班应按相关技术指标取定，计算公式如式（3-44）。

$$耐用总台班 = 年工作台班 \times 折旧年限 \qquad (3-44)$$

①年工作台班指施工仪器仪表在一个年度内使用的台班数量，计算公式见式（3-45）。

$$年工作台班 = 年制度工作日 \times 年使用率 \qquad (3-45)$$

式中：年制度工作日应按国家规定制度工作日执行，年使用率应按实际使用情况综合取定。

②折旧年限指施工仪器仪表逐年计提折旧费的年限。折旧年限应按国家有关规定取定。

（二）维护费

施工仪器仪表台班维护费是指施工仪器仪表各级维护、临时故障排除所需的费用及为保证仪器仪表正常使用所需备件（备品）的维护费用，计算公式见式（3-46）：

$$台班维护费 = \frac{年维护费}{年工作台班} \qquad (3-46)$$

式中：年维护费指施工仪器仪表在一个年度内发生的维护费用。年维护费应按相关技术指标，结合市场价格综合取定。

（三）校验费

施工仪器仪表台班校验费是指按国家与地方政府规定的标定与检验的费用，计算公式见式（3-47）：

$$台班校验费 = \frac{年校验费}{年工作台班} \qquad (3-47)$$

式中：年校验费指施工仪器仪表在一个年度内发生的校验费用。年校验费应按相关技术指标取定。

(四)动力费

施工仪器仪表台班动力费是指施工仪器仪表在施工过程中所耗用的电费,计算公式见式(3-48):

$$台班动力费 = 台班耗电量 \times 电价 \tag{3-48}$$

(1)台班耗电量应根据施工仪器仪表不同类别,按相关技术指标综合取定。

(2)电价应执行编制期工程造价管理机构发布的信息价格。

▶ 第四节 工程计价定额的编制

工程计价定额是指工程定额中直接用于工程计价的定额或指标,包括预算定额、概算定额、概算指标和投资估算指标等。工程计价定额主要在建设项目的不同阶段作为确定和计算工程造价的依据。

一、预算定额及其基价编制

(一)预算定额的概念与用途

1. 预算定额的概念

预算定额是指在正常的施工条件下,完成一定计量单位合格分项工程和结构构件所需消耗的人工、材料、施工机具台班数量及其相应费用标准。为了计价的方便,虽然我国大部分预算定额中都包含了定额基价,但是,预算定额作为反映单位合格工程人材机消耗量标准的本质是不变的。预算定额是工程建设中的一项重要的技术经济文件,是编制施工图预算的主要依据,是确定和控制工程造价的基础。

2. 预算定额的用途和作用

(1)预算定额是编制施工图预算的依据。施工图设计一经确定,工程预算造价主要受预算定额水平和人工、材料及机具台班的价格的影响。

(2)预算定额可以作为编制施工组织设计的参考依据。根据预算定额,能够计算出施工中各项资源的需要量,为有计划地组织材料采购和预制件加工、劳动力和施工机具的调配提供计算依据。

(3)预算定额可以作为确定合同价款、拨付工程进度款及办理工程结算的参考性基础。按照施工图进行工程发包时,合同价款的确定及施工过程中的工程结算等都需要按照施工图纸进行计价,预算定额是施工图预算的主要编制依据,也为上述计价工作提供支持。

(4)预算定额可以作为施工单位经济活动分析的依据。预算定额规定的物化劳动和劳动消耗指标,可以作为施工单位生产中允许消耗的最高标准。施工单位可以预算定额为依据,进行技术革新,提高劳动生产率和管理效率,提高自身竞争力。

(5)预算定额是编制概算定额的基础。概算定额是在预算定额的基础上综合扩大编制的。利用预算定额作为编制依据,不但可以节省编制工作的大量人力、物力和时间,收到事半功倍的效果,还可以使概算定额在水平上与预算定额保持一致,保证计价工作的连贯性。

(二) 预算定额的编制原则和依据

1. 预算定额的编制原则

为保证预算定额的质量, 充分发挥预算定额的作用, 实际使用简便, 在编制工作中应遵循以下原则:

(1) 按社会平均水平确定预算定额的原则。预算定额作为计价定额, 需要遵照价值规律, 按市场的普遍水平确定资源消耗量和费用。预算定额反映的社会平均水平, 是指在正常的施工条件下, 在合理的施工组织和工艺条件、平均劳动熟练程度和劳动强度下, 完成单位分项工程基本构造单元所需要消耗的资源的数量水平和费用水平。

(2) 简明适用的原则。一是指在编制预算定额时, 对于那些主要的、常用的、价值量大的项目, 分项工程划分宜细; 次要的、不常用的、价值量相对较小的项目则可以粗一些。二是指预算定额要项目齐全。要注意补充那些因采用新技术、新结构、新材料而出现的新的定额项目。如果项目不全、缺项多, 就会使计价工作缺少充足的可靠的依据。三是要求合理确定预算定额的计量单位, 简化工程量的计算, 尽可能地避免同一种材料用不同的计量单位和一量多用, 尽量减少定额附注和换算系数。

2. 预算定额的编制依据

(1) 现行施工定额。预算定额是在现行施工定额的基础上编制的。预算定额中人工、材料、机具台班消耗水平, 需要根据施工定额取定; 预算定额计量单位的选择, 也要以施工定额为参考, 从而保证两者的协调和可比性, 减轻预算定额的编制工作量, 缩短编制时间。

(2) 现行设计规范、施工及验收规范, 质量评定标准和安全操作规程。

(3) 具有代表性的典型工程施工图及有关标准图。对这些图纸进行仔细分析研究, 并计算出工程数量, 作为编制定额时选择施工方法、确定定额含量的依据。

(4) 新技术、新结构、新材料和先进的施工方法等。这类资料是调整定额水平和增加新的定额项目所必需的依据。

(5) 有关科学实验、技术测定和统计、经验资料。这类工程是确定定额水平的重要依据。

(6) 现行的预算定额、材料单价、机具台班单价及有关文件规定等。包括过去定额编制过程中积累的基础资料, 也是编制预算定额的依据和参考。

(三) 预算定额消耗量的编制方法

以施工定额为基础编制预算定额时, 预算定额人工、材料、机具台班消耗指标的确定, 先按施工定额的分项逐项计算出消耗指标, 再按预算定额的项目加以综合确定。但是, 这种综合不是简单的合并和相加, 而是要在综合过程中增加两种定额之间适当的水平差。

人工、材料和机具台班消耗量指标应根据定额编制原则和要求, 采用理论与实际相结合、图纸计算与施工现场测算相结合、编制人员与现场工作人员相结合等方法进行计算和确定。

1. 预算定额中人工工日消耗量的计算

预算定额中的人工工日消耗量有两种确定方法。一种是以劳动定额为基础确定; 另一种是以现场观察测定资料为基础计算, 主要用于遇到劳动定额缺项时的人工工日消耗量确定。

预算定额中人工工日消耗量是指在正常施工条件下, 生产单位合格产品所必需消耗的人工工日数量,是由分项工程所综合的各个工序劳动定额包括的基本用工、其他用工两部分组成的。

(1)基本用工。基本用工是指完成一定计量单位的分项工程或结构构件的各项工作过程的施工任务所必需消耗的技术工种用工。按技术工种相应劳动定额工时定额计算,以不同工种列出定额工日。基本用工包括:

1)完成定额计量单位的主要用工,按综合取定的工程量和相应劳动定额进行计算,计算公式见式(3-49):

$$基本用工=\sum(综合取定的工程量×劳动定额) \qquad (3-49)$$

例如工程实际中的砖基础,有1砖厚、1砖半厚、2砖厚等之分,用工各不相同,在预算定额中由于不区分厚度,需要按照统计的比例,加权平均得出综合的人工消耗。

2)按劳动定额规定应增(减)计算的用工量。由于预算定额是在施工定额子目的基础上综合扩大的,包括的工作内容较多,施工的工效视具体部位而不同,所以需要另外增加人工消耗,而这种人工消耗也可以列入基本用工内。

(2)其他用工。其他用工是辅助基本用工消耗的工日,包括超运距用工、辅助用工和人工幅度差用工。

1)超运距用工。超运距是指劳动定额中已包括的材料、半成品场内水平搬运距离与预算定额所考虑的现场材料、半成品堆放地点到操作地点的水平运输距离之差,计算公式见式(3-50)和式(3-51):

$$超运距=预算定额取定运距-劳动定额已包括的运距 \qquad (3-50)$$
$$超运距用工=\sum(超运距材料数量×时间定额) \qquad (3-51)$$

需要指出,实际工程现场运距超过预算定额取定运距时,可另行计算现场二次搬运费。

2)辅助用工。即技术工种劳动定额内不包括而在预算定额内又必须考虑的用工。如机械土方工程配合用工、材料加工(筛砂、洗石、淋化石膏)用工、电焊点火用工等,计算公式见式(3-52):

$$辅助用工=\sum(材料加工数量×相应的加工劳动定额) \qquad (3-52)$$

3)人工幅度差。即预算定额与劳动定额的差额,主要是指在劳动定额中未包括,而在正常施工情况下不可避免但又很难准确计量的用工和各种工时损失。其内容包括:

①各工种间的工序搭接及交叉作业相互配合或影响所发生的停歇用工。

②施工过程中,移动临时水电线路而造成的影响工人操作的时间。

③工程质量检查和隐蔽工程验收工作而影响工人操作的时间。

④同一现场内单位工程之间因操作地点转移而影响工人操作的时间。

⑤工序交接时对前一工序不可避免的修整用工。

⑥施工中不可避免的其他零星用工。

人工幅度差计算公式见式(3-53):

$$人工幅度差=(基本用工+辅助用工+超运距用工)×人工幅度差系数 \qquad (3-53)$$

人工幅度差系数一般为10%~15%。在预算定额中,人工幅度差的用工量列入其他用工量中。

2.预算定额中材料消耗量的计算

材料消耗量计算方法主要有:

（1）凡有标准规格的材料，按规范要求计算定额计量单位的耗用量，如砖、防水卷材、块料面层等。

（2）凡设计图纸标注尺寸及下料要求的按设计图纸尺寸计算材料净用量，如门窗制作用材料、枋、板料等。

（3）换算法。各种胶结、涂料等材料的配合比用料，可以根据要求条件换算，得出材料用量。

（4）测定法。包括实验室试验法和现场测定法。指各种强度等级的混凝土及砌筑砂浆配合比的耗用原材料数量的计算，须按照规范要求试配，经过试压合格以后并经过必要的调整后得出的水泥、砂子、石子、水的用量。对新材料、新结构不能用其他方法计算定额消耗用量时，须用现场测定法来确定。

3. 预算定额中机具台班消耗量的计算

预算定额中的机具台班消耗量是指在正常施工条件下，生产单位合格产品（分部分项工程或结构构件）必须消耗的某种型号施工机具的台班数量。下面主要介绍机械台班消耗量的计算。

（1）根据施工定额确定机械台班消耗量的计算。这种方法是指用施工定额中机械台班产量加机械台班幅度差计算预算定额的机械台班消耗量。

机械台班幅度差是指在施工定额中所规定的范围内未包括，而在实际施工中又不可避免产生的影响机械或使机械停歇的时间。其内容包括：

1）施工机械转移工作面及配套机械相互影响损失的时间。

2）在正常施工条件下，机械在施工中不可避免的工序间歇。

3）工程开工或收尾时工作量不饱满所损失的时间。

4）检查工程质量影响机械操作的时间。

5）临时停机、停电影响机械操作的时间。

6）机械维修引起的停歇时间。

综上所述，预算定额的机械台班消耗量按式（3-54）计算：

$$预算定额机械耗用台班=施工定额机械耗用台班×（1+机械幅度差系数） \quad (3-54)$$

【例3-5】 已知某挖土机挖土，一次正常循环工作时间是40 s，每次循环平均挖土量0.3 m³，机械时间利用系数为0.8，机械幅度差系数为25%。求该机械挖土方1000 m³的预算定额机械耗用台班量。

解： 机械纯工作1 h循环次数=3600/40=90（次/台时）

机械纯工作1 h正常生产率=90×0.3=27（m³/台时）

施工机械台班产量定额=27×8×0.8=172.8（m³/台班）

施工机械台班时间定额=1/172.5=0.00580（台班/m³）

预算定额机械耗用台班=0.00580×（1+25%）=0.00725（台班/m³）

挖土方1000 m³的预算定额机械耗用台班量=1000×0.00725=7.25（台班）

（2）以现场测定资料为基础确定机械台班消耗量。如遇到施工定额缺项者，则需要依据单位时间完成的产量测定。具体方法可参见本章第三节。

（四）预算定额示例

住房和城乡建设部于2015年组织修订了《房屋建筑与装饰工程消耗量定额》（TY01-31—

2015），该定额按施工顺序分部工程划章，按分项工程划节，按结构不同、材质品种、机械类型、使用要求不同划项。该定额共17章，包括土石方工程，地基处理与基坑支护工程，桩基础工程，砌筑工程，混凝土及钢筋混凝土工程，金属结构工程，木结构工程，门窗工程，屋面及防水工程，保温、隔热、防腐工程，楼地面装饰工程，墙、柱面装饰与隔断、幕墙工程，天棚工程，油漆、涂料、裱糊工程，其他装饰工程，拆除工程，措施项目等章。

(五) 预算定额基价编制

预算定额基价就是预算定额分项工程或结构构件的单价，我国现行各省预算定额基价的表达内容不尽统一。有的定额基价只包括人工费、材料费和施工机具使用费，即工料单价；有的定额基价包括了除直接费以外的管理费、利润的清单综合单价，即不完全综合单价；也有的定额基价还包括了规费、税金在内的全费用综合单价，即完全综合单价。

预算定额基价的编制方法，以工料单价为例，就是工料机的消耗量和工料机单价的结合过程。其中，人工费是由预算定额中每一分项工程各种用工数乘以地区人工工日单价之和算出；材料费是由预算定额中每一分项工程的各种材料消耗量乘以地区相应材料预算价格之和算出；机具费是由预算定额中每一分项工程的各种机械台班消耗量乘以地区相应施工机械台班预算价格之和，以及仪器仪表使用费汇总后算出。上述单价均为不含增值税进项税额的价格。

以基价为工料单价为例，分项工程预算定额基价的计算公式见式(3-55)：

$$\text{分项工程预算定额基价} = \text{人工费} + \text{材料费} + \text{机具使用费} \qquad (3-55)$$

式中：

$$\text{人工费} = \sum(\text{现行预算定额中各种人工工日用量} \times \text{人工日工资单价}) \qquad (3-56)$$

$$\text{材料费} = \sum(\text{现行预算定额中各种材料耗用量} \times \text{相应材料单价}) \qquad (3-57)$$

$$\text{机具使用费} = \sum(\text{现行预算定额中机械台班用量} \times \text{机械台班单价})$$
$$+ \sum(\text{仪器仪表台班用量} \times \text{仪器仪表台班单价}) \qquad (3-58)$$

预算定额基价是根据现行定额和当地的价格水平编制的，具有相对的稳定性。在预算定额中列出的"预算价值"或"基价"，应视作该定额编制时的工程单价。为了适应市场价格的变动，在编制施工图预算时，应根据调价系数或指数等对定额基价进行修正。修正后的定额基价乘以根据图纸计算出来的工程量，就可以获得符合实际市场情况的人工、材料、机具费用。或者只使用预算定额的人材机消耗量，人材机单价采用市场价格信息进行计价。

预算定额基价也可通过编制单位估价表、地区单位估价表及设备安装价目表确定单价，用于编制施工图预算。

二、概算定额及其基价编制

(一) 概算定额的概念

概算定额，是在预算定额基础上，确定完成合格的单位扩大分项工程或单位扩大结构构件所需消耗的人工、材料和施工机具台班的数量标准及其费用标准。概算定额又称扩大结构定额。

概算定额是预算定额的综合与扩大。它将预算定额中有联系的若干个分项工程项目综合为一个概算定额项目。如砖基础概算定额项目，就是以砖基础为主，综合了平整场地、挖地槽、铺设垫层、砌砖基础、铺设防潮层、回填土及运土等预算定额中分项工程项目。

概算定额与预算定额的相同之处在于，它们都是以建(构)筑物各个结构部分和分部分项工程为单位表示的，都包括人工、材料和机具台班使用量定额三个基本部分，并列有基准价。概算定额表达的主要内容、表达的主要方式及基本使用方法都与预算定额相近。

概算定额与预算定额的不同之处在于项目划分和综合扩大程度上的差异，同时，概算定额主要用于设计概算的编制。由于概算定额综合了若干分项工程的预算定额，因此概算工程量计算和概算表的编制，都比编制施工图预算简化一些。

(二)概算定额的作用

从 1957 年我国开始在全国试行统一的《建筑工程扩大结构定额》之后，各省、自治区、直辖市根据本地区的特点，相继编制了本地区的概算定额。概算定额和概算指标由省、自治区、直辖市在预算定额基础上组织编写，分别由主管部门审批，概算定额主要作用如下：

(1)是初步设计阶段编制概算、扩大初步设计阶段编制修正概算的主要依据。

(2)是对设计项目进行技术经济分析比较的基础资料之一。

(3)是建设工程主要材料计划编制的依据。

(4)是控制施工图预算的依据。

(5)是施工企业在准备施工期间编制施工组织总设计或总规划时对生产要素提出需要量计划的依据。

(6)是工程结束后，进行竣工决算和评价的依据。

(三)概算定额的编制原则和编制依据

1. 概算定额编制原则

概算定额应该贯彻社会平均水平和简明适用的原则。由于概算定额和预算定额都是工程计价的依据，所以应符合价值规律和反映现阶段大多数企业的设计、生产及施工管理水平。但在概预算定额水平之间应保留必要的幅度差。概算定额的内容和深度是以预算定额为基础的综合和扩大。在合并中不得遗漏或增加项目，以保证其严密和正确性。概算定额务必达到简化、准确和适用。

2. 概算定额的编制依据

概算定额的编制依据因其使用范围不同而不同。编制依据一般有以下几种：

(1)相关的国家和地区文件。

(2)现行的设计规范、施工验收技术规范和各类工程预算定额、施工定额。

(3)具有代表性的标准设计图纸和其他设计资料。

(4)有关的施工图预算及有代表性的工程决算资料。

(5)现行的人工日工资单价标准、材料单价、机具台班单价及其他的价格资料。

(四)概算定额手册的内容

按专业特点和地区特点编制的概算定额手册，内容基本上是由文字说明、定额项目表和附录三个部分组成。

1. 文字说明部分

文字说明部分有总说明和分部工程说明。在总说明中，主要阐述概算定额的性质和作用、概算定额编纂形式和应注意的事项、概算定额编制目的和使用范围、有关定额的使用方法的统一规定。

2. 定额项目表

定额项目表主要包括以下内容：

（1）定额项目的划分。概算定额项目一般按以下两种方法划分：一是按工程结构划分，一般是按土石方、基础、墙、梁板柱、门窗、楼地面、屋面、装饰、构筑物等工程结构划分。二是按工程部位（分部）划分，一般是按基础、墙体、梁柱、楼地面、屋盖、其他工程部位等划分，如基础工程中包括了砖、石、混凝土基础等项目。

（2）定额项目表。定额项目表是概算定额手册的主要内容，由若干分节定额组成。各节定额由工程内容、定额表及附注说明组成。定额表中列有定额编号、计量单位、概算价格、人工、材料、机具台班消耗量指标，综合了预算定额的若干项目与数量。

（五）概算定额基价的编制

概算定额基价和预算定额基价一样，根据不同的表达方法，概算定额基价可能是工料单价、清单综合单价或全费用综合单价，用于编制设计概算。

概算定额基价和预算定额基价的编制方法类似，单价均为不含增值税进项税额的价格，以概算定额基价为工料单价的情况为例，概算定额基价编制的过程如式（3-59）。

$$概算定额基价 = 人工费 + 材料费 + 机具使用费 \tag{3-59}$$

式中：

$$人工费 = \sum（现行概算定额中各种人工工日用量 \times 人工日工资单价） \tag{3-60}$$

$$材料费 = \sum（现行概算定额中各种材料耗用量 \times 相应材料单价） \tag{3-61}$$

$$机具使用费 = \sum（现行概算定额中机械台班用量 \times 机械台班单价）$$
$$+ \sum（仪器仪表台班用量 \times 仪器仪表台班单价） \tag{3-62}$$

三、概算指标及其编制

（一）概算指标的概念及其作用

建筑安装工程概算指标通常是以单位工程为对象，以建筑面积、体积或成套设备装置的台或组为计量单位而规定的人工、材料、机具台班的消耗量标准和造价指标。

建筑安装工程概算定额与概算指标的主要区别如下。

1. 确定各种消耗量指标的对象不同

概算定额是以单位扩大分项工程或单位扩大结构构件为对象，而概算指标则是以单位工程为对象。因此概算指标比概算定额更加综合与扩大。

2. 确定各种消耗量指标的依据不同

概算定额以现行预算定额为基础，通过计算之后才综合确定出各种消耗量指标，而概算指标中各种消耗量指标的确定，则主要来自各种预算或结算资料。

概算指标和概算定额、预算定额一样，都是与各个设计阶段相适应的多次性计价的产

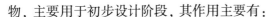

物，主要用于初步设计阶段，其作用主要有：

(1) 可以作为编制投资估算的参考。

(2) 是初步设计阶段编制概算书、确定工程概算造价的依据。

(3) 概算指标中的主要材料指标可以作为匡算主要材料用量的依据。

(4) 是设计单位进行设计方案比较、设计技术经济分析的依据。

(5) 是编制固定资产投资计划、确定投资额和主要材料计划的主要依据。

(6) 是建筑企业编制劳动力、材料计划、实行经济核算的依据。

(二) 概算指标的分类和表现形式

1. 概算指标的分类

概算指标可分为两大类：一类是建筑工程概算指标，另一类是设备及安装工程概算指标，如图 3-3 所示。

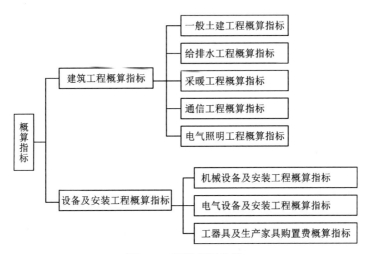

图 3-3　概算指标分类

2. 概算指标的组成内容及表现形式

(1) 概算指标的组成内容一般分为文字说明和列表形式两部分，以及必要的附录。

1) 总说明和分册说明。一般包括概算指标的编制范围、编制依据、分册情况、指标包括的内容、指标未包括的内容、指标的使用方法、指标允许调整的范围及调整方法等。

2) 列表形式包括：

①建筑工程列表形式。房屋建筑、构筑物一般是以建筑面积、建筑体积、"座"、"个" 等为计算单位，附以必要的示意图，示意图画出建筑物的轮廓示意或单线平面图，列出综合指标 "元/m²" 或 "元/m³"，自然条件(如地基承载力、地震烈度等)，建筑物的类型、结构形式及各部位结构主要特点，主要工程量。

②安装工程的列表形式。设备以 "t" 或 "台" 为计算单位，也可以设备购置费或设备原价的百分比(%)表示；工艺管道一般以 "t" 为计算单位；通信电话站安装以 "站" 为计算单位。列出指标编号、项目名称、规格、综合指标(元/计算单位)，之后一般还要列出其中的人工

费，必要时还要列出主要材料费、辅材费。

总体来讲列表形式分为以下几个部分：

①示意图。表明工程的结构，工业项目还表示出吊车及起重能力等。

②工程特征。对采暖工程特征应列出采暖热媒及采暖形式；对电气照明工程特征可列出建筑层数、结构类型、配线方式、灯具名称等；对房屋建筑工程特征主要对工程的结构形式、层高、层数和建筑面积进行说明。

③经济指标。说明该项目每百平方米的造价指标及其土建、水暖和电气照明等单位工程的相应造价。

④构造内容及工程量指标。说明该工程项目的构造内容和相应计算单位的工程量指标及人工、材料消耗指标。

(2)概算指标的表现形式。概算指标在具体内容的表示方法上，分综合概算指标和单项概算指标两种形式。

1)综合概算指标。综合概算指标是按照工业或民用建筑及其结构类型而制定的概算指标。综合概算指标的概括性较大，其准确性、针对性不如单项概算指标。

2)单项概算指标。单项概算指标是指为某种建筑物或构筑物而编制的概算指标。单项概算指标的针对性较强，故指标中对工程结构形式要做介绍。只要工程项目的结构形式及工程内容与单项概算指标中的工程概况相吻合，编制出的设计概算就比较准确。

(三)概算指标的编制

1. 概算指标的编制依据

(1)标准设计图纸和各类工程典型设计。

(2)国家颁发的建筑标准、设计规范、施工规范等。

(3)现行的概算指标及已完工程的预算或结算资料。

(4)人工工资标准、材料单价、机具台班单价及其他价格资料。

2. 概算指标的编制方法

每百平方米建筑面积造价指标编制方法如下：

(1)编写资料审查意见及填写设计资料名称、设计单位、设计日期、建筑面积及构造情况，提出审查和修改意见。

(2)在计算工程量的基础上，编制单位工程预算书，据以确定每百平方米建筑面积及构造情况及人工、材料、机具消耗指标和单位造价的经济指标。

1)计算工程量，就是根据审定的图样和预算定额计算出建筑面积及各分部分项工程量，然后按编制方案规定的项目进行归并，并以每百平方米建筑面积为计算单位，换算出所含的工程量指标。

2)根据计算出的工程量和预算定额等资料，编出预算书，求出每百平方米建筑面积的预算造价及人工、材料、施工机具使用费和材料消耗量指标。

构筑物是以"座"为单位编制概算指标，因此，在计算完工程量，编出预算书后，不必进行换算，预算书确定的价值就是每座构筑物概算指标的经济指标。

四、投资估算指标及其编制

(一) 投资估算指标及其作用

工程建设投资估算指标是编制建设项目建议书、可行性研究报告等前期工作阶段投资估算的依据,也可以作为编制固定资产计划投资额的参考。与概预算定额相比,投资估算指标以独立的建设项目、单项工程或单位工程为对象,综合项目全过程投资和建设中的各类成本和费用,反映出其扩大的技术经济指标,既是定额的一种表现形式,但又不同于其他的计价定额。投资估算指标既具有宏观指导作用,又能为编制项目建议书和可行性研究阶段投资估算提供依据。

(1)在编制项目建议书阶段,投资估算指标是项目主管部门审批项目建议书的依据之一,并对项目的规划及规模起参考作用。

(2)在可行性研究报告阶段,投资估算指标是项目决策的重要依据,也是多方案比选、优化设计方案、正确编制投资估算、合理确定项目投资额的重要基础。

(3)在建设项目评价及决策过程中,投资估算指标是评价建设项目投资可行性、分析投资效益的主要经济指标。

(4)在项目实施阶段,投资估算指标是限额设计和工程造价确定与控制的依据。

(5)投资估算指标是核算建设项目建设投资需要额和编制建设投资计划的重要依据。

(6)合理准确地确定投资估算指标是进行工程造价管理改革、实现工程造价事前管理和主动控制的前提条件。

(二) 投资估算指标编制原则相依据

1. 投资估算指标的编制原则

由于投资估算指标属于项目建设前期进行估算投资的技术经济指标,它不仅要反映实施阶段的静态投资,还必须反映项目建设前期和交付使用期内发生的动态投资,以投资估算指标为依据编制的投资估算,包含项目建设的全部投资额。这就要求投资估算指标比其他各种计价定额具有更大的综合性和概括性。因此,投资估算指标的编制工作,除应遵循一般定额的编制原则外,还必须坚持以下原则:

(1)投资估算指标项目的确定,应考虑以后几年编制建设项目建议书和可行性研究报告投资估算的需要。

(2)投资估算指标的分类、项目划分、项目内容、表现形式等要结合各专业的特点,并且要与项目建议书、可行性研究报告的编制深度相适应。

(3)投资估算指标的编制内容,典型工程的选择,必须遵循国家的有关建设方针政策,符合国家技术发展方向,贯彻国家发展方向原则,使指标的编制既能反映正常建设条件下的造价水平,也能适应今后若干年的科技发展水平。坚持技术上先进、可行和经济上的合理,力争以较少的投入求得最大的投资效益。

(4)投资估算指标的编制要反映不同行业、不同项目和不同工程的特点,投资估算指标要适应项目前期工作深度的需要,而且具有更大的综合性。投资估算指标要密切结合行业特点,项目建设的特定条件,在内容上既要贯彻指导性、准确性和可调性原则,又要有一定的深度和广度。

(5)投资估算指标的编制要贯彻静态和动态相结合的原则。要充分考虑到在市场经济条件下,由于建设条件、实施时间、建设期限等因素的不同,考虑到建设期的动态因素,即价格、建设期利息及涉外工程的汇率等因素的变动,导致指标的量差、价差、利息差、费用差等动态因素对投资估算的影响,对上述动态因素给予必要的调整办法和调整参数,尽可能减少这些动态因素对投资估算准确度的影响,使指标具有较强的实用性和可操作性。

2.投资估算指标的编制依据

(1)依照不同的产品方案、工艺流程和生产规模,确定建设项目主要生产、辅助生产、公用设施及生活福利设施等单项工程内容、规模、数量及结构形式,选择相应具有代表性、符合技术发展方向、数量足够的已经建成或正在建设的并具有重复使用可能的设计图样及其工程量清单、设备清单、主要材料用量表和预算资料、决算资料,经过分类,筛选、整理出编制依据。

(2)国家和主管部门制订颁发的建设项目用地定额、建设项目工期定额、单项工程施工工期定额及生产定员标准等。

(3)编制年度现行全国统一、地区统一的各类工程计价定额、各种费用标准。

(4)编制年度的各类工资标准、材料单价、机具台班单价及各类工程造价指数,应以所处地区的标准为准。

(5)设备价格。

(三)投资估算指标的内容

投资估算指标是确定和控制建设项目全过程各项投资支出的技术经济指标,其范围涉及建设前期、建设实施期和竣工验收交付使用期等各个阶段的费用支出,内容因行业不同而各异,一般可分为建设项目综合指标、单项工程指标和单位工程指标三个层次。

1.建设项目综合指标

建设项目综合指标是指按规定应列入建设项目总投资的从立项筹建开始至竣工验收交付使用的全部投资额,包括单项工程投资、工程建设其他费用和预备费等。建设项目综合指标一般以项目的综合生产能力单位投资表示,如"元/t""元/kW";或以使用功能表示,如医院床位"元/床"。

2.单项工程指标

单项工程指标是指按规定应列入能独立发挥生产能力或使用效益的单项工程内的全部投资额,包括建筑工程费、安装工程费、设备、工器具及生产家具购置费和可能包含的其他费用。单项工程一般划分原则如下:

(1)主要生产设施,指直接参加生产产品的工程项目,包括生产车间或生产装置。

(2)辅助生产设施,指为主要生产车间服务的工程项目,包括集中控制室、中央实验室、机修、电修、仪器仪表修理及木工(模)等车间,原材料、半成品、成品及危险品等仓库。

(3)公用工程,包括给排水系统(给排水泵房、水塔、水池及全厂给排水管网)、供热系统(锅炉房及水处理设施、全厂热力管网)、供电及通信系统(变配电所、开关所及全厂输电、电信线路)及热电站、热力站、煤气站、空压站、冷冻站、冷却塔和全厂管网等。

(4)环境保护工程,包括废气、废渣、废水等处理和综合利用设施及全厂性绿化。

（5）总图运输工程，包括厂区防洪、围墙大门、传达及收发室、汽车库、消防车库、厂区道路、桥涵、厂区码头及厂区大型土石方工程。

（6）厂区服务设施，包括厂部办公室、厂区食堂、医务室、浴室、哺乳室、自行车棚等。

（7）生活福利设施，包括职工医院、住宅、生活区食堂、职工医院、俱乐部、托儿所、幼儿园、子弟学校、商业服务点及与之配套的设施。

（8）厂外工程，如水源工程、厂外输电、输水、排水、通信、输油等管线及公路、铁路专用线等。

单项工程指标一般以单项工程生产能力单位投资，如"元/t"或其他单位表示。如变配电站，"元/（kV·A）"；锅炉房，"元/蒸汽吨"；供水站，"元/m³"；办公室、仓库、宿舍、住宅等房屋则区别不同结构形式以"元/m²"表示。

3. 单位工程指标

单位工程指标按规定应列入能独立设计、施工的工程项目的费用，即建筑安装工程费用。

单位工程指标一般以如下方式表示：房屋区别不同结构形式以"元/m²"表示；道路区别不同结构层、面层以"元/m²"表示；水塔区别不同结构层、容积以"元/座"表示；管道区别不同材质、管径以"元/m"表示。

（四）投资估算指标的编制方法

投资估算指标的编制涉及建设项目的产品规模、产品方案、工艺流程、设备选型、工程设计和技术经济等各个方面，既要考虑到现阶段技术状况，又要展望技术发展趋势和设计动向，通常编制人员应具备较高的专业素质。在各个工作阶段，针对投资估算指标的编制特点，具体工作具有特殊性。

1. 收集整理资料

收集整理已建成或正在建设的符合现行技术政策和技术发展方向、有可能重复采用、有代表性的工程设计施工图、标准设计及相应的竣工决算或施工图预算资料等，这些资料是编制工作的基础，资料收集得越广泛，反映出的问题越多，编制工作考虑得越全面，就越有利于提高投资估算指标的实用性和覆盖面。同时，对调查收集到的资料要选择占投资比重大、相互关联多的项目认真进行分析整理，由于已建成或正在建设的工程的设计意图、建设时间和地点、资料的基础等不同，相互之间的差异很大，需要去粗取精、去伪存真地加以整理，才能重复利用。将整理后的数据资料按项目划分栏目加以归类，按照编制年度的现行定额、费用标准和价格，调整成编制年度的造价水平及相互比例。

由于调查收集的资料来源不同，即使经过一定的分析整理，也难免会因设计方案、建设条件和建设时间上的差异带来某些影响，使数据失准或漏项等，因此必须对有关资料进行综合平衡调整。

2. 测算审查

测算是将新编的指标和选定工程的概预算，在同一价格条件下进行比较，检验其"量差"的偏离程度是否在允许偏差的范围之内，如偏差过大，则要查找原因，进行修正，以保证指标的确切、实用。测算的同时也是对指标编制质量进行的一次系统检查，应由专人进行，以保持测算口径的统一，在此基础上组织有关专业人员予以全面审查定稿。

第四章 工程量清单计价方法

第一节 工程计价方法概述

一、定额计价方法

工程概预算的编制主要采用定额计价方法，是应用计价定额或指标对建筑产品价格进行计价的活动。按概算定额或预算定额的定额子目，逐项计算工程量，套用概预算定额(或单位估价表)的单价确定直接费(包括人工费、材料费、施工机具使用费)，然后按规定的取费标准确定间接费(包括企业管理费、规费)，再计算利润，加上材料价差后计算税金，经汇总后即为工程概预算价格。工程概预算编制的基本程序如图 4-1 所示。

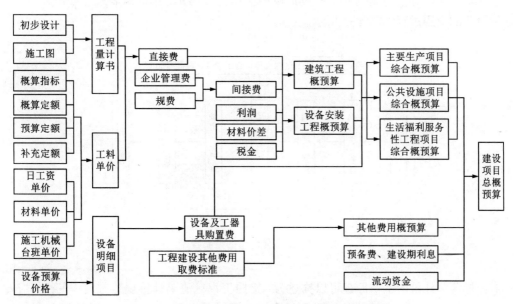

图 4-1 工料单价法下工程概预算编制程序示意图

工程概预算价格的形成过程，就是依据概预算定额所确定的消耗量乘以定额单价或市场价，经过不同层次的计算形成相应造价的过程。工程概预算编制公式如下：

$$每一计量单位建筑产品的基本构造单元(假定建筑安装产品)的工料单价 \tag{4-1}$$
$$=人工费+材料费+施工机具使用$$

式中：

$$人工费=\sum(人工工日数量×人工单价) \tag{4-2}$$
$$材料费=\sum(材料消耗量×材料单价)+工程设备费 \tag{4-3}$$
$$施工机具使用费=\sum(施工机械台班消耗量×施工机械台班单价)+$$
$$\sum(仪器仪表台班消耗量×仪器仪表台班单价) \tag{4-4}$$
$$单位建筑安装工程直接费=\sum(假定建筑安装产品工程量×工料单价) \tag{4-5}$$
$$单位建筑安装工程概预算造价=单位建筑安装工程直接费+间接费+利润+$$
$$材料价差+税金 \tag{4-6}$$
$$单项工程概预算造价=\sum 单位建筑安装工程概预算造价+$$
$$\sum 单位工程设备及工器具购置费 \tag{4-7}$$
$$建设项目概预算造价=\sum 单项工程概预算造价+预备费+$$
$$工程建设其他费+建设期利息+流动资金 \tag{4-8}$$

若采用全费用综合单价法进行概预算编制，单位工程概预算的编制程序将更加简单，只需将概算定额或预算定额子目对应项目的工程量乘以其全费用综合单价汇总即可，然后可以用式(4-7)和式(4-8)计算单项工程概预算造价和建设项目概预算造价。

二、工程量清单计价方法

工程量清单计价主要用于工程的发承包和实施阶段，工程量清单计价的过程可以分为两个环节，即工程量清单的编制和工程量清单的应用，工程量清单的编制程序如图4-2所示，工程量清单的应用过程如图4-3所示。

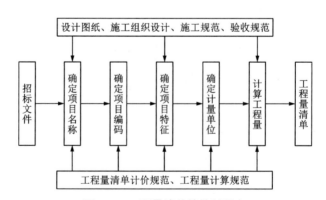

图4-2 工程量清单的编制程序

工程量清单计价的基本原理可以描述为：按照工程量清单计价规范规定，在各相应专业工程工程量计算规范规定的清单项目设置和工程量计算规则基础上，针对具体工程的设计图纸和施工组织设计计算出各个清单项目的工程量，根据规定的方法计算出综合单价，并汇

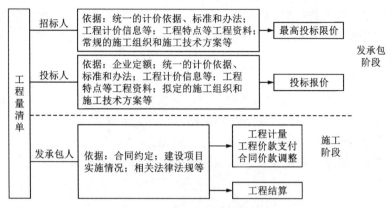

图4-3 工程量清单的应用过程

总各清单合价得出工程总价。

$$分部分项工程费 = \sum (分部分项工程量 \times 相应分部分项工程综合单价) \qquad (4-9)$$

$$措施项目费 = \sum 各措施项目费 \qquad (4-10)$$

$$其他项目费 = 暂列金额 + 暂估价 + 计日工 + 总承包服务费 \qquad (4-11)$$

$$单位工程造价 = 分部分项工程费 + 措施项目费 + 其他项目费 + 规费 + 税金 \qquad (4-12)$$

$$单项工程造价 = \sum 单位工程造价 \qquad (4-13)$$

$$建设项目总造价 = \sum 单项工程造价 \qquad (4-14)$$

式中:综合单价是指完成一个规定清单项目所需的人工费、材料和工程设备费、施工机具使用费和企业管理费、利润及一定范围内的风险费用。风险费用是隐含于已标价工程量清单综合单价中,用于化解发承包双方在工程合同中约定的风险内容和范围的费用。

工程量清单计价活动涵盖施工招标、合同管理及竣工交付全过程,主要包括编制招标工程量清单、最高投标限价、投标报价,确定合同价,工程计量与价款支付、合同价款的调整、工程结算和工程计价纠纷处理等活动。

三、定额计价与工程量清单计价的主要区别

虽然从计价原理上看,定额计价与工程量清单计价均可以采用式(3-1)表示,即工程造价可以表示为工程量与单价乘积后的汇总,但两者之间也存在着明显的区别。

1.造价形成机制不同

造价形成机制不同是定额计价与工程量清单计价的最根本区别。即使在生产要素价格放开由市场决定的前提下,定额计价本质上仍然维持着由生产要素投入和消耗决定工程造价的计价方式,属于生产决定价格的成本法计价机制。而工程量清单计价采用描述工程实体量的方式,要求企业自主选择施工方法、优化施工组织设计,建立起企业内部报价及管理的定额和价格体系。工程造价通过市场竞争形成,属于交易决定价格的市场法计价机制。

2.风险分担方式不同

工程量清单计价方式下,工程量由招标人根据全国统一的工程量计算规则计算并提供,价格通过市场竞争实现。事前算细账、摆明账,履约过程中可以通过过程结算不断实现固

化，简化了竣工结算，实现了计价风险按合同约定由发承包双方分担。定额计价中发承包双方在招投标过程中均需要进行算量、套价、取费、调差的重复性工作，容易导致履约过程中出现的风险双方分担方式不明确，并且常采用事后算总账的造价形成机制，容易引起双方的工程价款纠纷。

3. 计价的目的不同

定额计价方式更注重在建设项目前期合理设定投资控制目标，为建设单位制订投资及筹资方案提供依据，强调计价依据的统一性和平均水平。而工程量清单计价方式更注重在建设项目交易阶段进行合理定价，强调计价依据的个性化，由承包人根据施工现场情况、施工方案自行确定，体现出以施工组织设计为基础的价格竞争，凸显不同主体的不同价格水平。

▶ 第二节　工程量清单计价方法

一、工程量清单计价原理

从本质上说，工程量清单计价是招标人为完成工程交易而提供的一套完整的实物量清单，投标人根据招标人提供的实物量清单中列明的项目名称、项目特征、计量单位和工程数量进行自主报价，只是根据不同的规范、标准或项目条件，可以有不同的项目名称设置要求、项目特征描述方式、计量单位的选择和工程数量的计算规则。招标人对各投标人的报价进行比较选择，最终择优选定中标人，完成工程交易合同签订，并在后续的合同履约过程中根据约定进行价款调整、支付和结算。

由于建设项目交易时点的不确定，尤其是在我国大力推行工程总承包方式后，交易时点被前移至初步设计或扩大初步设计阶段。为满足不同交易时点的需要，工程量清单的项目设置规则应具备多样性。因此，工程量清单的发展方向应建立多层级工程量清单，形成以清单计价规范和各专(行)业工程量计算规范配套使用的清单规范体系，满足不同设计深度、不同复杂程度、不同承包方式及不同管理需求下工程计价的需要。而我们目前使用的建设工程工程量清单计价规范主要适用于施工图设计完成后的施工发承包及施工阶段的计价活动。相应的项目编码规则、项目特征描述方式及工程量计算规则都是在项目已经具备了施工图的基础上进行规定的，并不完全适合不同交易时点对工程量清单的实际需要。

在工程实践中，为了克服目前计价规范不能完全支持多阶段交易的要求，出现了"模拟工程量清单"这一变通性方式。模拟工程量清单实质上是在工程设计图没有或不完备的情况下工程量清单的替代方式。其与现行计价规范中标准工程量清单最大的不同就是编制基础不同。工程量清单的编制基础是构成工程实体的各部分实物工程量，而模拟工程量清单则是依据业主的概念设计，参照类似工程的清单项目和技术指标进行编制的暂估工程量清单。结合现有政策规定，模拟工程量清单计价模式即是基于初步设计相关成果文件，参照类似工程而进行"提前"计价的工程量清单计价模式。

根据《建设工程工程量清单计价规范》(GB 50500—2013)的规定，由于其主要适用于施工图完成后进行发包的阶段，故将工程量清单的项目设置分为分部分项工程项目、措施项目、其他项目及规费和税金项目(本书后文中均指本规范所规定的工程量清单)。工程量清单又可分为招标工程量清单和已标价工程量清单，由招标人根据国家标准、招标文件、设计文件以及施工现场实际情况编制的称为招标工程量清单，作为投标文件组成部分的已标明价格并经承包人确认的称为已标价工程量清单。招标工程量清单应由具有编制能力的招标人或受其委托的工程造价咨询人或招标代理人编制。采用工程量清单方式招标，招标工程量清单必须作为招标文件的组成部分，其准确性和完整性由招标人负责。招标工程量清单应以单位（项）工程为单位编制，由分部分项工程项目清单、措施项目清单、其他项目清单、规费项目、税金项目清单组成。

二、工程量清单计价的范围和作用

工程量清单计价方法是随着我国建设领域市场化改革的不断深入，自2003年起在全国开始推广的一种计价方法。其实质在于突出自由市场形成工程交易价格的本质，在招标人提供统一工程量清单的基础上，各投标人进行自主竞价，由招标人择优选择形成最终的合同价格。在这种计价方法下，合同价格更加能够体现出市场交易的真实水平，并且能够更加合理地对合同履行过程中可能出现的各种风险进行合理分配，提升承发包双方的履约效率。

（一）工程量清单计价的适用范围

工程量清单计价适用于建设工程发承包及其实施阶段的计价活动。使用国有资金投资的建设工程发承包，必须采用工程量清单计价；非国有资金投资的建设工程，宜采用工程量清单计价；不采用工程量清单计价的建设工程，应执行清单计价规范中除工程量清单等专门性规定外的其他规定。国有资金投资的项目包括全部使用国有资金（含国家融资资金）投资或国有资金（含国家融资资金）投资为主的工程建设项目。

（1）国有资金投资的工程建设项目包括：

1）使用各级财政预算资金的项目。

2）使用纳入财政管理的各种政府性专项建设资金的项目。

3）使用国有企事业单位自有资金，并且国有资产投资者实际拥有控制权的项目。

（2）国家融资资金投资的工程建设项目包括：

1）使用国家发行债券所筹资金的项目。

2）使用国家对外借款或者担保所筹资金的项目。

3）使用国家政策性贷款的项目。

4）国家授权投资主体融资的项目。

5）国家特许的融资项目。

（3）国有资金（含国家融资资金）为主的工程建设项目是指国有资金占投资总额50%以上，或虽不足50%但国有投资者实质上拥有控股权的工程建设项目。

（二）工程量清单计价的作用

1.提供一个平等的竞争条件

采用施工图预算来投标报价，由于设计图纸的缺陷，不同施工企业的人员理解不一，计算出的工程量也不同，报价就更相去甚远，也容易产生纠纷。而工程量清单报价为投标者提供了一个平等竞争的条件，相同的工程量，由企业根据自身的实力来填报不同的单价。投标

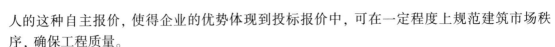

人的这种自主报价，使得企业的优势体现到投标报价中，可在一定程度上规范建筑市场秩序，确保工程质量。

2.满足市场经济条件下竞争的需要

招投标过程就是竞争的过程，招标人提供工程量清单，投标人根据自身情况确定综合单价，利用单价与工程量逐项计算每个项目的合价，再分别填入工程量清单表内，计算出投标总价。其中，单价成了决定性的因素，定高了不能中标，定低了又要承担过大的风险。单价的高低直接取决于企业管理水平和技术水平的高低，这种局面促成了企业整体实力的竞争，有利于我国建设市场的快速发展。

3.有利于提高工程计价效率，能真正实现快速报价

采用工程量清单计价方式，避免了传统计价方式下招标人与投标人在工程量计算上的重复工作，各投标人以招标人提供的工程量清单为统一平台，结合自身的管理水平和施工方案进行报价，促进了各投标人企业定额的完善和工程造价信息的积累和整理，体现了现代工程建设中快速报价的要求。

4.有利于工程款的拨付和工程价款的最终结算

中标后，业主要与中标单位签订施工合同，中标价就是确定合同价的基础，投标清单上的单价就成了拨付工程款的依据。业主根据施工企业完成的工程量，可以很容易地确定进度款的拨付额。工程竣工后，根据设计变更、工程量增减等，业主也很容易确定工程的最终造价，可在某种程度上减少业主与施工单位之间的纠纷。

5.有利于业主对投资的控制

采用施工图预算形式，业主对因设计变更、工程量的增减所引起的工程造价变化不敏感，往往等到竣工结算时才知道这些对项目投资的影响有多大，但此时常常已很难合理控制投资。而采用工程量清单报价的方式则可对投资变化一目了然，在要进行设计变更时，能马上知道它对工程造价的影响，业主就能根据投资情况来决定是否变更或进行方案比较，以决定最恰当的处理方法。

三、分部分项工程项目清单

分部分项工程项目清单必须载明项目编码、项目名称、项目特征、计量单位和工程量。分部分项工程项目清单必须根据各专业工程工程量计算规范规定的项目编码、项目名称、项目特征、计量单位和工程量计算规则进行编制。其格式见表4-1，在分部分项工程项目清单的编制过程中，由招标人负责前六项内容填列，金额部分在编制最高投标限价或投标报价时填列。

表4-1　分部分项工程和单价措施项目清单与计价表

工程名称：　　　　　　　　　　标段：　　　　　　　　　第　页　共　页

序号	项目编码	项目名称	项目特征描述	计量单位	工程量	金额/元		
						综合单价	合价	其中：暂估价

续表4-1

序号	项目编码	项目名称	项目特征描述	计量单位	工程量	金额/元		
						综合单价	合价	其中：暂估价
本页小计								
合计								

注：为计取规费等的使用，可在表中增设"其中：定额人工费"。

(一)项目编码

项目编码是分部分项工程和措施项目清单名称的阿拉伯数字标识。清单项目编码以五级编码设置，用12位阿拉伯数字表示。第一、二、三、四级编码为全国统一，即1~9位应按工程量计算规范附录的规定设置；第五级即10~12位为清单项目编码，应根据拟建工程的工程量清单项目名称设置，不得有重号，这3位清单项目编码由招标人针对招标工程项目具体编制，并应自001起顺序编制。

各级编码代表的含义如下：

(1)第一级表示专业工程代码(分2位)。

(2)第二级表示附录分类顺序码(分2位)。

(3)第三级表示分部工程顺序码(分2位)。

(4)第四级表示分项工程项目名称顺序码(分3位)。

(5)第五级表示工程量清单项目名称顺序码(分3位)。

以消防工程为例，项目编码结构如图4-4所示。

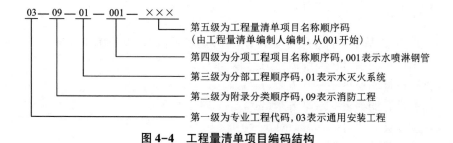

图4-4　工程量清单项目编码结构

当同一标段(或合同段)的一份工程量清单中含有多个单位工程且工程量清单是以单位工程为编制对象时，在编制工程量清单时应特别注意对项目编码10~12位的设置不得有重码的规定。例如一个标段(或合同段)的工程量清单中含有3个单位工程，每一单位工程中都有项目特征相同的水喷淋钢管，在工程量清单中又需反映3个不同单位工程的水喷淋钢管工程量时，则第1个单位工程的水喷淋钢管的项目编码应为030901001001，第2个单位工程的水喷淋钢管的项目编码应为030901001002，第3个单位工程的水喷淋钢管的项目编码应为030901001003，并分别列出各单位工程水喷淋钢管的工程量。

(二)项目名称

分部分项工程项目清单的项目名称应按各专业工程工程量计算规范附录的项目名称结合拟建工程的实际确定。附录表中的"项目名称"为分项工程项目名称，是形成分部分项工程项目清单项目名称的基础。即在编制分部分项工程项目清单时，以附录中的分项工程项目名称为基础，考虑该项目的规格、型号、材质等特征要求，结合拟建工程的实际情况，使其工程量清单项目名称具体化、细化，以反映影响工程造价的主要因素。例如"报警装置"应区分"湿式报警装置""干湿两用报警装置""电动雨淋报警装置""预作用报警装置"等。清单项目名称应表述详细、准确，各专业工程量计算规范中的分项工程项目名称如有缺陷，招标人可作补充，并报当地工程造价管理机构(省级)备案。

(三)项目特征

项目特征是构成分部分项工程项目、措施项目自身价值的本质特征。项目特征是对项目的准确描述，是确定一个清单项目综合单价不可缺少的重要依据，是区分清单项目的依据，是履行合同义务的基础。分部分项工程项目清单的项目特征应按各专业工程工程量计算规范附录中规定的项目特征，结合技术规范、标准图集、施工图纸，按照工程结构、使用材质及规格或安装位置等，予以详细而准确的表述和说明。凡项目特征中未描述到的其他独有特征，由清单编制人视项目具体情况确定，以准确描述清单项目为准。

在各专业工程工程量计算规范附录中还有关于各清单项目"工作内容"的描述。工作内容是指完成清单项目可能发生的具体工作和操作程序，但应注意的是，在编制分部分项工程项目清单时，工作内容通常无须描述，因为在工程量计算规范中，工程量清单项目与工程量计算规则、工作内容有一一对应的关系，当采用工程量计算规范这一标准时，工作内容均有规定。

(四)计量单位

计量单位应采用基本单位，除各专业另有特殊规定外均按以下单位计量：
(1)以质量计算的项目——吨或千克(t 或 kg)。
(2)以体积计算的项目——立方米(m^3)。
(3)以面积计算的项目——平方米(m^2)。
(4)以长度计算的项目——米(m)。
(5)以自然计量单位计算的项目——个、套、块、桂、组、台……
(6)没有具体数量的项目——宗、项……

各专业有特殊计量单位的，再另外加以说明，当计量单位有两个或两个以上时，应根据所编工程量清单项目的特征要求，选择最适宜表现该项目特征并方便计量的单位。例如：管道刷油计量单位为"m^2""m"两个计量单位，实际工作中，应选择最适宜、最方便计量和组价的单位来表示。

计量单位的有效位数应遵守下列规定：
(1)以"t"为单位，应保留小数点后三位数字，第四位小数四舍五入。
(2)以"m""m^2""m^3""kg"为单位，应保留小数点后两位数字，第三位小数四舍五入。

(3)以"台""个""件""套""根""组""系统"等为单位,应取整数。

(五)工程量的计算

工程量主要通过工程量计算规则计算得到。工程量计算规则是指对清单项目工程量计算的规定。除另有说明外,所有清单项目的工程量应以实体工程量为准,并以完成后的净值计算;投标人投标报价时,应在单价中考虑施工中的各种损耗和需要增加的工程量。

根据现行工程量清单计价与工程量计算规范的规定,工程量计算规则可以分为房屋建筑与装饰工程、仿古建筑工程、通用安装工程、市政工程、园林绿化工程、构筑物工程、矿山工程、城市轨道交通工程、爆破工程九大类。消防工程属于通用安装工程。

随着工程建设中新材料、新技术、新工艺等的不断涌现,工程量计算规范附录所列的工程量清单项目不可能包含所有项目。在编制工程量清单时,当出现工程量计算规范附录取未包括的清单项目时,编制人应作补充。在编制补充项目时应注意以下三个方面。

(1)补充项目的编码应按工程量计算规范的规定确定。具体做法如下:补充项目的编码由工程量计算规范的代码、B 和三位阿拉伯数字组成,并应从 001 起顺序编制,例如通用安装工程如需补充项目,则其编码应从 03B001 开始顺序编制,同一招标工程的项目不得重码。

(2)在工程量清单中应附补充项目的项目名称、项目特征、计量单位、工程量计算规则和工作内容。

(3)将编制的补充项目报省级或行业工程造价管理机构备案。

四、措施项目清单

(一)措施项目列项

措施项目是指为完成工程项目施工,发生于该工程施工准备和施工过程中的技术、生活、安全、环境保护等方面的项目。措施项目清单应根据相关专业现行工程量计算规范的规定编制,并应根据拟建工程的实际情况列项。

(二)措施项目清单的格式

1.措施项目清单的类别

措施项目费用的发生与使用时间、施工方法或者两个以上的工序相关,如安全文明施工,夜间施工,非夜间施工照明,二次搬运,冬雨季施工,地上、地下设施和建筑物的临时保护设施,已完工程及设备保护等。但是有些措施项目则是可以计算工程量的项目,如脚手架工程,混凝土模板及支架(撑),垂直运输,超高施工增加,大型机械设备进出场及安拆,施工排水、降水等,这类措施项目按照分部分项工程项目清单的方式采用综合单价计价,更有利于措施费的确定和调整。措施项目中可以计算工程量的项目(单价措施项目)宜采用分部分项工程项目清单的方式编制,列出项目编码、项目名称、项目特征、计量单位和工程量(参见表4-1);不能计算工程量的项目(总价措施项目),以"项"为计量单位进行编制(参见表4-2)。

表 4-2　总价措施项目清单与计价表

工程名称：　　　　　　　　　　　标段：　　　　　　　　　　　第 页 共 页

序号	项目编码	项目名称	计算基础	费率/%	金额/元	调整费率/%	调整后金额/元	备注
		安全文明施工费						
		夜间施工增加费						
		二次搬运费						
		冬雨季施工增加费						
		已完工程及设备保护费						
		……						
		合计						

编制人(造价人员)：　　　　　　　　　　　　　复核人(造价工程师)：

注：①"计算基础"中安全文明施工费可为"定额基价""定额人工费""定额人工资+定额施工机具使用费"，其他项目可为"定额人工费"或"定额人工资+定额施工机具使用费"。

②按施工方案计算的措施项目费，若无"计算基础"和"费率"的数值，也可只填"金额"数值，但应在备注栏说明施工方案出处或计算方法。

2.措施项目清单的编制依据

措施项目清单的编制需考虑多种因素，除工程本身的因素外，还涉及水文、气象、环境、安全等因素。措施项目清单应根据拟建工程的实际情况列项。若出现工程量计算规范中未列的项目，可根据工程实际情况补充。

措施项目清单的编制依据主要有：

(1)施工现场情况、地勘水文资料、工程特点。

(2)常规施工方案。

(3)与建设工程有关的标准、规范、技术资料。

(4)拟定的招标文件。

(5)建设工程设计文件及相关资料。

五、其他项目清单

其他项目清单是指分部分项工程项目清单、措施项目清单所包含的内容以外，因招标人的特殊要求而产生的与拟建工程有关的其他费用项目和相应数量的清单。工程建设标准的高低、工程的复杂程度、工程的工期长短、工程的组成内容、发包人对工程管理的要求等都直接影响其他项目清单的具体内容。其他项目清单包括暂列金额、暂估价(包括材料暂估单价、工程设备暂估单价、专业工程暂估价)、计日工、总承包服务费。其他项目清单宜按照表 4-3 的格式编制，出现未包含在表格中的项目，可根据工程实际情况补充。

表4-3　其他项目清单与计价汇总表

工程名称：　　　　　　　　　　　标段：　　　　　　　　　　第　页　共　页

序号	项目名称	金额/元	结算金额/元	备注
1	暂列金额			明细详见表4-4
2	暂估价			
2.1	材料(工程设备)暂估价/结算价	—		明细详见表4-5
2.2	专业工程暂估价/结算价			
3	计日工			明细详见表4-6
4	总承包服务费			明细详见表4-7
	……			
	合计			—

注：材料(工程设备)暂估单价进入清单项目综合单价，此处不汇总。

(一)暂列金额

暂列金额是招标人在工程量清单中暂定并包括在合同价款中的一笔款项。用于工程合同签订时尚未确定或者不可预见的所需材料、工程设备、服务的采购，施工中可能发生的工程变更、合同约定调整因素出现时的合同价款调整及发生的索赔、现场签证确认等的费用。不管采用何种合同形式，其理想的标准是，一份合同中的价格就是其最终的竣工结算价格，或者至少两者应尽可能接近。我国规定对政府投资工程实行概算管理，经项目审批部门批复的设计概算是工程投资控制的刚性指标，即使商业性开发项目也有成本的预先控制问题，否则，无法相对准确预测投资的收益和科学合理地进行投资控制。但工程建设自身的特性决定了工程的设计需要根据工程进展不断地进行优化和调整，业主需求可能会随工程建设进展出现变化，工程建设过程还会存在一些不能预见、不能确定的因素。消化这些因素必然会影响合同价格的调整，暂列金额正是因这类不可避免的价格调整而设立，以便达到合理确定和有效控制工程造价的目标。设立暂列金额并不能保证合同结算价格不会再出现超过合同价格的情况，是否超出合同价格完全取决于工程量清单编制人对暂列金额预测的准确性，以及工程建设过程是否出现了其他事先未预测到的事件。

暂列金额应根据工程特点，按有关计价规定估算。暂列金额可按照表4-4的格式列示。

表4-4　暂列金额明细表

工程名称：　　　　　　　　　　　标段：　　　　　　　　　　第　页　共　页

序号	项目名称	计量单位	暂定金额/元	备注
1				
2				

续表4-4

序号	项目名称	计量单位	暂定金额/元	备注
3				
…				
合计				—

注：此表由招标人填写，如不能详列，也可只列暂定金额总额，投标人应将上述暂列金额计入投标总价中。

（二）暂估价

暂估价是指招标人在工程量清单中提供的用于支付必然发生但暂时不能确定价格的材料、工程设备的单价及专业工程的金额，包括材料暂估单价、工程设备暂估单价和专业工程暂估价。暂估价类似于 FIDIC 合同条款中的 prime cost items，在招标阶段预见肯定要发生，只是因为标准不明确或者需要由专业承包人完成，暂时无法确定价格。暂估价数量和拟用项目应当结合工程量清单中的"暂估价表"予以补充说明。为方便合同管理，需要纳入分部分项工程项目清单综合单价中的暂估价应只是材料、工程设备暂估单价，以方便投标人组价。

专业工程的暂估价一般应是综合暂估价，包括人工费、材料费、施工机具使用费、企业管理费和利润，不包括规费和税金。总承包招标时，专业工程设计深度往往是不够的，一般需要交由专业设计人员设计，在国际社会，出于对提高可建造性的考虑，一般由专业承包人负责设计，以发挥其专业技能和专业施工经验的优势。这类专业工程交由专业分包人完成在国际工程施工中有良好实践，目前在我国工程建设领域也已经比较普遍。公开透明地合理确定这类暂估价的实际金额的最佳途径，就是通过施工总承包人与工程建设项目招标人共同组织的招标。

暂估价中的材料、工程设备暂估单价应根据工程造价信息或参照市场价格估算，列出明细表；专业工程暂估价应分不同专业，按有关计价规定估算，列出明细表。材料（工程设备）暂估价可按照表4-5的格式列示。

表4-5 材料（工程设备）暂估价及调整表

工程名称：　　　　　　标段：　　　　　　第　页　共　页

序号	材料（工程设备）名称、规格、型号	计量单位	数量		暂估/元		确认/元		差额±/元		备注
			暂估	确认	单价	合价	单价	合价	单价	合价	
合计											

注：此表由招标人填写"暂估单价"，并在备注栏说明暂估价的材料、工程设备拟用在哪些清单项目上，投标人应将上述材料、工程设备暂估价计入工程量清单综合单价报价中。

(三)计日工

在施工过程中,承包人完成发包人提出的工程合同范围以外的零星项目或工作,按合同中约定的单价计价的一种方式。计日工是为了解决现场发生的零星工作的计价而设立的。国际上常见的标准合同条款中,大多数都设立了计日工(daywork)计价机制。计日工对完成零星工作所消耗的人工工日、材料数量、施工机具台班进行计量,并按照计日工表中填报的适用项目的单价进行计价支付。计日工适用的所谓零星项目或工作一般是指合同约定之外的或者因变更而产生的、工程量清单中没有相应项目的额外工作,尤其是那些难以事先商定价格的额外工作。

计日工应列出项目名称、计量单位和暂估数量。计日工可按照表4-6的格式列示。

表4-6　计日工表

工程名称:　　　　　　　　　　标段:　　　　　　　　　第　页　共　页

编号	项目名称	单位	暂定数量	实际数量	综合单价/元	合价/元	
						暂定	实际
一	人工						
1							
2							
…							
人工小计							
二	材料						
1							
2							
…							
材料小计							
三	施工机具						
1							
2							
…							
施工机具小计							
四	企业管理费和利润						
总计							

注:此表"项目名称""暂定数量"由招标人填写,编制最高投标限价时,单价由招标人按有关计价规定确定;投标时,单价由投标人自主报价,按暂定数量计算合价计入投标总价中。结算时,按发承包双方确认的实际数量计算合价。

(四)总承包服务费

总承包服务费是指总承包人为配合、协调发包人进行的专业工程发包,对发包人自行采购的材料、工程设备等进行保管及施工现场管理、竣工资料汇总整理等服务所需的费用。招标人应预计该项费用并按投标人的投标报价向投标人支付该项费用。

总承包服务费应列出服务项目及其内容等。总承包服务费按照表4-7的格式列示。

表4-7 总承包服务费计价表

工程名称: 标段: 第 页 共 页

序号	项目名称	项目价值/元	服务内容	计算基础	费率/%	金额/元
1	发包人发包专业工程					
2	发包人提供材料					
…						
	合计	—	—		—	

注:此表"项目名称""服务内容"由招标人填写,编制最高投标限价时,"费率"及"金额"由招标人按有关计价规定确定;投标时,"费率"及"金额"由投标人自主报价,计入投标总价中。

六、规费、税金项目清单

规费项目清单应按照下列内容列项:社会保险费,包括养老保险费、失业保险费、医疗保险费、工伤保险费、生育保险费;住房公积金。出现计价规范中未列的项目,应根据省级政府或省级有关权力部门的规定列项。

税金项目主要是指增值税。出现计价规范未列的项目,应根据税务部门的规定列项。

规费、税金项目计价表如表4-8所示。

表4-8 规费、税金项目计价表

工程名称: 标段: 第 页 共 页

序号	项目名称	计算基础	计算基数	计算费率/%	金额/元
1	规费	定额人工费			
1.1	社会保险费	定额人工费			
(1)	养老保险费	定额人工费			
(2)	失业保险费	定额人工费			
(3)	医疗保险费	定额人工费			
(4)	工伤保险费	定额人工费			
(5)	生育保险费	定额人工费			
1.2	住房公积金	定额人工费			

续表4-8

序号	项目名称	计算基础	计算基数	计算费率/%	金额/元
2	税金 （增值税）	人工费+材料费+施工机具使用费+ 企业管理费+利润+规费			
	合计				

编制人(造价人员)：　　　　　　　　　　　　　　　　复核人(造价工程师)：

七、各级工程造价的汇总

各个工程量清单编制好后，将其进行汇总，就形成相应单位工程的造价。根据所处计价阶段的不同，单位工程造价汇总表可分为单位工程最高投标限价汇总表、单位工程投标报价汇总表和单位工程竣工结算汇总表。单位工程最高投标限价/投标报价汇总表见表4-9，单位工程竣工结算汇总表见表4-10。

各单位工程相应造价汇总后，形成单项工程及建设项目的工程造价。

表 4-9　单位工程最高投标限价/投标报价汇总表

工程名称：　　　　　　　　　　标段：　　　　　　　　　　第　页　共　页

序号	汇总内容	金额/元	其中：暂估价/元
1	分部分项工程		
1.1			
1.2			
1.3			
1.4			
1.5			
2	措施项目		—
2.1	其中：安全文明施工费		—
3	其他项目		—
3.1	其中：暂列金额		—
3.2	其中：专业工程暂估价		—
3.3	其中：计日工		—
3.4	其中：总包服务费		—
4	规费		—
5	税金		—
	最高投标限价/投标报价合计=1+2+3+4+5		

注：本表适用于单位工程最高投标限价或投标报价的汇总，如无单位工程划分，单项工程也使用本表汇总。

表 4-10 单位工程竣工结算汇总表

工程名称：　　　　　　　　　标段：　　　　　　　　　第　页　共　页

序号	汇总内容	金额/元
1	分部分项工程	
1.1		
1.2		
1.3		
1.4		
1.5		
2	措施项目	
2.1	其中：安全文明施工费	
3	其他项目	
3.1	其中：专业工程结算价	
3.2	其中：计日工	
3.3	其中：总包服务费	
3.4	其中：索赔与现场签证	
4	规费	
5	税金	
竣工结算总价合计 = 1+2+3+4+5		

注：如无单位工程划分，单项工程也使用本表汇总。

▶ 第三节　工程造价数字化及发展趋势

一、工程造价数字化的含义

工程造价数字化的核心是工程造价管理数字化，它是指综合运用管理学、经济学、工程技术，以及建筑信息模型(BIM)、云计算、大数据、物联网、移动互联网和人工智能等数字技术方面的知识与技能，对工程造价进行预测、计划、控制、核算、分析和评价等的工作过程。

"数字造价管理"结合全面造价管理的理论与方法，集成人员、流程、数据、技术和业务系统，实现工程造价管理的全过程、全要素、全方位的结构化、电子化、智能化，进而构建项目、企业和行业的平台生态圈。同时它也将促进以新计价、新管理、新服务为代表的愿景的实现，推动工程造价专业领域转型升级，实现让每一个工程项目综合价值更优的目标。

2018年"数字造价管理"理念在第九届中国数字建筑峰会上首次被提出,该理念阐述了工程造价行业数字化转型路径,推动了造价管理技术与业务的融合。2019年在打造"中国建造"品牌目标引领下,数字技术在工程造价产业升级过程中发挥了关键作用。2020年新技术推动建筑业高质量发展的重要作用被全行业认可。与此同时,《工程造价改革工作方案》也顺应了数字化时代变革趋势,这使得工程造价行业朝着数字化方向发展成了必然,工程造价行业因此进入"数字造价管理"时代。

二、工程造价数字化发展趋势

数字化时代变革正影响着社会的方方面面,同样对工程造价行业各方面也产生着深远的影响,代表着工程造价数字化发展趋势。

1.造价从业人员角度

数字技术可以在市场定价机制的引领下,收集行业市场价格数据信息,形成市场计价依据体系,保障市场定价的合理性;助力项目建模与计价工作的完成;驱动项目数据互通,实现线上协同、数据智能应用。让造价编制工作在提质增效的前提下,促使造价人员将更多的精力投入造价控制工作之中,实现从造价编制向造价控制的转变。

2.项目各参与方角度

数字技术可以为业主方、施工方、咨询方以投资控制为核心的全过程造价管理和以成本数据为导向的施工成本管理等提供解决方案。参建各方利用数字化平台不仅可以助力实现工程造价全业务流程电子化、数字化,而且可以积累企业运营的相关数据,实现造价咨询成果数字化共享,提升企业运营效率、经营质量、造价业务效率和质量。

数字技术对施工单位而言,还可以利用智能化现场管理技术对人工、材料和机械消耗进行跟踪和测定,从而掌握施工生产效率,提高成本管理水平。

3.行业管理角度

数字技术可以助力行业管理部门以网络平台为基础,集成各个业务子系统,整合各方资源和数据;搭建数据采集加工中心,保障数据来源符合市场行情,形成最新数据信息,以更好地服务于各方市场主体。

4.项目管理角度

(1)全过程动态数字化造价管理。数字技术可以根据工程实施情况的变化实时更新、实时生成最新造价成果,实现全过程动态数字化造价管理,为工程造价动态管理提供有力支撑。

(2)集成管理综合服务。数字技术可以实现从专业服务到集成管理综合服务的转变,并且在深化专业服务的同时,还可以扩展以造价为核心的项目管理。借助数字化平台实现由专业到系统的组织集成、过程集成、要素集成和信息集成。组织集成是将项目各参与方在同一个平台集合起来,实现多方协同管理;过程集成是指项目全过程的造价管理,包括决策阶段、设计阶段、施工阶段及运营维护阶段;要素集成包括质量、安全、工期、成本、环境等要素对工程造价的影响;信息集成即政策信息、决策信息、勘察设计信息、施工信息等都可在平台上集成。

三、BIM技术在工程计价中的应用

《建筑业发展"十三五"规划》中明确提出了"加快推进建筑信息模型(BIM)技术在规划、

工程勘察设计、施工和运营维护全过程的集成应用"，根据《建筑信息模型应用统一标准》（GB/T 51212—2016）的术语释义，"BIM"可以指代"building information modeling""bui1ding information model""building information management"三个相互独立又彼此关联的概念。

Building information modeling，是创建和利用工程项目数据在其全生命期内进行设计、施工和运营的业务过程，允许所有项目相关方通过不同技术平台之间的数据互用在同一时间利用相同的信息。

Building information model，是建设工程及其设施的物理和功能特性的数字化表达，可以作为该工程项目相关信息的共享知识资源，为项目全生命期内的各种决策提供可靠的信息支持。

Building information management，是使用模型内的信息支持工程项目全生命期信息共享的业务流程的组织和控制，其效益包括集中和可视化沟通、更早进行多方案比较、可持续性分析、高效设计、多专业集成、施工现场控制、竣工资料记录等。

1. BIM 技术的特点

BIM 技术因使用三维全息信息技术，全过程地反映了工程实施过程中的要素信息，对于科学实施工程管理是个革命性的技术突破。

（1）可视化。在 BIM 中，整个实施过程都是可视化的。所以，可视化的结果不仅可以用于效果图的展示及报表的生成，更重要的是，项目设计、建造、运营过程中的沟通、讨论、决策都在可视化的状态下进行，极大地提升了项目管控的科学化水平。

（2）协调性。BIM 的协调性服务可以帮助解决项目从勘探设计到环境适应再到具体施工的全过程协调问题，也就是说，BIM 可在建筑物建造前期对各专业的碰撞问题进行协调，生成协调数据，并在模型中生成解决方案，为提升管理效率提供了极大的便利。

（3）模拟性。模拟性并不是只能模拟设计出的建筑物模型，还可以模拟不能在真实世界中进行操作的事物。在设计阶段，BIM 可以对一些设计上需要进行模拟的东西进行模拟实验，例如节能模拟、紧急疏散模拟、日照模拟、热能传导模拟等；在招标投标和施工阶段可以进行 4D 模拟（三维模型+项目的发展时间），也就是根据施工的组织设计模拟实际施工，从而确定合理的施工方案来指导施工。同时还可以进行 5D 模拟（基于 4D 模型的造价控制），从而实现成本控制等。

（4）互用性。应用 BIM 可以实现信息的互用性，充分保证了信息经过传输与交换以后前后的一致性。具体来说，实现互用性就是 BIM 中所有数据只需要一次性采集或输入，就可以在整个建筑物的全生命周期中实现信息的共享、交换与流动，使 BIM 模型能够自动演化，避免了信息不一致的错误。在建设项目不同阶段免除对数据的重复输入，大幅降低成本、节省时间、减少错误、提高效率。

（5）优化性。整个设计、施工、运营的过程就是一个不断优化的过程，在 BIM 的基础上可以进一步做更好的优化，包括项目方案优化、特殊项目的设计优化等。

2. BIM 技术对工程造价管理的价值

BIM 在提升工程造价水平，提高工程造价效率，实现工程造价乃至整个工程生命周期信息化的过程中优势明显，BIM 技术对工程造价管理的价值主要有以下几点：

（1）提高了工程量计算的准确性和效率。BIM 是一个富含工程信息的数据库，可以真实地提供工程量计算所需要的物理和空间信息，借助这些信息，计算机可以快速对各种构件进行统计分析，从而大幅减少根据图纸统计工程量带来的繁琐人工操作和潜在错误，在效率和准确性上得到显著提高。

（2）提高了设计效率和质量。工程量计算效率的提高基于 BIM 的自动化算量方法可以更快地计算工程量，及时将设计方案的成本反馈给设计师，便于在设计的前期阶段对成本的控制，有利于限额设计。同时，基于 BIM 的设计可以更好地处理设计变更。

（3）提高工程造价分析能力。BIM 模型丰富的参数信息和多维度的业务信息能够辅助工程项目不同阶段和不同业务的造价分析和控制能力。同时，在统一的三维模型数据库的支持下，在工程项目全过程管理的过程中，能够以最少的时间实时实现任意维度的统计、分析和决策，保证了多维度成本分析的高效性和精准性，以及成本控制的有效性和针对性。

（4）BIM 技术真正实现了造价全过程管理。目前，工程造价管理已经由单点应用阶段逐渐进入工程造价全过程管理阶段。为确保建设工程的投资效益，工程建设从立项决策、可行性研究开始经初步设计、扩大初步设计、施工图设计、发承包、施工、调试、竣工、投产、决算、后评估等的整个过程，围绕工程造价开展各项业务工作。基于 BIM 的全过程造价管理在各个阶段能够实现协同工作，解决了阶段割裂、专业割裂的问题，避免了设计与造价控制环节脱节、设计与施工脱节、变更频繁等问题。

3. BIM 技术在工程造价管理各阶段的应用

工程建设项目的参与方主要包括建设单位、勘察单位、设计单位、施工单位、项目管理单位、咨询单位、材料供应商、设备供应商等。BIM 作为一个建筑信息的集成体，可以很好地在项目各方之间传递信息、降低成本。同样，分布在工程建设全过程的造价管理也可以基于这样的模型完成协同、交互和精细化管理工作。

（1）BIM 在决策阶段的应用。基于 BIM 技术辅助投资决策可以带来项目投资分析效率的极大提升。建设单位在决策阶段可以根据不同的项目方案建立初步的建筑信息模型。BIM 数据模型的建立，结合可视化技术、虚拟建造等功能，为项目的模拟决策提供了基础，根据BIM 模型数据，可以调用与拟建项目相似工程的造价数据，高效准确地估算出拟建项目的总投资额，为投资决策提供准确依据。同时，将模型与财务分析工具集成，实时获取各项目方案的投资收益指标信息，提高决策阶段项目预测水平，帮助建设单位进行决策。BIM 技术在投资造价估算和投资方案选择方面大有作为。

（2）BIM 在设计阶段的应用。在设计阶段，通过 BIM 技术对设计方案优选或限额设计，设计模型的多专业一致性检查，设计概算、施工图预算的编制管理和审核环节的应用，实现对造价的有效控制。

（3）BIM 在发承包阶段的应用。在发承包阶段，我国建设工程已基本实现了工程量清单招标投标模式，招标和投标各方都可以利用 BIM 模型进行工程量自动计算、统计分析，形成准确的工程量清单。有利于招标人控制造价和投标人报价的编制，提高招标投标工作的效率和准确性，并为后续的工程造价管理和控制提供基础数据。

（4）BIM 在施工过程中的应用。BIM 在施工过程中为建设项目各参与方提供了施工计划与造价控制的所有数据。项目各参与方在正式开工前就可以通过模型确定不同时间节点和施工进度、施工成本以及资源计划配置，可以直观地按月、按周、按日查看项目的具体实施情况并得到该时间节点的造价数据，方便项目的实时修改调整，实现限额领料施工，最大限度地体现造价控制的效果。

(5)BIM 在工程竣工阶段的应用。竣工阶段管理工作的主要内容是确定建设工程项目最终的实际造价，即竣工结算价格和竣工决算价格，编制竣工决算文件，办理项目的资产移交。这也是确定工程项目最终造价、考核承包企业经济效益及编制竣工决算的依据。基于 BIM 的结算管理不但提高工程量计算的效率和准确性，对于结算资料的完备性和规范性还具有很大的作用。在造价管理过程中，BIM 数据库也不断修改完善，相关的合同、设计变更、现场签证、计量支付、材料管理等信息也不断录入与更新，到竣工结算时，其信息量已完全可以表达工程实体。BIM 的准确性和过程记录完备性有助于提高结算效率，同时可以随时查看变更前后的对比分析，避免结算时描述不清，从而加快结算和审核速度。

四、大数据技术对各阶段计价的影响

大数据技术的应用可以使工程造价产生的海量数据与实时性数据实现融合、共享，建设项目各参与方均可从不同角度综合利用，大数据技术对项目各阶段计价工作产生着深远的影响。

（1）投资决策阶段。在投资决策阶段，需要对建设项目的成本做出分析与估算，利用大数据建立工程造价指标体系能够使投资者在已完工项目数据库的基础上快速做出投资估算，进而进行可行性研究及项目决策。

运用大数据系统对多个类似项目数据进行积累和分析，能够提供较为准确可靠的数据信息，使工程成本分析与估算等工作更加方便、快捷，并且准确度更高。工程造价信息数据库系统除可以检索、查询、调阅、编制和审查项目投资估算和初步设计概算以外，还可以实时动态地反映工程数据资料的更新和变动，有利于快速分析工程造价信息资料，准确决策投资方向，从而保证工程项目投资的合理性。

（2）设计阶段。工程设计直接影响着工程建设所需的全部投资，只有合理控制此阶段的造价以及设计质量，才能为后期整体造价控制奠定基础。工程造价人员可以借助工程设计文件，运用造价数据、信息模型，对相应数据进行准确快速的获取，通过获取的数据计算出工程所需全部投资。若与前期投资控制目标偏差较大，还可通过设计优化等措施对投资实施控制。

（3）发承包阶段。在发承包阶段，可以运用大数据技术建立电子化工程招标投标及评标系统，包括建设工程市场信息和评标信息，促进招标投标的信息化和智能化。通过建立招标投标交易价格数据库，利用大数据技术进行不平衡报价的筛查、投标报价低于成本的判定等；利用大数据技术也可以识别工程项目围标、串标行为；利用大数据技术还可以建立工程招标全过程监管体系。总之，大数据技术有利于招标投标工作信息化、智能化、电子化和透明化。

（4）施工阶段。在项目的施工阶段，经常会发生设计变更、价格变化及政策性调整等情况，通过行业或参建单位的信息化数据平台，可以高效收集政策法规、指数指标、要素价格等信息，对实时变化的信息做出科学决策，提高效率，节约成本。

高效的信息共享还能促进项目实施过程中各参建单位、单位内部各部门、各工作环节之间的有效沟通，使各方面形成合力，实现全方位和全过程的控制。

（5）竣工阶段。在竣工阶段，利用大数据技术形成的各阶段性的分析数据，不仅可以快速输出竣工结算数据，而且可以保障每部分费用和成本的准确性，进而保障工程造价管理的整体质量及工程运行的规范性。竣工结算数据及分析资料，还可以在工程预结算、结算进度评价、结算费用分析、参建单位评价等方面得到应用。

第五章　建设项目招投标阶段造价管理

　　建设工程发承包既是完善市场经济体制的重要举措，也是维护工程建设市场竞争秩序的有效途径。建设工程分为招标发包与直接发包，但不论采用哪种方式，一旦确定了发承包关系，则发包人与承包人均应遵循平等、自愿、公平和诚实守信的原则通过签订合同来明确双方的权利和义务，而合同价款的约定是实现项目预期建设目标的核心内容。

　　对于招标发包的项目，即以招标投标方式签订的合同中，应以中标时确定的金额为签约合同价；对于直接发包的项目，如按初步设计总概算投资包干时，应以经审批的概算投资中与承包内容相应部分的投资（包括相应的不可预见费）为签约合同价；如按施工图预算包干，则应以审查后的施工图预算或综合预算为签约合同价。

　　在建设工程领域，招标投标是优选合作伙伴、确定发承包关系的主要方式，也是优化资源配置、实现市场有序竞争的交易行为。《中华人民共和国民法典》关于建设工程合同中第七百九十条规定"建设工程的招标投标活动，应当依照有关法律的规定公开、公平、公正进行"。在工程项目招标投标中，招标人发布招标文件，是一种要约邀请行为，在招标文件中招标人要对投标人的投标报价进行约束，这一约束就是最高投标限价。招标人在招标时，把合同条款的主要内容纳入招标文件中，对投标报价的编制办法和要求及合同价款的约定、调整和支付方式做详细说明，如采用"单价计价"方式、"总价计价"方式或"成本加酬金计价"方式发包，在招标文件内均已明确。投标人递交投标文件是一种要约行为，投标文件要包括投标报价这一实质内容，投标人在获得招标文件后按其中的规定和要求、根据自行拟定的技术方案和市场因素等确定投标报价，报价应满足招标人的要求且不高于最高投标限价（或招标控制价）。招标人组织评标委员会对合格的投标文件进行评审，确定中标候选人或中标人，经过评审修正后的中标人的投标报价即为中标价，招标人发出中标通知书是一种承诺行为。招标人和中标人签订合同，依据中标价确定签约合同价，并在合同中载明，完成合同价款的约定过程。

　　需要指出的是，由于《中华人民共和国招标投标法实施条例》（以下简称《招标投标法实施条例》）中规定的最高投标限价已取代《建设工程工程量清单计价规范》（GB 50500—2013）中规定的招标控制价，因此本章统一表述为最高投标限价。

第一节　招标工程量清单与最高投标限价的编制

一、招标文件的组成内容及其编制要求

招标文件是指导整个招标投标工作全过程的纲领性文件。按照《中华人民共和国招标投标法》(以下简称《招标投标法》)和《招标投标法实施条例》等法律法规的规定，招标文件应当包括招标项目的技术要求、对投标人资格审查的标准、投标报价要求和评标标准等所有实质性要求和条件及拟签合同的主要条款。建设项目招标文件由招标人(或其委托的咨询机构)编制，由招标人发布，它既是投标单位编制投标文件的依据，也是招标人与中标人签订工程承包合同的基础。招标文件中提出的各项要求，对整个招标工作乃至发承包双方都具有约束力，因此招标文件的编制及其内容必须符合有关法律法规的规定。建设工程招标文件的编制内容，根据招标范围不同略有不同，本节重点介绍施工招标文件的内容。

(一) 施工招标文件的编制内容

根据《标准施工招标文件》等文件规定，施工招标文件包括以下内容：

(1)招标公告(或投标邀请书)。当未进行资格预审时，招标文件中应包括招标公告。当进行资格预审时，招标文件中应包括投标邀请书，该邀请书可代替资格预审通过通知书，以明确投标人已具备了在某具体项目某具体标段的投标资格，其他内容包括招标文件的获取、投标文件的递交等。

(2)投标人须知，主要包括对项目概况的介绍和招标过程的各种具体要求，正文中的未尽事宜通过"投标人须知前附表"进行进一步明确，由招标人根据招标项目具体特点和实际需要编制和填写，但务必与招标文件的其他章节相衔接，并不得与投标人须知正文的内容相抵触，否则抵触内容无效。投标人须知包括如下9个方面的内容：

1)总则，主要包括项目概况、资金来源和落实情况、招标范围、计划工期和质量要求的描述，对投标人资格要求的规定，对费用承担、保密、语言文字、计量单位等内容的约定，对踏勘现场、投标预备会的要求，以及对分包和偏离问题的处理。项目概况中主要包括项目名称、建设地点、招标人及招标代理机构的情况等。

2)招标文件，主要包括招标文件的构成及澄清和修改的规定。

3)投标文件，主要包括投标文件的组成、投标报价编制的要求、投标有效期和投标保证金的规定、需要提交的资格审查资料、是否允许提交备选投标方案，以及投标文件编制所应遵循的标准格式要求。

4)投标，主要规定投标文件的密封和标识、递交、修改及撤回的各项要求。在此部分中应当确定投标人编制投标文件所需要的合理时间，即投标准备时间，是指自招标文件开始发出之日起至投标人提交投标文件截止之日止的期限，最短不得少于20天。采用电子招标投标在线提交投标文件的，最短不少于10日。

5)开标，规定开标的时间、地点和程序。

6)评标，说明评标委员会的组建方法、评标原则和采取的评标办法。

7）合同授予，说明拟采用的定标方式、中标通知书的发出时间、要求承包人提交的履约担保和合同的签订时限。

8）重新招标和不再招标，规定重新招标和不再招标的条件。

9）纪律和监督，其主包容对招标过程各参与方的纪律要求。

（3）评标办法，评标办法可选择经评审的最低投标价法和综合评估法。

（4）合同条款及格式，包括本工程拟采用的通用合同条款、专用合同条款及各种合同附件的格式。

（5）工程量清单（最高投标限价），即表现拟建工程分部分项工程、措施项目和其他项目名称和相应数量的明细清单，以满足工程项目具体量化和计量支付的需要；是招标人编制最高投标限价和投标人编制投标报价的重要依据。

如按照规定应编制最高投标限价的项目，其最高投标限价应在发布招标文件时一并公布。

（6）图纸，是指应由招标人提供的用于计算最高投标限价和投标人计算投标报价所必需的各种详细程度的图纸。

（7）技术标准和要求，招标文件规定的各项技术标准应符合国家强制性规定。招标文件中规定的各项技术标准均不得要求或标明某一特定的专利、商标、名称、设计、原产地或生产供应者，不得含有倾向或者排斥潜在投标人的其他内容。如果必须引用某一生产供应商的技术标准才能准确或清楚地说明拟招标项目的技术标准时，则应当在参照后面加上"或相当于"的字样。

（8）投标文件格式，提供各种投标文件编制所应依据的参考格式。

（9）投标人须知前附表规定的其他材料。

（二）招标文件的澄清和修改

1.招标文件的澄清

投标人应仔细阅读和检查招标文件的全部内容。如发现缺页或附件不全，应及时向招标人提出，以便补齐。如有疑问，应在规定的时间前以书面形式（包括信函、电报、传真等可以有形地表现所载内容的形式）要求招标人对招标文件予以澄清。

招标文件的澄清应在规定的投标截止时间15天前以书面形式发给所有获取招标文件的投标人，但不指明澄清问题的来源。如果澄清发出的时间距投标截止时间不足15天，相应推迟投标截止时间。

投标人在收到澄清后，应在规定的时间内以书面形式通知招标人，确认已收到该澄清。招标人要求投标人收到澄清后的确认时间，可以采用一个相对的时间，如招标文件澄清发出后12小时以内；也可以采用一个绝对的时间，如2021年1月19日12:00以前。

2.招标文件的修改

招标人若对已发出的招标文件进行必要的修改，应当在投标截止时间15天前，招标人可以书面形式修改招标文件，并通知所有已获取招标文件的投标人。如果修改招标文件的时间距投标截止时间不足15天，相应推迟投标截止时间。投标人收到修改内容后，应在规定的时间内以书面形式通知招标人，确认已收到该修改文件。

二、招标工程量清单的编制

招标工程量清单是招标人依据国家标准、招标文件、设计文件及施工现场实际情况编制的，随招标文件发布、供投标报价的工程量清单，包括说明和表格。编制招标工程量清单，应充分体现"实体净量"、"量价分离"和"风险分担"的原则。招标阶段，由招标人或其委托的工程造价咨询人根据工程项目设计文件，编制出招标工程项目的工程量清单，并将其作为招标文件的组成部分。招标人对工程量清单的准确性和完整性负责；投标人应结合企业自身实际、参考市场有关价格信息完成清单项目工程的组合报价，并对其承担风险。

(一) 招标工程量清单编制依据及准备工作

1. 招标工程量清单的编制依据

招标工程量清单的编制依据如下：

(1)《建设工程工程量清单计价规范》(GB 50500—2013)及各专业工程量计算规范等。

(2)国家或省级、行业建设主管部门颁发的计价依据、标准和办法。

(3)建设工程设计文件及相关资料。

(4)与建设工程有关的标准、规范、技术资料。

(5)拟订的招标文件。

(6)施工现场情况、地勘水文资料、工程特点及常规施工方案。

(7)其他相关资料。

2. 招标工程量清单编制的准备工作

招标工程量清单编制的相关工作在收集资料包括编制依据的基础上，需进行如下工作：

(1)初步研究。对各种资料进行认真研究，为工程量清单的编制做准备。主要包括：

1)熟悉《建设工程工程量清单计价规范》(GB 50500—2013)、专业工程量计算规范、当地计价规定及相关文件；熟悉设计文件，掌握工程全貌，便于清单项目列项的完整、工程量的准确计算及清单项目的准确描述，对设计文件中出现的问题应及时提出。

2)熟悉招标文件、招标图纸，确定工程量清单编审的范围及需要设定的暂估价；收集相关市场价格信息，为暂估价的确定提供依据。

3)对《建设工程工程量清单计价规范》(GB 50500—2013)缺项的新材料、新技术、新工艺，收集足够的基础资料，为补充项目的制定提供依据。

(2)现场踏勘。为了选用合理的施工组织设计和施工技术方案，需进行现场踏勘，以充分了解施工现场情况及工程特点，主要对以下两方面进行调查：

1)自然地理条件：工程所在地的地理位置、地形、地貌、用地范围等；气象、水文情况，包括气温、湿度、降雨量等；地质情况，包括地质构造及特征、承载能力等；地震、洪水及其他自然灾害情况。

2)施工条件：工程现场周围的道路、进出场条件、交通限制情况；工程现场施工临时设施、大型施工机具、材料堆放场地安排情况；工程现场邻近建筑物与招标工程的间距、结构形式、基础埋深、新旧程度、高度；市政给排水管线位置、管径、压力、废水、污水处理方式；市政、消防供水管道管径、压力、位置等；现场供电方式、方位、距离、电压等；工程现场通信线路的连接和铺设；当地政府有关部门对施工现场管理的一般要求、特殊要求及规定等。

（3）拟订常规施工组织设计。施工组织设计是指导拟建工程项目的施工准备和施工的技术经济文件。根据项目的具体情况编制施工组织设计，拟订工程的施工方案、施工顺序、施工方法等，便于工程量清单的编制及准确计算，特别是工程量清单中的措施项目。施工组织设计编制的主要依据：招标文件中的相关要求，设计文件中的图纸及相关说明，现场踏勘资料，有关计价依据和标准，现行有关技术标准、施工规范或规则等。作为招标人，仅需拟订常规的施工组织设计即可。

在拟定常规的施工组织设计时需注意以下问题：

1）估算整体工程量。根据概算指标或类似工程进行估算，且仅对主要项目加以估算即可，如土石方、混凝土等。

2）拟定施工总方案。施工总方案只需对重大问题和关键工艺做原则性的规定，不需考虑施工步骤，主要包括：施工方法，施工机械设备的选择，科学的施工组织，合理的施工时间，现场的平面布置及各种技术措施。制定总方案要满足以下原则：从实际出发，符合现场的实际情况，在切实可行的范围内尽量求其先进和快速；满足工期的要求；确保工程质量和施工安全；尽量降低施工成本，使方案更加经济合理。

3）编制施工进度计划。施工进度计划要满足合同对工期的要求，在不增加资源的前提下尽量提前。编制施工进度计划时要处理好工程中各分部、分项、单位工程之间的关系，避免出现施工顺序的颠倒或工种相互冲突。

4）计算人材机资源需要量。人工工日数量根据估算的工程量、选用的计价依据、拟定的施工总方案、施工方法及要求的工期来确定，并考虑节假日、气候等因素的影响。材料需要量主要根据估算的工程量和选用的材料消耗标准进行计算。机具台班数量则根据施工方案确定选择机械设备及仪器仪表方案和种类的匹配要求，再根据估算的工程量和机械台班消耗标准进行计算。

5）施工平面的布置。施工平面布置需根据施工方案、施工进度要求，对施工现场的道路交通、材料仓库、临时设施等做出合理的规划布置，主要包括：建设项目施工总平面图上的一切地上、地下已有和拟建的建筑物、构筑物及其他设施的位置和尺寸；所有为施工服务的临时设施的布置位置，如施工用地范围、施工用道路、材料仓库、取土与弃土位置、水源、电源位置、安全、消防设施位置；永久性测量放线标桩位置等。

（二）招标工程量清单的编制内容

1.分部分项工程项目清单编制

分部分项工程项目清单所反映的是拟建工程分部分项工程项目名称和相应数量的明细清单，包括项目编码、项目名称、项目特征、计量单位和工程量。

（1）项目编码。分部分项工程项目清单的项目编码，应根据拟建工程的工程项目清单项目名称设置，同一招标工程的项目编码不得有重码。

（2）项目名称。分部分项工程项目清单的项目名称应按专业工程量计算规范附录的项目名称结合拟建工程的实际确定。

在分部分项工程项目清单中所列出的项目，应是在单位工程的施工过程中以其本身构成该单位工程实体的分项工程，但应注意：

1）当在拟建工程的施工图纸中有体现，并且在专业工程量计算规范附录中也有相对应的项目时，则根据附录中的规定直接列项，计算工程量，确定其项目编码。

2）当在拟建工程的施工图纸中有体现，但在专业工程量计算规范附录中没有相对应的项目，并且在附录项目的"项目特征"或"工程内容"中也没有提示时，则必须编制针对这些分项工程的补充项目，在清单中单独列项并在清单的编制说明中注明。

（3）项目特征。工程量清单的项目特征是确定一个清单项目综合单价不可缺少的重要依据，在编制工程量清单时，必须对项目特征进行准确和全面的描述。当有些项目特征用文字难以准确和全面的描述时，为达到规范、简洁、准确、全面描述项目特征的要求，应按以下原则进行：

1）项目特征描述的内容应按专业工程量计算规范附录中的规定，结合拟建工程的实际，满足确定综合单价的需要。

2）若采用标准图集或施工图纸能够全部或部分满足项目特征描述的要求，项目特征描述可直接采用"详见××图集"或"××图号"的方式。对不能满足项目特征描述要求的部分，仍应用文字描述。

（4）计量单位。分部分项工程项目清单的计量单位与有效位数应遵守清单计价规范规定。当附录中有两个或两个以上计量单位的，应结合拟建工程项目的实际选择其中一个确定。

（5）工程量的计算。分部分项工程项目清单中所列工程量应按专业工程量计算规范规定的工程量计算规则计算。另外，对补充项的工程量计算规则必须符合下述原则：一是其计算规则要具有可计算性，二是计算结果要具有唯一性。

工程量的计算是一项繁杂而细致的工作，为了计算的快速准确并尽量避免漏算或重算，必须依据一定的计算原则及方法：

1）计算口径一致。根据施工图列出的工程量清单项目，必须与专业工程工程量计算规范中相应清单项目的口径相一致。

2）按工程量计算规则计算。工程量计算规则是综合确定各项消耗指标的基本依据，也是具体工程测算和分析资料的基准。

3）按图纸计算。工程量按每一分项工程，根据设计图纸进行计算，计算时采用的原始数据必须以施工图纸所表示的尺寸或施工图纸能读出的尺寸为准进行计算，不得任意增减。

4）按一定顺序计算。计算分部分项工程量时，可以按照清单分部分项编目顺序或按照施工图专业顺序依次进行计算。对于计算同一张图纸的分项工程量时，一般可采用以下几种顺序：按顺时针或逆时针顺序计算；按先横后纵顺序计算；按轴线编号顺序计算；按施工先后顺序计算。

2. 措施项目清单编制

措施项目清单指为完成工程项目施工，发生于该工程施工准备和施工过程中的技术、生活、安全、环境保护等方面的项目清单，措施项目分单价措施项目和总价措施项目。

措施项目清单的编制需考虑多种因素，除工程本身的因素外，还涉及水文、气象、环境、安全等因素。措施项目清单的编制应根据拟建工程的实际情况列项，若出现《建设工程工程量清单计价规范》（GB 50500—2013）中未列的项目，可根据工程实际情况补充。项目清单的设置要考虑拟建工程的施工组织设计，施工技术方案，相关的施工规范与施工验收规范，招标文件中提出的某些必须通过一定的技术措施才能实现的要求，设计文件中一些不足以写进技术方案的但是要通过一定的技术措施才能实现的内容。

一些可以精确计算工程量的措施项目可采用与分部分项工程项目清单编制相同的方式，编制"分部分项工程和单价措施项目清单与计价表"，而有一些措施项目费用的发生与使用时间、施工方法或者两个以上的工序相关并大都与实际完成的实体工程量的大小关系不大，如安全文明施工、冬雨季施工、已完工程设备保护等，应编制"总价措施项目清单与计价表"。

3. 其他项目清单的编制

其他项目清单是应招标人的特殊要求而发生的与拟建工程有关的其他费用项目和相应数量的清单。工程建设标准的高低、工程的复杂程度、工程的工期长短、工程的组成内容、发包人对工程管理要求等都直接影响到其具体内容。当出现未包含在表格中的项目时，可根据实际情况补充，其中：

(1)暂列金额，是指招标人暂定并包括在合同中的一笔款项。用于工程合同签订时尚未确定或者不可预见的所需材料、工程设备、服务的采购，施工中可能发生的工程变更、合同约定调整因素出现时的合同价款调整以及发生的索赔、现场签证确认等的费用。此项费用由招标人填写其项目名称、计量单位、暂定金额等，若不能详列，也可只列暂定金额总额。由于暂列金额由招标人支配，实际发生后才得以支付，因此，在确定暂列金额时应根据施工图纸的深度、暂估价设定的水平、合同价款约定调整的因素及工程实际情况合理确定。一般可按分部分项工程项目清单的 10%~15%确定，不同专业预留的暂列金额应分别列项。

(2)暂估价，是招标人在招标文件中提供的用于支付必然要发生但暂时不能确定价格的材料、工程设备的单价及专业工程的金额。一般而言，为方便合同管理和计价，需要纳入分部分项工程量项目综合单价中的暂估价，应只是材料、工程设备暂估单价，以方便投标与组价。以"项"为计量单位给出的专业工程暂估价一般应是综合暂估价，即应当包括除规费、税金以外的管理费、利润等。

(3)计日工，是为了解决现场发生的工程合同范围以外的零星工作或项目的计价而设立的。计日工为额外工作的计价提供一个方便快捷的途径。计日工对完成零星工作所消耗的人工工时、材料数量、机具台班进行计量，并按照计日工表中填报的适用项目的单价进行计价支付。编制计日工表格时，一定要给出暂定数量，并且需要根据经验，尽可能估算一个比较贴近实际的数量，且尽可能把项目列全，以消除因此而产生的争议。

(4)总承包服务费，是为了解决招标人在法律法规允许的条件下，进行专业工程发包及自行采购供应材料、设备时，要求总承包人对发包的专业工程提供协调和配合服务，对供应的材料、设备提供收、发和保管服务，以及对施工现场进行统一管理，对竣工资料进行统一汇总整理等产生并向承包人支付的费用。招标人应当按照投标人的投标报价支付该项费用。

4. 规费税金项目清单的编制

规费税金项目清单应按照规定的内容列项，当出现规范中没有的项目时，应根据省级政府或有关部门的规定列项。税金项目清单除规定的内容外，如国家税法发生变化或增加税种，应对税金项目清单进行补充。规费、税金的计算基础和费率均应按国家或地方相关部门的规定执行。

5. 工程量清单总说明的编制

工程量清单总说明包括以下内容：

(1)工程概况。工程概况中要对建设规模、工程特征、计划工期、施工现场实际情况、自然地理条件、环境保护要求等做出描述。其中建设规模是指建筑面积；工程特征应说明基础及结构类型、建筑层数、高度、门窗类型及各部位装饰、装修做法；计划工期是根据工程实际需要而安排的施工天数；施工现场实际情况是指施工场地的地表状况；自然地理条件，是指建筑场地所处地理位置的气候及交通运输条件；环境保护要求，是针对施工噪声及材料运输可能对周围环境造成的影响和污染所提出的防护要求。

（2）工程招标及分包范围。招标范围是指单位工程的招标范围，如建筑工程招标范围为"全部建筑工程"，装饰装修工程招标范围为"全部装饰装修工程"，或招标范围不含桩基础、幕墙、门窗等。工程分包是指特殊工程项目的分包，如招标人自行采购安装"铝合金门窗"等。

（3）工程量清单编制依据。包括建设工程工程量清单计价规范、设计文件、招标文件、施工现场情况、工程特点及常规施工方案等。

（4）工程质量、材料、施工等的特殊要求。工程质量的要求是指招标人要求拟建工程的质量应达到合格或优良标准；对材料的要求是指招标人根据工程的重要性、使用功能及装饰装修标准提出，诸如对水泥的品牌、钢材的生产厂家、花岗石的出产地、品牌等的要求；施工要求，一般是指建设项目中对单项工程的施工顺序等的要求。

（5）其他需要说明的事项。

6.招标工程量清单汇总

在分部分项工程项目清单、措施项目清单、其他项目清单、规费和税金项目清单编制完成以后，经审查复核，与工程量清单封面及总说明汇总并装订，由相关责任人签字和盖章，形成完整的招标工程量清单文件。

三、最高投标限价的编制

《招标投标法实施条例》规定，招标人可以自行决定是否编制标底，一个招标项目只能有一个标底，标底必须保密。同时规定，招标人设有最高投标限价的，应当在招标文件中明确最高投标限价（或者最高投标限价的计算方法），招标人不得规定最低投标限价。

（一）最高投标限价的编制规定与依据

最高投标限价是指根据国家或省级建设行政主管部门颁发的有关计价依据和办法，依据拟订的招标文件和招标工程量清单，结合工程具体情况发布的招标工程的最高投标限价。根据住房和城乡建设部颁布的《建筑工程施工发包与承包计价管理办法》的规定，国有资金投资的建筑工程招标的，应当设有最高投标限价；非国有资金投资的建筑工程招标的，可以设有最高投标限价或者招标标底。

1.最高投标限价与标底的关系

最高投标限价是推行工程量清单计价过程中对传统标底概念的性质进行界定后所设置的专业术语，它使招标时评标定价的管理方式发生了很大的变化。设标底招标、无标底招标及最高投标限价招标的利弊分析如下。

（1）设标底招标。

1）设标底时易发生泄露标底及暗箱操作的现象，失去招标的公平公正性，容易诱发违法违规行为。

2）编制的标底价是预期价格，因较难考虑不同投标人施工方案、技术措施对造价的影响，容易与市场造价水平脱节，不利于引导投标人理性竞争。

3）标底在评标过程的特殊地位使标底价成为左右工程造价的杠杆，不合理的标底会使合理的投标报价在评标中显得不合理，有可能成为地方或行业保护的手段。

4）将标底作为衡量投标人报价的基准，导致投标人尽力地去迎合标底，往往招标投标过程反映的不是投标人实力的竞争，而是投标人编制预算文件能力的竞争，或者各种合法或非法的"投标策略"的竞争。

（2）无标底招标。

1）容易出现围标串标现象，各投标人哄抬价格，给招标人带来投资失控的风险。

2）容易出现低价中标后偷工减料，以牺牲工程质量来降低工程成本，或产生先低价中标，后高额索赔等不良后果。

3）评标时，招标人对投标人的报价没有参考依据和评判基准。

（3）最高投标限价招标。

1）采用最高投标限价招标的优点：

①可有效控制投资，防止恶性哄抬报价带来的投资风险。

②可提高透明度，避免暗箱操作与寻租等违法活动的产生。

③可使各投标人根据自身实力和施工方案自主报价，符合市场规律形成公平竞争。

2）采用最高投标限价招标也可能出现如下问题：

①若"最高限价"大幅高于市场平均价时，则预示中标后利润很丰厚，只要投标不超过公布的限额都是有效投标，从而可能诱导投标人串标、围标。

②若公布的最高限价远远低于市场平均价，就会影响招标效率。即可能出现只有1~2人投标或出现无人投标的情况，因为按此限额投标将无利可图，超出此限额投标又成为无效投标，导致招标失败或使招标人不得不进行二次招标。

2.编制最高投标限价的规定

（1）国有资金投资的工程建设项目应实行工程量清单招标，招标人应编制最高投标限价，并应当拒绝高于最高投标限价的投标报价，即投标人的投标报价若超过公布的最高投标限价，则其投标应被否决。

（2）最高投标限价应由具有编制能力的招标人或受其委托的工程造价咨询人编制。工程造价咨询人不得同时接受招标人和投标人对同一工程的最高投标限价和投标报价的编制。

（3）最高投标限价应当依据工程量清单、工程计价有关规定和市场价格信息等编制，并不得进行上浮或下调。招标人应当在招标文件中公布最高投标限价的总价，以及各单位工程的分部分项工程费、措施项目费、其他项目费、规费和税金。

（4）最高投标限价超过批准的概算时，招标人应将其报原概算审批部门审核。这是由于我国对国有资金投资项目的投资控制实行的是设计概算审批制度，国有资金投资的工程原则上不能超过批准的设计概算。同时，招标人应将最高投标限价报工程所在地的工程造价管理机构备查。

（5）投标人经复核认为招标人公布的最高投标限价未按照《建设工程工程量清单计价规范》（GB 50500—2013）的规定进行编制的，应在最高投标限价公布后5天内向招标投标监督机构和工程造价管理机构投诉。工程造价管理机构受理投诉后，应立即对最高投标限价进行复查，组织投诉人、被投诉人或其委托的最高投标限价编制人等单位人员对投诉问题逐一核对。工程造价管理机构应当在受理投诉的10天内完成复查，特殊情况下可适当延长，并作出书面结论通知投诉人、被投诉人及负责该工程招标投标监督的招标投标管理机构。当最高投标限价复查结论与原公布的最高投标限价误差大于±3%时，应责成招标人改正。当重新公布最高投标限价时，若重新公布之日起至原投标截止期不足15天的应延长投标截止期。

招标人应将最高投标限价及有关资料报送工程所在地或有该工程管辖权的行业管理部门工程造价管理机构备查。

3. 最高投标限价的编制依据

最高投标限价的编制依据是指在编制最高投标限价时需要进行工程量计量、价格确认、工程计价的有关参数、率值的确定等工作时所需的基础性资料。虽然《工程造价改革工作方案》提出了"取消最高投标限价按定额计价的规定，逐步停止发布预算定额"的要求，但在一定时期内，由于市场化的造价信息及对应一定计量单位的工程量清单或工程量清单子项具有地区、行业特征的工程造价指标尚不能完全满足工程计价的需要，因此最高投标限价的编制依据应是各级建设行政主管部门发布的计价依据、标准、办法与市场化的工程造价信息的混合使用。最高投标限价的编制依据主要包括：

（1）现行国家标准《建设工程工程量清单计价规范》（GB 50500—2013）与专业工程量。

（2）国家或省级、行业建设主管部门颁发的计价依据、标准和办法。

（3）建设工程设计文件及相关资料。

（4）拟定的招标文件及招标工程量清单。

（5）与建设项目相关的标准、规范、技术资料。

（6）施工现场情况、工程特点及常规施工方案。

（7）工程造价管理机构发布的工程造价信息，但工程造价信息没有发布的，参照市场价。

（8）其他的相关资料。

（二）最高投标限价的编制内容

1. 最高投标限价计价程序

建设工程的最高投标限价反映的是单位工程费用，各单位工程费用是由分部分项工程费、措施项目费、其他项目费、规费和税金组成。单位工程最高投标限价计价程序见表5-1。

由于投标人投标报价计价程序（见本章第二节）与招标人最高投标限价计价程序具有相同的表格，为便于对比分析，此处将两种表格合并列出，其中表格栏目中斜线后带括号的内容用于投标报价，其余为招标投标通用栏目。

表5-1　招标人最高投标限价计价程序（投标人投标报价计价程序）表

工程名称：　　　　　　　　　　标段：　　　　　　　　　　第　页　共　页

序号	汇总内容	计算方法	金额/元
1	分部分项工程	按计价规定计算/（自主报价）	
1.1			
1.2			

续表5-1

序号	汇总内容	计算方法	金额/元
2	措施项目	按计价规定计算/(自主报价)	
2.1	其中:安全文明施工费	按规定标准估算/(按规定标准计算)	
3	其他项目		
3.1	其中:暂列金额	按计价规定估算/(按招标文件提供金额计列)	
3.2	其中:专业工程暂估价	按计价规定估算/(按招标文件提供金额计列)	
3.3	其中:计日工	按计价规定计算/(自主报价)	
3.4	其中:总承包服务费	按计价规定计算/(自主报价)	
4	规费	按规定标准计算	
5	税金	(人工费+材料费+施工机具使用费+企业管理费+利润+规费)×增值税税率	
最高投标限价(投标报价)		合计=1+2+3+4+5	

2.分部分项工程费的编制

分部分项工程费应根据招标文件中的分部分项工程项目清单及有关要求,按《建设工程工程量清单计价规范》(GB 50500—2013)有关规定确定综合单价计价。

(1)综合单价的组价过程。最高投标限价的分部分项工程费应由各单位工程的招标工程量清单中给定的工程量乘以其相应综合单价汇总而成。综合单价应按照招标人发布的分部分项工程项目清单的项目名称、工程量、项目特征描述,依据工程所在地区的工程计价依据和标准或工程造价指标进行组价确定。首先,依据提供的工程量清单和施工图纸,确定清单计量单位所组价的子项目名称,并计算出相应的工程量。其次,依据工程造价政策规定或信息价确定其对应组价子项的人工、材料、施工机具台班单价。再次,在考虑风险因素确定管理费率和利润率的基础上,按规定程序计算出所组价子项的合价,见式(5-1):

$$清单组价子项合价=清单组价子项工程量×[\sum(人工消耗量×人工单价)+$$
$$\sum(材料消耗量×材料单价)+$$
$$\sum(机具台班消耗量×机具台班单价)+管理费和利润] \qquad (5-1)$$

最后,将若干项所组价的子项合价相加并考虑未计价材料费除以工程量清单项目工程量,便得到工程量清单项目综合单价,见式(5-2),对于未计价材料费(包括暂估单价的材料费),应计入综合单价。

$$工程量清单项目综合单价=(\sum所组价的子项合价+未计价材料费)/工程量清单项目工程量$$
$$(5-2)$$

(2)综合单价中的风险因素。为使最高投标限价与投标报价所包含的内容一致,综合单价中应包括招标文件中要求投标人所承担的风险内容及其范围(幅度)产生的风险费用。

1)对于技术难度较大和管理复杂的项目,可考虑一定的风险费用,并纳入综合单价中。

2)对于工程设备、材料价格的市场风险,应依据招标文件的规定,工程所在地或行业工程造价管理机构的有关规定,以及市场价格趋势考虑一定率值的风险费用,纳入综合单价中。

3)税金、规费等法律、法规、规章和政策变化的风险和人工单价等风险费用不应纳入综合单价。

3. 措施项目费的编制

(1)措施项目费中的安全文明施工费应当按照国家或省级、行业建设主管部门的规定标准计价,该部分不得作为竞争性费用。

(2)措施项目应按招标文件中提供的措施项目清单确定,措施项目分为以"量"计算和以"项"计算两种。对于可计量的措施项目,以"量"计算,即按其工程量用与分部分项工程项目清单单价相同的方式确定综合单价;对于不可计量的措施项目,则以"项"为单位,采用费率法按有关规定综合取定,采用费率法时,需确定某项费用的计费基数及其费率,结果应是包括除规费、税金以外的全部费用,计算见式(5-3):

$$以"项"计算的措施项目清单费=措施项目计费基数×费率 \quad (5-3)$$

4. 其他项目费的编制

(1)暂列金额。暂列金额由招标人根据工程特点、工期长短,按有关计价规定进行估算,一般可以分部分项工程费的 10%~15% 为参考。

(2)暂估价。暂估价中的材料单价应按照工程造价管理机构发布的工程造价信息中的材料单价计算,工程造价信息未发布的材料单价,其单价参考市场价格估算;暂估价中的专业工程暂估价应分不同专业,按有关计价规定估算。

(3)计日工。在编制最高投标限价时,对计日工中的人工单价和施工机械台班单价应按省级、行业建设主管部门或其授权的工程造价管理机构公布的单价计算;材料应按工程造价管理机构发布的工程造价信息中的材料单价计算,工程造价信息未发布单价的材料,其价格应按市场调查确定的单价计算。

(4)总承包服务费。总承包服务费应按照省级或行业建设主管部门的规定计算,在计算时可参考以下标准:

1)招标人仅要求对分包的专业工程进行总承包管理和协调时,按分包的专业工程估算造价的 1.5% 计算。

2)招标人要求对分包的专业工程进行总承包管理和协调,并同时要求提供配合服务时,根据招标文件中列出的配合服务内容和提出的要求,按分包的专业工程估算造价的 3%~5% 计算。

3)招标人自行供应材料的,按招标人供应材料价值的 1% 计算。

5. 规费和税金的编制

规费和税金必须按国家或省级、行业建设主管部门的规定计算,其中税金的计算公式见式(5-4):

$$税金=(人工费+材料费+施工机具使用费+企业管理费+利润+规费)×增值税税率$$

$$(5-4)$$

(三)编制最高投标限价时应注意的问题

(1)应该正确、全面地选用行业和地方的计价依据、标准、办法和市场化的工程造价信息。其中采用的材料价格应是通过工程造价信息平台发布的材料价格,工程造价信息平台未发布材料价格的材料，其材料价格应通过市场调查确定。另外，未采用发布的工程造价信息时，需在招标文件或答疑补充文件中对最高投标限价采用的与造价信息不一致的市场价格予以说明，采用的市场价格则应通过调查、分析确定，有可靠的信息来源。

(2)施工机械设备的选型直接关系到综合单价水平，应根据工程项目特点和施工条件，本着经济实用、先进高效的原则确定。

(3)不可竞争的措施项目和规费、税金等费用的计算均属于强制性的条款，编制最高投标限价时应按国家有关规定计算。

(4)不同工程项目、不同投标人会有不同的施工组织方法，所发生的措施项目费也会有所不同，因此，对于竞争性的措施项目费用的确定，招标人应首先编制常规的施工组织设计或施工方案，然后经科学论证后再进行合理确定措施项目与费用。

第二节　投标报价的编制

投标报价是投标人响应招标文件要求所报出的，在已标价工程量清单中标明的总价，它更加合理并具有竞争性，通常投标报价的编制应遵循一定的程序，如图5-1所示。

一、投标报价前期工作

(一)研究招标文件

投标人取得招标文件后，为保证工程量清单报价的合理性，应对投标人须知、合同条件、技术规范、图纸和工程量清单等重点内容进行分析，深刻而正确地理解招标文件的要求和招标人的意图。

1.投标人须知

投标人须知反映了招标人对投标的要求，特别要注意项目的资金来源、投标书的编制和递交、投标保证金、是否允许递交备选方案、评标方法等，重点在于防止投标被否决。

2.合同分析

(1)合同背景分析。投标人有必要了解与拟承包工程有关的合同背景，了解监理方式，了解合同的法律依据，为报价和合同实施及索赔提供依据。

(2)合同形式分析，主要分析承包方式(如分项承包、施工承包、设计与施工总承包和管理承包等)与计价方式(如单价方式、总价方式、成本加酬金方式等)。

(3)合同条款分析，主要包括：

1)承包人的任务、工作范围和责任。

2)工程变更及相应的合同价款调整。

3)付款方式、时间。应注意合同条款中关于工程预付款、材料预付款的规定。根据这些规定和预计的施工进度计划，计算出占用资金的数额和时间，从而计算出需要支付的利息数额并计入投标报价。

4)施工工期。合同条款中关于合同工期、开竣工日期、部分工程分期交付工期等规定，这是投标人制定施工进度计划的依据，也是报价的重要依据。要注意合同条款中有无工期奖

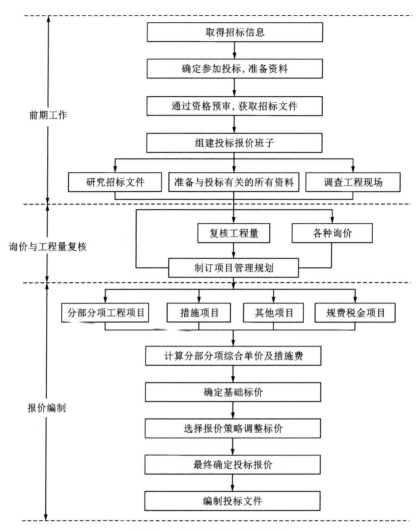

图5-1 投标报价编制流程图

罚的规定,尽可能做到在工期符合要求的前提下使报价有竞争力,或在报价合理的前提下使工期有竞争力。

5)业主责任。投标人所制定的施工进度计划和做出的报价,都是以业主履行责任为前提的。所以应注意合同条款中关于业主责任措辞的严密性,以及关于索赔的有关规定。

3.技术标准和要求分析

工程技术标准是按工程类型来描述工程技术和工艺内容特点,对设备、材料、施工和安装方法等规定的技术要求,也有的是对工程质量进行检验、试验和验收等规定的方法和要求。它们与工程量清单中各子项工作密不可分,投标人应在准确理解招标人要求的基础上对有关工程内容进行报价。任何忽视技术标准的报价都是不完整、不可靠的,有时可能导致工程承包的重大失误和亏损。

4. 图纸分析

图纸是确定工程范围、内容和技术要求的重要文件，也是投标人确定施工方法等施工计划的主要依据。

图纸的详细程度取决于招标人提供的施工图设计深度和所采用的合同形式。详细的设计图纸可使投标人比较准确地估价，而不够详细的图纸则需要投标人采用综合估价方法，其结果一般不很精确。

(二)调查工程现场

招标人在招标文件中一般会明确是否组织工程现场踏勘及组织工程现场踏勘的时间和地点。投标人对一般区域调查重点应注意以下几个方面。

1. 自然条件调查

自然条件调查主要包括对气象资料，水文资料，地震、洪水及其他自然灾害情况，地质情况等的调查。

2. 施工条件调查

施工条件调查主要包括：工程现场的用地范围、地形、地貌、地物、高程，地上或地下障碍物，现场的三通一平情况；工程现场周围的道路、进出场条件、有无特殊交通限制；工程现场施工临时设施、大型施工机具、材料堆放场地安排的可能性，是否需要二次搬运；工程现场邻近建筑物与招标工程的间距、结构形式、基础埋深、新旧程度、高度；市政给水及污水、雨水排放管线位置、高程、管径、压力、废水、污水处理方式，市政、消防供水管道管径、压力、位置等；当地供电方式、方位、距离、电压等；当地煤气供应能力，管线位置、高程等；工程现场通信线路的连接和铺设；当地政府有关部门对施工现场管理的一般要求、特殊要求及规定，是否允许节假日和夜间施工等。

3. 其他条件调查

其他条件调查主要包括各种构件、半成品及商品混凝土的供应能力和价格，以及现场附近的生活设施、治安环境等情况的调查。

二、询价与工程量复核

(一)询价

询价是投标报价中的一个重要环节。工程投标活动中，投标人不仅要考虑投标报价能否中标，还应考虑中标后所承担的风险。因此，在报价前必须通过各种渠道，采用各种方式对所需人工、材料、施工机具等要素进行系统的调查，掌握各要素的价格、质量、供应时间、供应数量等数据。这个过程称为询价。询价除需要了解生产要素价格外，还应了解影响价格的各种因素，这样才能够为报价提供可靠的依据。询价时要特别注意两个问题，一是产品质量必须可靠，并满足招标文件的有关规定；二是供货方式、时间、地点，有无附加条件和费用。

1. 询价的渠道

(1)直接与生产厂商联系。

(2)了解生产厂商的代理人或从事该项业务的经纪人。

(3)了解经营该项产品的销售商。

（4）向咨询公司进行询价，通过咨询公司所得到的询价资料比较可靠，但需要支付一定的咨询费用，也可向同行了解。

（5）通过互联网查询。

（6）自行进行市场调查或信函询价。

2. 生产要素询价

（1）材料询价。材料询价的内容包括调查对比材料价格、供应数量、运输方式、保险和有效期、不同买卖条件下的支付方式等。询价人员在施工方案初步确定后，立即发出材料询价单，并催促材料供应商及时报价。收到询价单后，询价人员应将从各种渠道询得的材料报价及其他有关资料汇总整理。对从不同经销部门得到的同种材料的所有资料进行比较分析，选择合适、可靠的材料供应商的报价，提供给工程报价人员使用。

（2）施工机具询价。在外地施工的需用的施工机具，有时在当地租赁或采购可能更为有利，因此，事前有必要进行施工机具的询价。必须采购的施工机具，可向供应厂商询价。对于租赁的施工机具，可向专门从事租赁业务的机构询价，并应详细了解其计价方法。例如，各种施工机具每台班的租赁费、最低计费起点、施工机具停滞时租赁费及进出场费的计算，燃料费及机上人员工资是否在台班租赁费之内，如需另行计算，这些费用项目的具体数额为多少等。

（3）劳务询价。如果承包人准备在工程所在地招募工人，则劳务询价是必不可少的。劳务询价主要有两种情况：一种是成建制的劳务公司，相当于劳务分包，一般费用较高，但素质较可靠，工效较高，承包人的管理工作较轻；另一种是劳务市场招募零散劳动力，这种方式虽然劳务价格低廉，但有时素质达不到要求或工效较低，且承包人的管理工作较繁重。投标人应在对劳务市场充分了解的基础上决定采用哪种方式，并以此为依据进行投标报价。

3. 分包询价

投标人可以确定拟分包的项目范围，将拟分包的专业工程施工图纸和技术说明送交预先选定的分包单位，请他们在约定的时间内报价，以便进行比较选择，最终选择合适的分包人。对分包人询价应注意以下几点：分包标函是否完整；分包工程单价所包含的内容；分包人的工程质量、信誉及可信赖程度；质量保证措施；分包报价。

（二）复核工程量

工程量清单作为招标文件的组成部分，是由招标人提供的。工程量的大小是投标报价最直接的依据。复核工程量的准确程度，将影响投标人的经营行为：一是根据复核后的工程量与招标文件提供的工程量之间的差距，考虑相应的投标策略，决定报价裕度；二是根据工程量的大小采取合适的施工方法，选择适用、经济的施工机具设备、投入使用相应的劳动力数量等。复核工程量应注意以下几方面：

（1）投标人应认真根据招标说明、图纸、地质资料等招标文件资料，计算主要清单工程量，复核工程量清单。其中应特别注意，按一定顺序进行，避免漏算或重算；正确划分分部分项工程项目，与"清单计价规范"保持一致。

（2）复核工程量的目的不是修改工程量清单，即使有误，投标人也不能修改招标工程量清单中的工程量，因为修改清单将导致在评标时被认为投标文件未响应招标文件而被否决。

（3）针对招标工程量清单中工程量的遗漏或错误，是否向招标人提出修改意见取决于投标策略。投标人可以向招标人提出，由招标人统一修改并把修改情况通知所有投标人；也可以运用一些报价的技巧提高报价的质量，争取在中标后能获得更大的收益。

（4）通过工程量计算复核还能准确地确定订货及采购物资的数量，防止由超量或少购等带来的浪费、积压或停工待料。

在核算完全部招标工程量清单中的细目后，投标人应按大项分类汇总主要工程总量，以便把握整个工程的施工规模，并据此研究如何采用合适的施工方法及选择适用的施工设备等。

三、投标报价的编制原则与依据

投标报价是投标人希望达成工程承包交易的期望价格，在不高于最高投标限价的前提下，保证有合理的利润空间又使之具有一定的竞争性。作为投标报价计算的必要条件，应预先确定施工方案和施工进度，此外，投标报价计算还必须与采用的合同形式相协调。

（一）投标报价的编制原则

报价是投标的关键性工作，报价是否合理不仅直接关系投标的成败，还关系中标后企业的盈亏。投标报价的编制原则如下：

（1）自主报价原则。投标报价由投标人自主确定，但必须执行《建设工程工程量清单计价规范》（GB 50500—2013）的强制性规定。投标报价应由投标人或受其委托的工程造价咨询人编制。

（2）不低于成本原则。《招标投标法》第四十一条规定："中标人的投标应当符合下列条件……（二）能够满足招标文件的实质性要求，并且经评审的投标价格最低；但是投标价格低于成本的除外。"《评标委员会和评标方法暂行规定》（七部委第 12 号令）第二十一条规定："在评标过程中，评标委员会发现投标人的报价明显低于其他投标报价或者在设有标底时明显低于标底，使得其投标报价可能低于其个别成本的，应当要求该投标人作出书面说明并提供相关证明材料。投标人不能合理说明或者不能提供相关证明材料的，由评标委员会认定该投标人以低于成本报价竞标，应当否决其投标。"根据上述法律、规章的规定，特别要求投标人的投标报价不得低于工程成本。

（3）风险分担原则。投标报价要以招标文件中设定的发承包双方责任划分，作为考虑投标报价费用项目和费用计算的基础，发承包双方的责任划分不同，会导致合同风险的分摊不同，从而导致投标人选择不同的报价；根据工程发承包模式考虑投标报价的费用内容和计算深度。

（4）发挥自身优势原则。以施工方案、技术措施等作为投标报价计算的基本条件；以反映企业技术和管理水平的企业定额作为计算人工、材料和机具台班消耗量的基本依据；充分利用现场考察、调研成果、市场价格信息和行情资料，编制基础标价。

（5）科学严谨原则。报价计算方法要科学严谨，简明适用。

（二）投标报价的编制依据

《建设工程工程量清单计价规范》（GB 50500—2013）规定，投标报价应根据下列依据编制：

（1）《建设工程工程量清单计价规范》（GB 50500—2013）与专业工程量计算规范。

（2）企业定额。

（3）国家或省级、行业建设主管部门颁发的计价依据、标准和办法。

（4）招标文件、工程量清单及其补充通知、答疑纪要。

（5）建设工程设计文件及相关资料。

（6）施工现场情况、工程特点及投标时拟定的施工组织设计或施工方案。

（7）与建设项目相关的标准、规范等技术资料。

（8）市场价格信息或工程造价管理机构发布的工程造价信息。

（9）其他的相关资料。

四、投标报价的编制方法和内容

投标报价的编制过程，应首先根据招标人提供的工程量清单编制分部分项工程和措施项目清单与计价表，其他项目清单与计价表，规费、税金项目计价表，编制完成后，汇总得到单位工程投标报价汇总表，再逐级汇总，分别得出单项工程投标报价汇总表和建设项目投标报价汇总表，建设项目施工投标总价组成如图 5-2 所示。

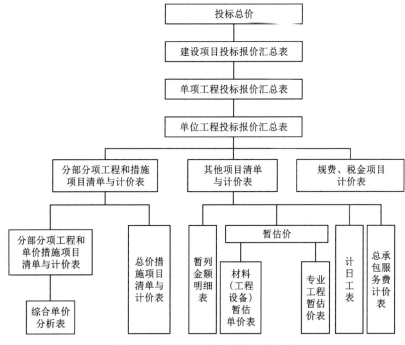

图 5-2　建设项目施工投标总价组成

（一）分部分项工程和措施项目清单与计价表的编制

1. 分部分项工程和单价措施项目清单与计价表的编制

投标报价中的分部分项工程费和以单价计算的措施项目费应按招标文件中分部分项工程和单价措施项目清单与计价表的特征描述确定综合单价计算。因此确定综合单价是分部分项工程和单价措施项目清单与计价表编制过程中最主要的内容。综合单价包括完成一个规定清单项目所需的人工费、材料和工程设备费、施工机具使用费、企业管理费、利润，并考虑风险费用的分摊，计算公式见式(5-5)。

$$综合单价=人工费+材料和工程设备费+施工机具使用费+企业管理费+利润 \quad (5-5)$$

(1)确定综合单价时的注意事项。

1)以项目特征描述为依据。项目特征是确定综合单价的重要依据之一，投标人投标报价时应依据招标文件中清单项目的特征描述确定综合单价。在招标投标过程中，当出现招标工程量清单特征描述与设计图纸不符时，投标人应以招标工程量清单的项目特征描述为准，确定投标报价的综合单价。当施工中施工图纸或设计变更与招标工程量清单项目特征描述不一致时，发、承包双方应按实际施工的项目特征，依据合同约定重新确定综合单价。

2)材料、工程设备暂估价的处理。招标文件的其他项目清单中提供了暂估单价的材料和工程设备，其中的材料应按其暂估的单价计入清单项目的综合单价中。

3)考虑合理的风险。招标文件中要求投标人承担的风险费用，投标人应考虑并计入综合单价。在施工过程中，当出现的风险内容及其范围(幅度)在招标文件规定的范围(幅度)内时，综合单价不得变动，合同价款不做调整。根据国际惯例并结合我国工程建设的特点，发、承包双方对工程施工阶段的风险宜采用如下分摊原则：

①对于主要由市场价格波动导致的价格风险，如工程造价中的建筑材料、燃料等价格风险，发、承包双方应当在招标文件或合同中对此类风险的范围和幅度予以明确约定，并进行合理分摊。根据工程特点和工期要求，一般采取的方式是承包人承担5%以内的材料、工程设备价格风险，10%以内的施工机具使用费风险。

②对于法律、法规、规章或有关政策出台导致工程税金、规费、人工费发生变化，并由省级、行业建设行政主管部门或其授权的工程造价管理机构根据上述变化发布的政策性调整，以及由政府定价或政府指导价管理的原材料等价格进行了调整，承包人不应承担此类风险，应按照有关调整规定执行。

③对于承包人根据自身技术水平、管理、经营状况能够自主控制的风险，如承包人的管理费、利润的风险，承包人应结合市场情况，根据企业自身的实际合理确定、利用企业定额自主报价，该部分风险由承包人承担。

(2)综合单价确定的步骤和方法。当分部分项工程内容比较简单，由单一计价子项计价，且《建设工程工程量清单计价规范》(GB 50500—2013)与所用企业定额中的工程量计算规则相同时，综合单价的确定只需以相应企业定额子目中的人、材、机费为基数计算管理费、利润，再考虑相应的风险费用即可；当工程量清单给出的分部分项工程与所用企业定额的单位不同或工程量计算规则不同时，则需要按企业定额的计算规则重新计算工程量，并按照下列步骤来确定综合单价。

1)确定计算基础。计算基础主要包括消耗量指标和生产要素单价。应根据本企业的实际消耗量水平，并结合拟定的施工方案确定完成清单项目需要消耗的各种人工、材料、施工机具台班的数量。计算时应采用企业定额或参照与本企业实际水平相近的国家、地区、行业计价依据和计价标准，并通过调整来确定清单项目的人、材、机单位用量。各种人工、材料、施工机具台班的单价，则应根据询价的结果和市场行情综合确定。

2)分析每一清单项目的工程内容。在招标工程量清单中，招标人已对项目特征进行了准确、详细的描述，投标人应根据这一描述，再结合施工现场情况和拟定的施工方案确定完成各清单项目实际应发生的工程内容，必要时可参照《建设工程工程量清单计价规范》(GB 50500—2013)中提供的工程内容，有些特殊的工程也可能出现规范列表之外的工程内容。

3)计算工程内容的工程数量与清单单位的含量。每一项工程内容都应根据企业定额的工程量计算规则计算其工程数量，当企业定额的工程量计算规则与清单的工程量计算规则相同时，可直接以工程量清单中的工程量作为工程内容的工程数量。

当采用清单单位含量计算人工费、材料费、施工机具使用费时，还需要计算每一计量单位的清单项目所分摊的工程内容的工程数量，即清单单位含量，计算公式见式(5-6)。

$$清单单位含量 = 某工程内容的企业定额工程量 / 清单工程量 \tag{5-6}$$

4)分部分项工程人工费、材料费、施工机具使用费用的计算。以完成每一计量单位的清单项目所需的人工、材料、施工机具用量为基础计算，计算公式见式(5-7)：

$$每一计量单位清单项目某种资源的使用量 = 该种资源的企业定额单位用量 \times$$
$$相应企业定额条目的清单单位含量 \tag{5-7}$$

再根据预先确定的各种生产要素的单位价格可计算出每一计量单位清单项目的分部分项工程的人工费、材料费与施工机具使用费。

当招标人提供的其他项目清单中列示了材料暂估价时，应根据招标人提供的价格计算材料费，并在分部分项工程项目清单与计价表中体现。

5)计算综合单价。企业管理费和利润的计算可按照规定的取费基数及一定的费率计算，若以人工费与施工机具使用费之和为取费基数，计算公式见式(5-8)和式(5-9)：

$$企业管理费 = (人工费 + 施工机具使用费) \times 企业管理费费率 \tag{5-8}$$
$$利润 = (人工费 + 施工机具使用费) \times 利润率 \tag{5-9}$$

将上述五项费用汇总，并考虑合理的风险费用后，即可得到清单综合单价。根据计算出的综合单价，可编制分部分项工程和单价措施项目清单与计价表，如表5-2所示。

表5-2 分部分项工程和单价措施项目清单与计价表(投标报价)

工程名称：××中学教学楼工程　　　　　　标段：　　　　　　　　第　页　共　页

序号	项目编码	项目名称	项目特征描述	计量单位	工程量	金额/元		
						综合单价	合价	其中：暂估价
		······						
		0105 混凝土及钢筋混凝土						
6	0105 0300 1001	基础梁	C30 预拌混凝土	m³	208	356.14	74077	
7	0105 1500 1001	现浇构件钢筋	螺纹钢 Q235，$\phi14$	t	200	4787.16	957432	800000
		······						
		分部小计					2432419	80000
		······						

续表5-2

序号	项目编码	项目名称	项目特征描述	计量单位	工程量	金额/元	
			0117 措施项目				
16	0117 0100 1001	综合脚手架	砖混、檐高 22 m	m²	10940	19.80	216612
			......				
		分部小计				738257	
		合计				6318410	800000

（3）工程量清单综合单价分析表的编制。为表明综合单价的合理性，投标人应对其进行单价分析，以作为评标时的判断依据。综合单价分析表的编制应反映上述综合单价的编制过程，并按照规定的格式进行，如表5-3所示。

表 5-3　工程量清单综合单价分析表

工程名称：××中学教学楼工程　　　　　标段：　　　　　　　第　页　共　页

项目编码	010515001001				项目名称	现浇钢筋构件	计量单位	t	工程量	200

清单综合单价组成明细

企业定额编号	企业定额名称	企业定额单位	数量	单价/元				合价/元			
				人工费	材料费	机具费	管理费和利润	人工费	材料费	机具费	管理费和利润
AD0899	现浇构件钢筋制安	t	1.07	275.47	4044.58	58.34	95.60	294.75	4327.70	62.42	102.29
人工单价				小计				294.75	4327.70	62.42	102.29
80 元/工日				未计价材料费							

材料费明细	主要材料名称、规格、型号	单位	数量	单价/元	合价/元	暂估单价/元	暂估合价/元
	螺纹钢 Q235, φ14	t	1.07	—	—	4000	4280
	焊条	kg	8.64	4	34.56	—	—
	其他材料费			—	13.14	—	—
	材料费小计			—	47.70	—	4280

2.总价措施项目清单与计价表的编制

对于不能精确计量的措施项目，应编制总价措施项目清单与计价表。投标人对措施项目

中的总价项目投标报价时应遵循以下原则：

（1）措施项目的内容应依据招标人提供的措施项目清单和投标人投标时拟定的施工组织设计或施工方案确定。

（2）措施项目费由投标人自主确定，但其中安全文明施工费必须按照国家或省级、行业建设主管部门的规定计价，不得作为竞争性费用。招标人不得要求投标人对该项费用进行优惠，投标人也不得将该项费用参与市场竞争。

投标报价时总价措施项目清单与计价表的编制，如表5-4所示。

表5-4 总价措施项目清单与计价表

工程名称：××中学教学楼工程　　　　　标段：　　　　　　　第　页　共　页

序号	项目编码	项目名称	计算基础	费率/%	金额/元	调整后费率/%	调整后金额/元	备注
1	011707001001	安全文明施工费	人工费	25	209650			
2	011707002001	夜间施工增加费	人工费	1.5	12579			
3	011707004001	二次搬运费	人工费	1	8386			
4	011707005001	冬雨季施工增加费	人工费	0.6	5032			
5	011707007001	已完工程及设备保护费			6000			
		……						
合计					241647			

（二）其他项目清单与计价表的编制

其他项目费主要由暂列金额、暂估价、计日工及总承包服务费组成，如表5-5所示。

表5-5 其他项目清单与计价表

工程名称：××中学教学楼工程　　　　　标段：　　　　　　　第　页　共　页

序号	项目名称	金额/元	结算金额/元	备注
1	暂列金额	350000		明细详见表5-6
2	暂估价	200000		
2.1	材料(工程设备)暂估价/结算价			明细详见表5-7
2.2	专业工程暂估价/结算价	200000		明细详见表5-8
3	计日工	26528		明细详见表5-9

续表5-5

序号	项目名称	金额/元	结算金额/元	备注
4	总承包服务费	20760		明细详见表5-10
	………			
	合计	597288		

投标人对其他项目费投标报价时应遵循以下原则：

（1）暂列金额应按照招标人提供的其他项目清单中列出的金额填写，不得变动，如表5-6所示。

表 5-6　暂列金额明细表

工程名称：××中学教学楼工程　　　　　　　　标段：　　　　　　　　第　页　共　页

序号	项目名称	计量单位	暂定金额/元	备注
1	自行车棚工程	项	100000	正在设计图纸
2	工程量偏差和设计变更	项	100000	
3	政策性调整和材料价格波动	项	100000	
4	其他	项	50000	
	………			
	合计		350000	

（2）暂估价不得变动和更改。暂估价中的材料、工程设备暂估价必须按照招标人提供的暂估单价计入清单项目的综合单价，如表5-7所示；专业工程暂估价必须按照招标人提供的其他项目清单中列出的金额填写，如表5-8所示。材料、工程设备暂估价和专业工程暂估价均由招标人提供，为暂估价格，在工程实施过程中，对不同类型的材料与专业工程采用不同的计价方法。

表 5-7　材料（工程设备）暂估价表

工程名称：××中学教学楼工程　　　　　　　　标段：　　　　　　　　第　页　共　页

序号	材料（工程设备）名称、规格、型号	计量单位	数量		暂估/元		确定/元		差额(±)/元		备注
			暂估	确认	单价	合价	单价	合价	单价	合价	
1	钢筋（规格见施工图）	t	200		4000	800000					用于现浇钢筋混凝土项目
2	低压开关柜（CGD190380/220 V）	台	1		45000	45000					用于低压开关柜安装项目
	………										
	合计					845000					

表5-8　专业工程暂估价表

工程名称：××中学教学楼工程　　　　　　标段：　　　　　　　　　　　第　页　共　页

序号	工程名称	工程内容	暂估金额/元	结算金额/元	差额(±)/元	备注
1	消防工程	合同图纸中标明的及消防工程规范和技术说明中规定的各系统中的设备、管道、阀门、线缆等的供应、安装和调试工作	200000			
	......					
	合计		200000			

（3）计日工应按照招标人提供的其他项目清单列出的项目和估算的数量，自主确定各项综合单价并计算费用，如表5-9所示。

表5-9　计日工表

工程名称：××中学教学楼工程　　　　　　标段：　　　　　　　　　　　第　页　共　页

序号	工程名称	单位	暂估数量	实际数量	综合单价/元	合价/元 暂定	合价/元 实际
一	人工						
1	普工	工日	100		80	8000	
2	技工	工日	60		110	6600	
	......						
	人工小计					14600	
二	材料						
1	钢筋（规格见施工图）	t	1		4000	4000	
2	水泥42.5	t	2		600	1200	
3	中砂	m^3	10		80	800	
4	砾石（5~40 mm）	m^3	5		42	210	
5	页岩砖（240 mm×115 mm×53 mm）	千匹	1		300	300	
	......						
	材料小计					6510	
三	施工机具						
1	自升式塔吊起重机	台班	5		550	2750	
2	灰浆搅拌机（400 L）	台班	2		20	40	
	......						

续表5-9

序号	工程名称	单位	暂估数量	实际数量	综合单价/元	合价/元	
						暂定	实际
	施工机具小计					2790	
四	企业管理费和利润(按人工费18%计)					2628	
	合计					26528	

(4)总承包服务费应根据招标人在招标文件中列出的分包专业工程内容和供应材料、设备情况,按照招标人提出的协调、配合与服务要求和施工现场管理需要自主确定,如表5-10所示。

表5-10　总承包服务费计价表

工程名称:××中学教学楼工程　　　　　　　标段:　　　　　　　第　页　共　页

序号	项目名称	项目价值/元	服务内容	计算基础	费率/%	金额/元
1	发包人发包专业工程	200000	1. 按专业工程承包人的要求提供施工工作面并对施工现场进行统一管理,对竣工资料进行统一整理汇总。 2. 为专业工程承包人提供垂直运输机械和焊接电源接入点,并承担垂直运输费和电费	项目价值	7	14000
2	发包人提供材料	845000	对发包人供应的材料进行验收、保管和使用发放	项目价值	0.8	6760
	……					
	合计					20760

(三)规费、税金项目计价表的编制

规费和税金应按国家或省级、行业建设主管部门的有关规定计算,不得作为竞争性费用。

这是由于规费和税金的计取标准是依据有关法律、法规和政策规定制定的,具有强制性。因此,投标人在投标报价时必须按照国家或省级、行业建设主管部门的有关规定计算规费和税金。规费、税金项目计价表的编制,如表5-11所示。

表5-11　规费、税金项目计价表

工程名称:××中学教学楼工程　　　　　　　标段:　　　　　　　第　页　共　页

序号	项目名称	计算基础	计算基数	费率/%	金额/元
1	规费				239001
1.1	社会保险费				188685

续表5-11

序号	项目名称	计算基础	计算基数	费率/%	金额/元
(1)	养老保险费	人工费		14	117404
(2)	失业保险费	人工费		2	16772
(3)	医疗保险费	人工费		6	50316
(4)	工伤保险费	人工费		0.25	2096.5
(5)	生育保险费	人工费		0.25	2096.5
1.2	住房公积金	人工费		6	50316
2	税金	人工费+材料费+施工机具使用费+企业管理费+利润+规费		9	710330
	合计				949331

(四)投标报价的汇总

投标人的投标总价应当与组成工程量清单的分部分项工程费、措施项目费、其他项目费和规费、税金的合计金额一致，即投标人在进行工程量清单招标的投标报价时，不能进行投标总价优惠(或降价、让利)，投标人对投标报价的任何优惠(或降价、让利)均应反映在相应清单项目的综合单价中。

投标人某单位工程投标报价汇总表，如表5-12所示。

表5-12 单位工程投标报价汇总表

工程名称：××中学教学楼工程　　　　　标段：　　　　　　　　　　第 页 共 页

序号	汇总内容	金额/元	其中：暂估价/元
1	分部分项工程	6318410	845000
	……		
0105	混凝土及钢筋混凝土工程	2432419	800000
	……		
2	措施项目	738257	
2.1	其中：安全文明施工费	209650	
3	其他项目	597288	
3.1	其中：暂列金额	350000	
3.2	其中：专业工程暂估价	200000	
3.3	其中：计日工	26528	
3.4	其中：总承包服务费	20760	
4	规费	239001	

续表5-12

序号	汇总内容	金额/元	其中：暂估价/元
5	税金	710330	
	投标报价合计＝1+2+3+4+5	8603286	845000

五、编制投标文件

(一)投标文件的内容

投标人应当按照招标文件的要求编制投标文件。投标文件应当包括下列内容：

(1)投标函及投标函附录。

(2)法定代表人身份证明或附有法定代表人身份证明的授权委托书。

(3)联合体协议书(如工程允许采用联合体投标)。

(4)投标保证金。

(5)已标价工程量清单。

(6)施工组织设计。

(7)项目管理机构。

(8)拟分包项目情况表。

(9)资格审查资料。

(10)招标文件要求提供的其他材料。

(二)投标文件编制时应遵循的规定

(1)投标文件应按"投标文件格式"进行编写，如有必要，可以增加附录，作为投标文件的组成部分。其中，投标函附录在满足招标文件实质性要求的基础上，可以提出比招标文件要求更能吸引招标人的承诺。

(2)投标文件应当对招标文件有关工期、投标有效期、质量要求、技术标准和要求、招标范围等实质性内容做出响应。

(3)投标文件应由投标人的法定代表人或其委托代理人签字和盖单位章。委托代理人签字的，投标文件应附法定代表人签署的授权委托书。投标文件应尽量避免涂改、行间插字或删除。如果出现上述情况，改动之处应加盖单位章或由投标人的法定代表人或其授权的代理人签字确认。

(4)投标文件正本一份，副本份数按招标文件有关规定确定。正本和副本的封面上应清楚地标记"正本"或"副本"的字样。投标文件的正本与副本应分别装订成册，并编制目录。当副本和正本不一致时，以正本为准。

(5)除招标文件另有规定外，投标人不得递交备选投标方案。允许投标人递交备选投标方案的，只有中标人所递交的备选投标方案方可予以考虑。评标委员会认为中标人的备选投标方案优于其按照招标文件要求编制的投标方案的，招标人可以接受该备选投标方案。

（三）投标文件的递交

投标人应当在招标文件规定的提交投标文件的截止时间前，将投标文件密封并送达投标地点。招标人收到招标文件后，应当向投标人出具标明签收人和签收时间的凭证，在开标前任何单位和个人不得开启投标文件。在招标文件要求提交投标文件的截止时间后送达或未送达指定地点的投标文件，为无效的投标文件，招标人不予受理。有关投标文件的递交还应注意以下问题。

1. 投标保证金与投标有效期

（1）投标人在递交投标文件时，若招标文件要求递交投标保证金的，应按规定的日期、金额、形式递交投标保证金，并作为其投标文件的组成部分。联合体投标的，其投标保证金由牵头人或联合体各方递交，并应符合规定。投标保证金除现金外，可以是银行出具的银行保函、保兑支票、银行汇票或现金支票。投标保证金数额不得超过项目估算价的2%，具体标准可遵照各行业规定。依法必须进行招标的项目的境内投标单位，以现金或者支票形式递交的投标保证金，应当从其基本账户转出。投标人不按要求递交投标保证金的，其投标文件应被否决。

出现下列情况的，投标保证金将不予返还：

1）投标人在规定的投标有效期内撤销或修改其投标文件。

2）中标人在收到中标通知书后，无正当理由拒签合同协议书或未按招标文件规定递交履约担保。

（2）投标有效期。投标有效期是招标人对投标人发出的邀约作出承诺的期限，也是投标人就其递交的投标文件承担相关义务的期限。投标有效期从投标截止时间开始计算，主要用作组织评标委员会评标、招标人定标、发出中标通知书及签订合同等工作，一般考虑以下因素：

1）组织评标委员会完成评标需要的时间。

2）确定中标人需要的时间。

3）签订合同需要的时间。

投标有效期的期限可根据项目特点确定，一般项目投标有效期为60~90天。投标保证金的有效期应与投标有效期保持一致。

出现特殊情况需要延长投标有效期的，招标人以书面形式通知所有投标人延长投标有效期。投标人同意延长的，应相应延长其投标保证金的有效期，但不得要求或被允许修改其投标文件的实质性内容；投标人拒绝延长的，其投标失效，但投标人有权收回其投标保证金。

2. 投标文件的递交方式

（1）投标文件的密封和标识。投标文件的正本与副本应分开包装，加贴封条，并在封套上清楚标记"正本"或"副本"字样，于封口处加盖投标人单位章。

投标文件的修改与撤回。在规定的投标截止时间前，投标人可以修改或撤回已递交的投标文件，但应以书面形式通知招标人。在招标文件规定的投标有效期内，投标人不得要求撤销或修改其投标文件。

（2）费用承担与保密责任。投标人准备和参加投标活动发生的费用自理。参与招标投标活动的各方应对招标文件和投标文件中的商业和技术等机密保密，违者应对由此造成的后果承担法律责任。

(四)对投标行为的限制性规定

1.联合体投标

两个以上法人或者其他组织可以组成一个联合体,以一个投标人的身份共同投标。联合体投标需遵循以下规定:

(1)联合体各方应按招标文件提供的格式签订联合体协议书,联合体各方应当指定牵头人,授权其代表所有联合体成员负责投标和合同实施阶段的主办、协调工作,并应当向招标人提交由所有联合体成员法定代表人签署的授权书。

(2)联合体各方签订共同投标协议后,不得再以自己名义单独投标,也不得组成新的联合体或参加其他联合体在同一项目中的投标。联合体各方在同一招标项目中以自己名义单独投标或者参加其他联合体投标的,相关投标均无效。

(3)招标人接受联合体投标并进行资格预审的,联合体应当在提交资格预审申请文件前组成。资格预审后联合体增减、更换成员的,投标无效。

(4)由同一专业的单位组成的联合体,按照资质等级较低的单位确定资质等级。

(5)联合体投标的,应当以联合体各方或者联合体中牵头人的名义递交投标保证金。以联合体中牵头人名义递交的投标保证金,对联合体各方具有约束力。

2.串通投标

在投标过程有串通投标行为的,招标人或有关管理机构可以认定该行为无效。

(1)有下列情形之一的,属于投标人相互串通投标:

1)投标人之间协商投标报价等投标文件的实质性内容。

2)投标人之间约定中标人。

3)投标人之间约定部分投标人放弃投标或者中标。

4)属于同一集团、协会、商会等组织成员的投标人按照该组织要求协同投标。

5)投标人之间为谋取中标或者排斥特定投标人而采取的其他联合行动。

(2)有下列情形之一的,视为投标人相互串通投标:

1)不同投标人的投标文件由同一单位或者个人编制。

2)不同投标人委托同一单位或者个人办理投标事宜。

3)不同投标人的投标文件载明的项目管理成员为同一人。

4)不同投标人的投标文件异常一致或者投标报价呈规律性差异。

5)不同投标人的投标文件相互混装。

6)不同投标人的投标保证金从同一单位或者个人的账户转出。

(3)有下列情形之一的,属于招标人与投标人串通投标:

1)招标人在开标前开启投标文件并将有关信息泄露给其他投标人。

2)招标人直接或者间接向投标人泄露标底、评标委员会成员等信息。

3)招标人明示或者暗示投标人压低或者抬高投标报价。

4)招标人授意投标人撤换、修改投标文件。

5)招标人明示或者暗示投标人为特定投标人中标提供方便。

6)招标人与投标人为谋求特定投标人中标而采取的其他串通行为。

第六章　水灭火系统 BIM 模型

▶ 第一节　水灭火系统组成

水灭火系统包括消火栓灭火系统和自动喷水灭火系统。

一、消火栓灭火系统

消火栓灭火系统包括室内消火栓灭火系统和室外消火栓灭火系统。

室内消火栓灭火系统是最常用的灭火系统，由水源、消防管道及室内消火栓等组成。当室外给水管网的水压不能满足室内消防要求时，还要设置消防水泵和水箱。这些设备的电气控制包括水池的水位控制、消防用水和加压水泵的启动。

室外消火栓是一种用于向消防车供水或直接与水带、水枪连接进行灭火的、室外必备的消防供水的专用设施。室外消火栓给水灭火系统主要由市政供水管网或室外消防给水管网、消防水池、消防水泵和室外消火栓组成。

(一) 消火栓

1. 室内消火栓的分类

1) 室内消火栓按出水口形式可分为：单出口[图 6-1(a)]和双出口[图 6-1(b)]。

2) 室内消火栓按栓阀数量可分为：单栓[图 6-1(b)]和双栓[图 6-1(c)]。

3) 室内消火栓按结构形式可分为：直角出口型、45°出口型、旋转型、减压型、旋转减压型、减压稳压型[图 6-1(d)]、旋转减压稳压型等。

2. 室内消火栓的组成

室内消火栓是室内管网向火场供水的带有阀门的接口，为室内固定消防设施，通常由消防水枪、消防水带、消火栓龙头组成，设于有玻璃门的室内消火栓箱中，如图 6-2(a) 所示。

1) 消防水带。

消防水带为引水的软管，以麻线等材料织成，可衬橡胶里。消防水带附件有水带包布、水带挂钩、水带护桥、接口、分水器等。消防水带常用直径为 50 mm 和 65 mm，每个消火栓配备一条(盘)消防水带，消防水带两头为内扣式标准接口，消防水带长度为 20 m，最长不应

(a) 单出口室内消火栓

(b) 双出口室内消火栓

(c) 双阀双出口室内消火栓

(d) 减压稳压型室内消火栓

图 6-1 室内消火栓

大于 25 m，消防水带一头与消火栓出口连接，另一头与消防水枪连接，如图 6-2(b)所示。

2) 消防水枪。

消防水枪是灭火的主要工具，用其与消防水带连接会喷射密集充实的水流，具有射程远、水量大等优点。其作用在于收缩水流，增加流速，产生击灭火焰的充实水柱。根据射流形式和特征不同，消防水枪可分为：直流水枪、喷雾水枪、多用水枪等。其中，常用的消防水枪是直流水枪和喷雾水枪。

消防水枪喷口直径有 13 mm、16 mm、19 mm 三种，多用不易锈蚀材料制作，如铜、铝合金及尼龙塑料等，如图 6-2(c)所示。13 mm 消防水枪与 50 mm 消防水带配套；16 mm 消防水枪与 50 mm 或 65 mm 的消防水带配套；19 mm 消防水枪与 65 mm 消防水带配套。

3) 消火栓龙头。

消火栓龙头用以控制消防水带中水流的阀门装设在消防立管上，一般用铜制成，口径分别为 50 mm 和 65 mm，如图 6-2(d)所示。

(a) 室内消火栓

(b) 消防水带

(c) 消防水枪

(d) 消火栓龙头

图 6-2 室内消火栓及其组成

3. 室外消火栓分类

按安装形式不同，室外消火栓可分为：地上式消火栓、地下式消火栓和室外直埋伸缩式消火栓，如图 6-3 所示。

(a) 地上式消火栓　　　　(b) 地下式消火栓　　　　(c) 室外直埋伸缩式消火栓

图 6-3　室外消火栓

按其进水口连接形式，室外消火栓可分为承插式和法兰式两种，即消火栓的进水口与城市自来水管网的连接方式。

按其进水口的公称通径，室外消火栓可分为 100 mm 和 150 mm 两种。进水口公称通径为 100 mm 的消火栓，其吸水管出水口应选用规格为 100 mm 消防接口，消防水带出水口应选用规格为 65 mm 的消防接口。进水口公称通径为 150 mm 的消火栓，其吸水管出水口应选用规格为 150 mm 消防接口，消防水带出水口应选用规格为 80 mm 的消防接口。

按其公称压力，室外消火栓可分为 1.0 MPa 和 1.6 MPa 两种。其中，承插式的消火栓为 1.0 MPa，法兰式的消火栓为 1.6 MPa。

(二) 管网

(1) 管道的直径应根据流量、流速和压力要求经计算确定，但不应小于 DN100。

(2) 埋地管道宜采用球墨铸铁管、钢丝网骨架塑料复合管和加强防腐的钢管等管材，室内外架空管道应采用热浸锌镀锌钢管等金属管材。

(3) 埋地钢管连接宜采用沟槽连接件 (卡箍) 和法兰，架空管道宜采用沟槽连接件 (卡箍)、螺纹、法兰、卡压等方式连接，不宜采用焊接连接。当管径小于或等于 DN50 时，应采用螺纹和卡压连接，当管径大于 DN50 时，应采用沟槽连接件连接、法兰连接，当安装空间较小时应采用沟槽连接件连接。

(4) 埋地管道的阀门宜采用带启闭刻度的暗杆闸阀，当设置在阀门井内时，可采用耐腐蚀的明杆闸阀。室内架空管道的阀门宜采用蝶阀、明杆闸阀或带启闭刻度的暗杆闸阀等；室外架空管道宜采用带启闭刻度的暗杆闸阀或耐腐蚀的明杆闸阀。

(5) 埋地管道的阀门应采用球墨铸铁阀门，室内架空管道的阀门应采用球墨铸铁或不锈钢阀门，室外架空管道的阀门应采用球墨铸铁阀门或不锈钢阀门。

(三)供水设施

1. 消防水泵

(1)消防水泵驱动器宜采用电动机或柴油机直接传动,消防水泵不应采用双电动机或基于柴油机等组成的双动力驱动水泵。

(2)消防水泵机组应由消防水泵、消防水泵驱动器和专用控制柜等组成;一组消防水泵可由同一消防给水系统的工作泵和备用泵组成。

(3)消防水泵的主要材质应符合下列规定:水泵外壳宜为球墨铸铁;叶轮宜为青铜或不锈钢。

2. 稳压泵

(1)稳压泵宜采用单吸单级或单吸多级离心泵;泵外壳和叶轮等主要部件的材质宜采用不锈钢。

(2)稳压泵吸水管应设置明杆闸阀,稳压泵出水管应设置消声止回阀和明杆闸阀。

(3)稳压泵应设置备用泵。

3. 高位消防水箱

(1)高位消防水箱可采用热浸锌镀锌钢板、钢筋混凝土、不锈钢板等建造。

(2)高位消防水箱出水管管径应满足消防给水设计流量的出水要求,且不应小于 DN100。

(3)高位消防水箱出水管应位于高位消防水箱最低水位以下,并应设置防止消防用水进入高位消防水箱的止回阀。

(4)高位消防水箱的进、出水管应设置带有指示启闭装置的阀门。

4. 消防水泵接合器

(1)消防水泵接合器应设在室外便于消防车使用的地点,距室外消火栓或消防水池的距离不宜小于 15 m,且不宜大于 40 m。

(2)墙壁消防水泵接合器的安装高度宜为距地面 0.70 m;与墙面上的门、窗、孔、洞的净距离不应小于 2.0 m,且不应安装在玻璃幕墙下方;地下消防水泵接合器的安装,应使进水口与井盖底面的距离不大于 0.40 m,且不应小于井盖的半径。

(3)水泵接合器处应设置永久性标志铭牌,并应标明供水系统、供水范围和额定压力。

二、自动喷水灭火系统

自动喷水灭火系统是一种在发生火灾时,通过加压设备将水送入管网带有热敏元件的喷头处,喷头在火灾的热环境中自动开启洒水灭火并同时发出火警信号的消防灭火设施,具有工作性能稳定、适应范围广、安全可靠、控火灭火成功率高、维护简便等优点,是有效的扑救初期火灾自动灭火设施,能有效抑制轰燃的发生,使火灾在初期阶段就被有效控制和扑灭。

自动喷水灭火系统由洒水喷头、报警阀组、水流报警装置(水流指示器或压力开关)等组件,以及管道、供水设施组成。湿式自动喷水灭火系统工作原理图如图 6-4 所示。

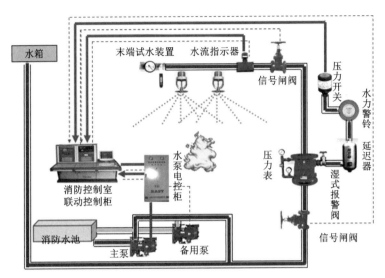

图 6-4　湿式自动喷水灭火系统工作原理图

(一) 洒水喷头

自动喷水灭火喷头是灭火的关键组件,具有探测火灾、启动系统和喷水灭火等功能,自动喷水灭火喷头分为开式喷头和闭式喷头。开式喷头包括开式洒水喷头、水幕喷头、喷雾喷头。闭式喷头分为一般闭式喷头和特殊喷头。洒水喷头按开启方式分为玻璃球喷头、易熔合金喷头等;按喷洒方式分为上喷喷头、下喷喷头、侧喷头等;按保护对象分为普通喷头、水幕喷头、水雾喷头、快速响应头等,如图 6-5 所示。

(二) 报警阀组

报警阀具有接通或切断水源,开启报警器及报警联动系统功能的装置,一般可分为湿式报阀、干式报警阀、预作用报警阀和雨淋式报警阀等。

1.湿式报警阀

湿式报警阀主要由报警阀、水力警铃、延迟器、压力开关、压力表、排水阀、试验球阀等组成,如图 6-6(a)所示。

2.干式报警阀

干式报警阀是在其出口侧充以压缩气体,当气压低于某一定值时,能使水自动流入喷水系统并进行报警的单向阀,如图 6-6(b)所示。

3.预作用报警阀

预作用报警阀平时靠供水压力为锁定机构提供动力,将阀瓣扣住;探测器或探测喷头动作后,锁定机构上作用的供水压力迅速降低,从而使阀板脱口、开启,供水进入消防管网。预作用报警阀组主要由预作用阀、水力警铃、压力开关、空压机、控制阀、启动装置构成,如图 6-6(c)所示,一般应用于闭式管网系统,主要由雨淋式报警阀和湿式报警阀上、下串接而成,启动作原理与雨淋式报警阀类似。

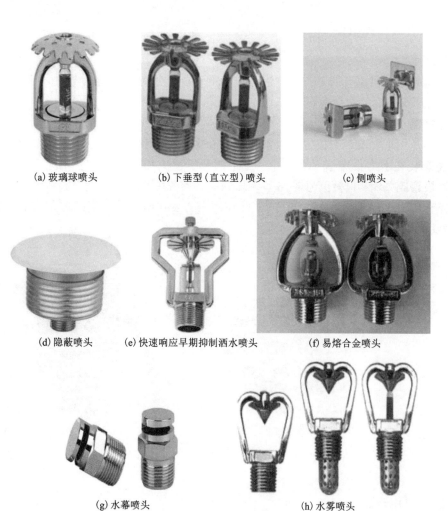

(a) 玻璃球喷头　　　(b) 下垂型（直立型）喷头　　　(c) 侧喷头

(d) 隐蔽喷头　　(e) 快速响应早期抑制洒水喷头　　(f) 易熔合金喷头

(g) 水幕喷头　　　　　(h) 水雾喷头

图 6-5　洒水喷头

4. 雨淋式报警阀

雨淋式报警阀是通过湿式、干式、电气或手动等控制方式进行启动，使水能够自动单方向流入喷水系统，同时进行报警的一种单向阀，如图 6-6(d)所示，广泛应用于雨淋系统、预作用系统、水雾系统和水幕系统。

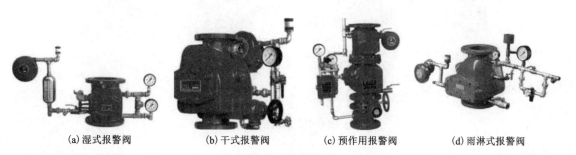

(a) 湿式报警阀　　　(b) 干式报警阀　　　(c) 预作用报警阀　　　(d) 雨淋式报警阀

图 6-6　报警阀组

(三) 报警阀相关组件

1. 监测器

监测器是用来对系统的工作状态进行监测的设施,分为水流指示器、阀门限位器、压力监测器、气压保持器和水位监视器等。

2. 报警器

报警器是用来发出声响报警信号的装置,分为水力警铃和压力开关等,如图6-7所示。压力开关安装在水力报警信号管路上,用于监测管网内的水压状态,并自动连接开启消水泵。平时报警阀关闭,报警信号管路呈无压状态,系统一旦开启,报警阀将被打开,报警信号管路充有压力水,压力开关动作,向消防控制中心发送电信号。消防控制中心接到压力开关的信号后,便自动控制开启消防水泵。

(a) 水力警铃   (b) 压力开关

图6-7 报警器

(四) 水流指示器

水流指示器通常安装于管网配水干管或配水管的始端,用于显示火警发生区域,启动各种报警装置或消防水泵等电气设备。水流指示器分为焊接式、法兰式、鞍座式、沟槽式,如图6-8所示,适用于湿式、干式及预作用等自动喷水灭火系统。

(a) 焊接式   (b) 法兰式   (c) 鞍座式   (d) 沟槽式

图6-8 水流指示器

水流指示器由本体、微型开关、桨片及法兰底座等组成。它竖直安装在系统配水管网的水平管路上或各分区的分支管上。发生火灾时，喷头开启喷水，当有水流过装有水流指示器的管道时，流动的水推动桨片，使电接点接通，将水流信号转换为电信号，输出电动报警信号到消防控制中心。其用于检测自动喷水灭火系统运行状况及确定火灾发生区域和部位。

(五) 管道系统

自动喷水系统的管道，若以报警阀为单元划分，报警阀前的管道称为供水管道，报警阀后的管道称为配水管道。自动喷水灭火系统设有 2 个及 2 个以上报警阀组时，其供水管道应设置成环状。

(六) 末端试水装置

末端试水装置专用于测试系统能否在开放一只喷头的最不利条件下可靠报警并正常启动，对水流指示器、报警阀、压力开关、水力警铃的动作是否正常，配水管道是否畅通，以及对最不利点处的工作压力进行综合检验，如图 6-9 所示。

图 6-9　末端试水装置

第二节　水灭火系统清单工程量计算规则

一、相关问题及说明

(一) 工程量有效位数

工程计量时每一项目汇总的有效位数应遵守下列规定：
(1) 以 t 为单位，应保留小数点后三位数字，第四位小数四舍五入。
(2) 以 m、m²、m³、kg 为单位，应保留小数点后两位数字，第三位小数四舍五入。
(3) 以台、个、件、套、根、组、系统等为单位，应取整数。

(二)基本安装高度

项目安装高度若超过基本高度时,应在"项目特征"中描述。消防工程及相关工程基本安装高度为:消防工程 5 m;给排水、采暖、燃气工程 3.6 m;电气设备安装工程 5 m;刷油、防腐蚀、绝热工程 6 m。

(三)管道界限的划分

(1)喷淋系统水灭火管道:室内外界限应以建筑物外墙皮 1.5 m 为界,入口处设阀门者应以阀门为界;设在高层建筑物内的消防泵间管道应以泵间外墙皮为界。

(2)消火栓管道:给水管道室内外界限划分应以外墙皮 1.5 m 为界,入口处设阀门者应以阀门为界。

(3)与市政给水管道的界限:以与市政给水管道碰头点(井)为界。

二、水灭火系统工程量清单

水灭火系统工程量清单项目设置、项目特征描述的内容,计量单位及工程量计算规则,应按表 6-1 的规定执行。

表 6-1　水灭火系统(编码:030901)

项目编码	项目名称	项目特征	计量单位	工程量计算规则	工作内容
030901001	水喷淋钢管	1. 安装部位 2. 材质、规格 3. 连接形式 4. 钢管镀锌设计要求 5. 压力试验及冲洗设计要求 6. 管道标识设计要求	m	按设计图管道中心线以长度计算	1. 管道及管件安装 2. 钢管镀锌 3. 压力试验 4. 冲洗 5. 管道标识
030901002	消火栓钢管				
030901003	水喷淋(雾)喷头	1. 安装部位 2. 材质、型号、规格 3. 连接形式 4. 装饰盘设计要求	个		1. 安装 2. 装饰盘安装 3. 严密性试验
030901004	报警装置	1. 名称 2. 型号、规格	组	按设计图示数量计算	
030901005	温感式水幕装置	1. 型号、规格 2. 连接形式			1. 安装 2. 电气接线 3. 调试
030901006	水流指示器	1. 型号、规格 2. 连接形式	个		
030901007	减压孔板	1. 材质、规格 2. 连接形式			
030901008	末端试水装置	1. 规格 2. 组装形式	组		

续表6-1

项目编码	项目名称	项目特征	计量单位	工程量计算规则	工作内容
030901009	集热板制作安装	1. 材质 2. 支架形式	个	按设计图示数量计算	1. 制作安装 2. 支架制作安装
030901010	室内消火栓	1. 安装方式 2. 型号、规格 3. 附件材质、规格	套		1. 箱体及消火栓安装 2. 配件安装
030901011	室外消火栓				1. 安装 2. 配件安装
030901012	消防水泵接合器	1. 安装部位 2. 型号、规格 3. 附件材质、规格	套	按设计图示数量计算	1. 安装 2. 附件安装
030901013	灭火器	1. 形式 2. 规格、型号	具（组）		设置
030901014	消防水炮	1. 水泡类型 2. 压力等级 3. 保护半径	台		1. 本体安装 2. 调试

注：1. 水灭火管道工程量计算，不扣除阀门、管件及各种组件所占长度以延长米计算。

2. 水喷淋（雾）喷头安装部位应区分有吊顶、无吊顶。

3. 报警装置适用于湿式报警装置、干湿两用报警装置、电动雨淋报警装置、预作用报警装置等报警装置安装。报警装置安装包括装配管（除水力警铃进水管）的安装，水力警铃进水管并入消防管道工程量。其中：

1）湿式报警装置包括：湿式阀、蝶阀、装配管、供水压力表、装置压力表、试验阀、泄放试验阀、泄放试验管、试验管流量计、过滤器、延时器、水力警铃、报警截止阀、漏斗、压力开关等。

2）干湿两用报警装置包括：两用阀、蝶阀、装配管、加速器、加速器压力表、供水压力表、试验阀、泄放试验阀（湿式、干式）、挠性接头、泄放试验阀、试验管流量计、排气阀、截止阀、漏斗、过滤器、延时器、水力警铃、压力开关等。

3）电动雨淋报警装置包括：雨淋阀、蝶阀、装配管、压力表、泄放试验阀、流量表、截止阀、注水阀、止回阀、电磁阀、排水阀、手动应急球阀、报警试验阀、漏斗、压力开关、过滤器、水力警铃等。

4）预作用报警装置包括：报警阀、控制蝶阀、压力表、流量表、截止阀、排放阀、注水阀、止回阀、泄放阀、报警试验阀、液压切断阀、装配管、供水检验管、气压开关、试压电磁阀、空压机、应急手动试压器、漏斗、过滤器、水力警铃等。

4. 温感式水幕装置，包括给水三通至喷头、阀门间的管道、管件、阀门、喷头等全部内容的安装。

5. 末端试水装置，包括压力表、控制阀等附件安装。末端试水装置安装中不含连接管及排水管安装，其工程量并入消防管道。

6. 室内消火栓，包括消火栓箱、消火栓、水枪、水龙头、水龙带接扣、自救卷盘、挂架、消防按钮；落地消火栓箱包括箱内手提灭火器。

7. 室外消火栓按安装方式分地上式、地下式；地上式消火栓安装包括地上消火栓、法兰接管、弯管底座；地下式消火栓安装包括地下式消火栓、法兰接管、弯管底座或消火栓三通。

8. 消防水泵接合器，包括法兰接管及弯头安装，接合器井内阀门、弯管底座、标牌等附件安装。

9. 减压孔板若在法兰盘内安装，其法兰计入组价中。

10. 消防水炮分为普通手动水炮、智能控制水炮。

三、水灭火控制装置调试工程量清单

水灭火控制装置调试工程量清单项目设置、项目特征描述的内容、计量单位及工程量计算规则,应按表6-2的规定执行。

表6-2 消防系统调试(编码:030905)

项目编码	项目名称	项目特征	计量单位	工程量计算规则	工作内容
030905002	水灭火控制装置调试	系统类型	点	按控制装置的点数计算	调试

注:水灭火控制装置,自动喷洒系统按水流指示器数量以点(支路)计算;消火栓系统按消火栓启泵按钮数量以点计算;消防水炮系统按水炮数量以点计算。

四、消防管道探伤工程量清单

消防管道如需进行探伤,应按《通用安装工程工程量计算规范》(GB 50856—2013)附录H工业管道工程相关项目编码列项,如表6-3所示。

表6-3 无损探伤(编码:030816)

项目编码	项目名称	项目特征	计量单位	工程量计算规则	工作内容
030816001	管材表面超声波探伤	1. 名称 2. 规格	1. m 2. m²	1. 以米计量,按管材无损探伤长度计算 2. 以平方米计量,按管材表面探伤检测面积计算	探伤
030816002	管材表面磁粉探伤				
030816003	焊缝 X 射线探伤	1. 名称 2. 底片规格 3. 管壁厚度	张(口)	按规范或设计技术要求计算	探伤
030816004	焊缝 γ 射线探伤				
030816005	焊缝超声波探伤	1. 名称 2. 管道规格 3. 对比试块设计要求	口		1. 探伤 2. 对比试块的制作
030816006	焊缝磁粉探伤	1. 名称 2. 管道规格			探伤
030816007	焊缝渗透探伤				

注:探伤项目包括固定探伤仪支架的制作、安装。

五、阀门、支架、套管工程量清单

消防管道上的阀门、管道及设备支架、套管制作安装,应按《通用安装工程工程量计算规范》(GB 50856—2013)附录K给排水、采暖、燃气工程相关项目编码列项,如下表6-4、表6-5所示。

表 6-4　管道附件（编码：031003）

项目编码	项目名称	项目特征	计量单位	工程量计算规则	工作内容
031003001	螺纹阀门	1. 类型 2. 材质 3. 规格、压力等级 4. 连接形式 5. 焊接方法	个	按设计图示数量计算	1. 安装 2. 电气接线 3. 调试
031003002	螺纹法兰阀门				
031003003	焊接法兰阀门				
031003004	带短管甲乙阀门	1. 材质 2. 规格、压力等级 3. 连接形式 4. 接口方式及材质			
031003005	塑料阀门	1. 规格 2. 连接形式			1. 安装 2. 调试
031003006	减压器	1. 材质 2. 规格、压力等级 3. 连接形式 4. 附件配置	组		组装
031003007	疏水器				

注：1. 法兰阀门安装包括法兰连接，不得另计。阀门安装如仅为一侧法兰连接，应在项目特征中描述。

2. 塑料阀门连接形式需注明热熔连接、粘接、热风焊接等方式。

表 6-5　支架及其他（编码：031002）

项目编码	项目名称	项目特征	计量单位	工程量计算规则	工作内容
031002001	管道支架	1. 材质 2. 管架形式	1. kg 2. 套	1. 以千克计量，按设计图示质量计算 2. 以套计量，按设计图示数量计算	1. 制作 2. 安装
031002002	设备支架	1. 材质 2. 形式			
031002003	套管	1. 名称、类型 2. 材质 3. 规格 4. 填料材质	个	按设计图示数量计算	1. 制作 2. 安装 3. 除锈、刷油

注：1. 单件支架质量 100 kg 以上的管道支吊架执行设备支吊架制作安装。

2. 成品支架安装执行相应管道支架或设备支架项目，不再计取制作费，支架本身价值含在综合单价中。

3. 套管制作安装，适用于穿基础、墙、楼板等部位的防水套管、填料套管、无填料套管及防火套管等，应分别列项。

六、除锈、刷油工程量清单

管道及设备除锈、刷油、保温除注明者外，均应按《通用安装工程工程量计算规范》（GB 50856—2013）附录 M 刷油、防腐蚀、绝热工程相关项目编码列项，如表 6-6～表 6-8 所示。

表6-6 刷油工程(编码:031201)

项目编码	项目名称	项目特征	计量单位	工程量计算规则	工作内容
031201001	管道刷油	1. 除锈级别 2. 油漆品种 3. 涂刷遍数、漆膜厚度 4. 标志色方式、品种	1. m² 2. m	1. 以平方米计量,按设计图示表面积尺寸以面积计算 2. 以米计量,按设计图示尺寸以长度计算	1. 除锈 2. 调配、涂刷
031201002	设备与矩形管道刷油				

表6-7 防腐蚀涂料工程(编码:031202)

项目编码	项目名称	项目特征	计量单位	工程量计算规则	工作内容
031202001	设备防腐蚀	1. 除锈级别	m	按设计图示表面积计算	1. 除锈 2. 调配、涂刷(喷)
031202002	管道防腐蚀	2. 涂刷(喷)品种 3. 分层内容 4. 涂刷(喷)遍数、漆膜厚度	1. m² 2. m	1. 以平方米计量,按设计图示表面积尺寸以面积计算 2. 以米计量,按设计图示尺寸以长度计算	

表6-8 绝热工程(编码:031208)

项目编码	项目名称	项目特征	计量单位	工程量计算规则	工作内容
031208001	设备绝热	1. 绝热材料品种 2. 绝热厚度 3. 设备形式 4. 软木品种	m	按图示表面积加绝热层厚度及调整系数计算	1. 安装 2. 软木制品安装
031208002	管道绝热	1 绝热材料品种 2. 绝热厚度 3. 管道外径 4. 软木品种			

七、措施项目工程量清单

消防工程措施项目,应按《通用安装工程工程量计算规范》(GB 50856—2013)附录 N 措施项目相关项目编码列项,如表6-9所示。

表 6-9　专业措施项目(编码: 031301)

项目编码	项目名称	工作内容及包含范围
031301001	吊装加固	1. 行车梁加固 2. 桥式起重机加固及负荷试验 3. 整体吊装临时加固件,加固设施拆除、清理
031301002	金属抱杆安装、拆除、移位	1. 安装、拆除 2. 位移 3. 吊耳制作安装 4. 拖拉坑挖埋
031301003	平台铺设、拆除	1. 场地平整 2. 基础及支墩砌筑 3. 支架型钢搭设 4. 铺设 5. 拆除、清理
031301017	脚手架搭拆	1. 场内、场外材料搬运 2. 搭、拆脚手架 3. 拆除脚手架后材料的堆放
031301018	其他措施	为保证工程施工正常进行所发生的费用

注: 1. 由国家或地方检测部门进行的各类检测,指安装工程不包括的属经营服务性项目,如通电测试、防雷装置检测、安全、消防工程检测,室内空气质量检测等。

2. 脚手架按各附录分别列项。

3. 其他措施项目必须根据实际措施项目名称确定项目名称,明确描述工作内容及包含范围。

▶ 第三节　实例工程水灭火系统设计概况

一、设计说明相关信息

(一)项目概述及设计范围

实例工程为长沙市某办公楼消防系统改造设计,改造部分建筑面积 10800 m²,包括消防给水与自动喷淋系统、自动报警系统、防排烟系统、应急照明与疏散指示系统等。

(二)设计依据

本工程设计时间为 2014 年,依据当时的现行规范进行设计。虽然设计依据的部分规范现已改版,但对本书的计量、计价过程的讲解无影响。本工程设计依据包括:

(1)《高层民用建筑设计防火规范(2005 年版)》(GB 50045—95)。

(2)《自动喷水灭火系统设计规范(2005 年版)》(GB 50084—2001)。

(3)《自动喷水灭火系统施工及验收规范》(GB 50261—2005)。

(4)《火灾自动报警系统设计规范》(GB 50116—2013)。

(5)《火灾自动报警系统施工及验收规范》(GB 50166—2007)。

(6)《民用建筑电气设计规范》(JGJ 16—2008)。

(7)《建筑灭火器配置设计规范》(GB 50140—2005)。

(8)建设单位提供的装修平面图及原消防系统相关条件,其他相关国家标准规范。

(三) 消防给水与自动喷淋系统

(1)喷头布置按中危险级Ⅱ级设计,分为高、低两个区喷淋供水,每个防火分区设一水流指示器。

(2)室内消火栓供水由原建筑设置的消火栓泵供给。

(3)消火栓、喷淋系统由原设置地下水池、泵房与屋顶消防水箱供给,相关设施予以维修调试,确保达到设计功能要求。

(4)消防、喷淋管道均采用热镀锌钢管,DN≥100 mm采用沟槽连接,DN<100 mm采用丝扣连接。

(5)室内消火栓采用SN65型室内单栓消火栓,25 m麻质衬胶水带,ϕ19 mm水枪,配置消防自救卷盘,型号同原建筑设置。

(6)本工程设计采用快速响应式喷头,无吊顶处为直立型,吊顶处为下垂型。除厨房为93 ℃喷头外,其余场所喷头动作温度均为68 ℃。

(7)管道应设置独立角钢支吊架,具体按照现行施工及验收规范执行。支吊架除锈后刷防锈底漆、面漆各两遍。

(8)本工程统一配置MF/ABC4型磷酸铵盐干粉灭火器,具体数量与位置见平面图,置于灭火器箱内。

二、系统图

水灭火系统系统如图6-10所示,图中包含了自喷系统原理图和消火栓系统原理图。

三、平面图

水灭火系统负一楼、一楼以及标准层平面图如图6-11、图6-12、图6-13所示。

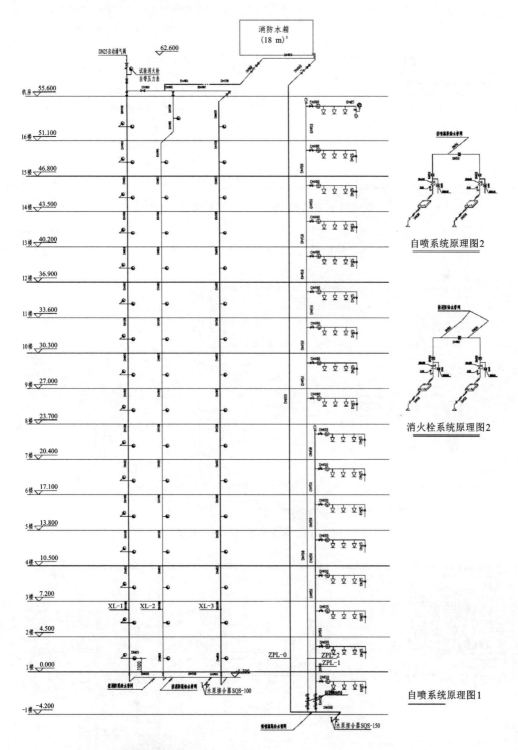

图 6-10　水灭火系统示例系统图

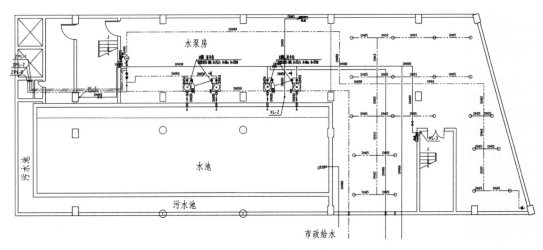

图 6-11　水灭火系统负一楼平面图

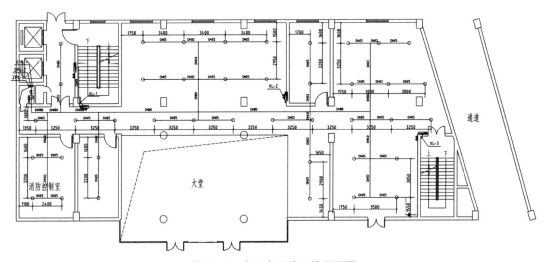

图 6-12　水灭火系统一楼平面图

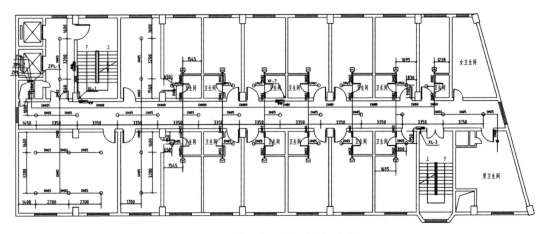

图 6-13　水灭火系统标准层平面图

第四节　水灭火系统 BIM 建模准备工作

本书采用广联达 BIM 安装计量软件 GQI2021（版本号为 7.5.1.6601）建立水灭火系统及火灾自动报警系统 BIM 模型。

一、广联达 BIM 安装计量软件 GQI2021 介绍

广联达 BIM 安装计量软件是针对民用建筑安装全专业研发的一款工程量计算软件。GQI2021 支持全专业 BIM 三维模式算量和手算模式算量，适合所有电算化水平的安装造价和技术人员使用，兼容市场上所有电子版图纸的导入，包括 CAD 图纸、REVIT 模型、PDF 图纸、图片等；通过智能化识别，可视化三维显示、专业化计算规则、灵活化的工程量统计、无缝化的计价导入，全面解决安装专业各阶段手工计算效率低、难度大等问题，具有以下六大特点：

（1）全专业覆盖：给排水、电气、消防、暖通、空调、工业管道等安装工程的全覆盖。

（2）智能化识别：智能识别构件、设备，准确度高，调整灵活。

（3）无缝化导入：CAD、PDF、MagiCAD、天正、照片均可导入。

（4）可视化三维：BIM 三维建模，图纸信息 360°无死角排查。

（5）专业化规则：内置计算规则，计算过程透明，结果专业可靠。

（6）灵活化统计：实时计算，多维度统计结果，及时准确。

二、新建工程及主界面介绍

（一）新建工程

点击软件名称，启动软件。可注册云授权账号并登录，将 BIM 建模过程中的构件属性等信息上传至云账号，或从云账号中下载相关构件属性等信息至本工程中。

点击"新建"按钮，弹出"新建工程"对话框，如图 6-14 所示：自定义工程名称；工程专业可以选择"消防"以提供更加精准的功能服务，如果还有其他专业，工程专业也可以默认"全部"；计算规则选择现行的"工程量清单项目设置规则（2013）"；清单库、定额库根据项目所在地区选择现行的规范、标准（需要安装广联达计价软件才可选择），清单库、定额库的选择会影响后面的套做法与材料价格的使用；算量模式选

图 6-14　新建工程操作示意图

择“经典模式：BIM 算量模式”，采用 BIM 全三维精细化算量；点击“创建工程”，进入软件操作主界面。

(二)主界面介绍

GQI2021 主界面如图 6-15 所示，以选项卡来区分不同的功能区域，以功能包来区分不同性质的功能，功能排布符合用户的业务流程，用户按照选项卡、功能包的分类，能够很方便地找到对应的功能按钮。

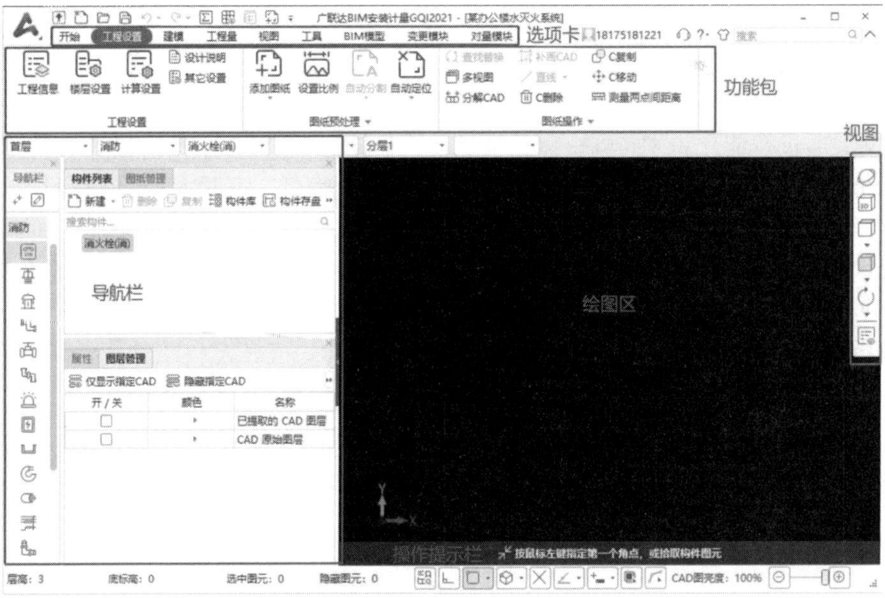

图 6-15　GQI2021 主界面

主界面左侧的导航栏可以便捷地进行楼层切换、专业切换、构件类型切换。同一楼层还可以设置多个分层，能支持同一楼层空间位置上、不同分层显示不同图纸识别的构件图元，并且不同分层图元在识别时，互不影响。同一楼层的不同分层图元均属于当前层，可以通过分层显示进行全部分层查看图元。

绘图区域宽阔，绘图区域下方设置操作提示栏，引导用户进行下一步操作，绘图区域右侧设置了视图功能包，方便用户不用切换页签直接触发视图类功能进行图元查看。

三、工程设置

(一)工程信息

点击“工程设置>工程设置”功能包中“工程信息”功能，新建工程时填入的“工程信息”和“编制信息”会在此页面列出，可以对工程信息中的内容进行修改补充，如图 6-16 所示。

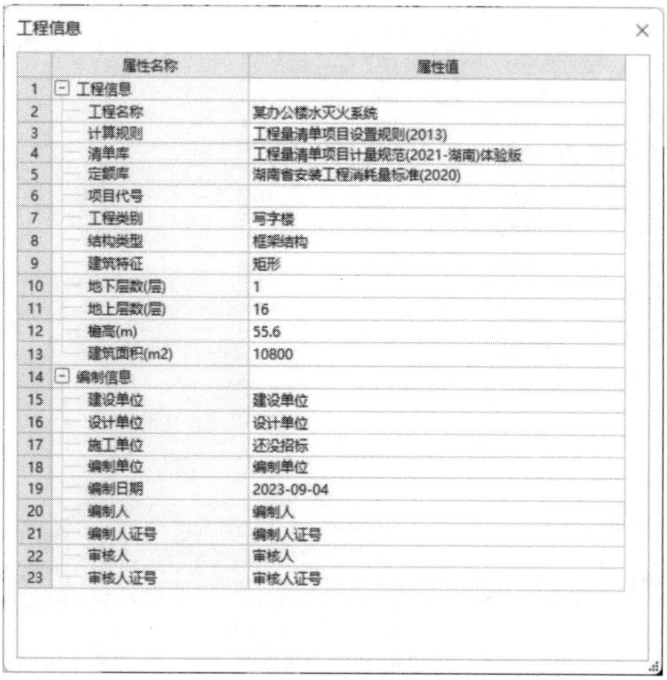

工程信息

	属性名称	属性值
1	⊟ 工程信息	
2	工程名称	某办公楼水灭火系统
3	计算规则	工程量清单项目设置规则(2013)
4	清单库	工程量清单项目计量规范(2021-湖南)体验版
5	定额库	湖南省安装工程消耗量标准(2020)
6	项目代号	
7	工程类别	写字楼
8	结构类型	框架结构
9	建筑特征	矩形
10	地下层数(层)	1
11	地上层数(层)	16
12	檐高(m)	55.6
13	建筑面积(m2)	10800
14	⊟ 编制信息	
15	建设单位	建设单位
16	设计单位	设计单位
17	施工单位	还没招标
18	编制单位	编制单位
19	编制日期	2023-09-04
20	编制人	编制人
21	编制人证号	编制人证号
22	审核人	审核人
23	审核人证号	审核人证号

图 6-16　工程信息设置

(二)楼层设置

新建工程之后，首先要建立建筑物楼层高度的相关信息(即设置立面高度方面的信息)，包括楼层设置和标高设置。

第一步：点击“工程设置>工程设置”功能包中“楼层设置”功能，弹出楼层设置界面，软件自动建立首层和基础层。

第二步：选中首层，点击“批量插入楼层”按钮，根据工程地上楼层数输入批量插入的行数，将在现有楼层基础上增加新的地上楼层，楼层名称自动编号；输入消防系统图给出的各楼层底标高，则层高自动修改；本工程第 5~15 层为标准层，标准层共 11 层，因此将第 5 层对应的相同层数改为 11；为了对屋顶水灭火系统工程量进行统计，设置了屋顶；批量插入的楼层如有多余可删除，如有不足可继续插入。

第三步：选中基础层，点击“插入楼层”，将插入地下层，楼层名称自动编号；输入消防系统图给出的地下层底标高，则层高自动修改；板厚根据工程实际进行修改，默认为 120 mm。

楼层设置如图 6-17 所示。

(三)计算设置

在“计算设置”界面可以设置针对每个专业的计算项，设置后的计算项对整个工程的计算结果有影响。

图 6-17　楼层设置

点击"工程设置->工程设置"功能包中"计算设置"功能，弹出消防专业的计算设置（在新建工程时，选择了消防工程专业），核对相应计算设置是否与本工程相符，不相符时进行修改。例如，对灭火系统的支架个数计算方式进行修改，将设置值从四舍五入修改为向上取整，修改后该设置值底纹改变颜色，提示进行了修改，如图 6-18 所示。

(四) 设计说明

在算量前首先要查阅图纸的设计说明信息，摘录出重点的对算量有用的信息，可以利用此功能进行信息的输入，便于后续图元属性的生成，以及便于了解工程的构件信息。

点击"工程设置>工程设置"功能包中"设计说明"功能，可以对设计说明信息中的内容进行编辑。本工程图纸的设计说明信息与软件的设计说明信息一致，无须修改，如图 6-19 所示。

(五) 其他设置

其他设置是区别计算设置以外的一些设置，在新建工程时，统一将这些设置设置好后，会关联显示后面的新建构件属性值信息。

根据相关规范及设计说明要求，设置好不同系统、不同材质、不同管径的管道支架的间距，以及不同材质管道的内径、外径等信息，在绘图输入区域新建构件时，构件属性编辑界面就会自动关联相关设置值，这样，在方便定义属性值的同时，还可提高计算支架数量、保护层面积、保温体积等工程量的效率。

点击"工程设置->工程设置"功能包中"其他设置"功能，将显示设置界面，如图 6-20 所示。

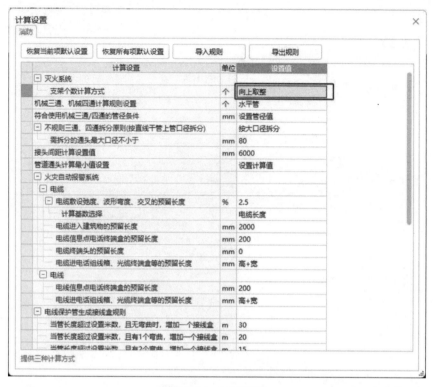

图 6-18 计算设置

系统类型	管道形式	材质	管径	连接方式	刷油类型	保温材质	保温厚度(mm)	保护层材质
10 — 中水系统	全部	给水用PP-R	全部管径	热熔连接				
11 — 废水系统	全部	排水用PVC-U	全部管径	胶粘连接				
12 — 雨水系统	全部	铸铁排水管	全部管径	承插连接				
13 — 污水系统	全部	排水用PVC-U	全部管径	胶粘连接				
14 采暖燃气								
15 — 供水系统	全部	焊接钢管	≤32	螺纹连接				
16 — 供水系统	全部	焊接钢管	>32	焊接				
17 — 回水系统	全部	焊接钢管	≤32	螺纹连接				
18 — 回水系统	全部	焊接钢管	>32	焊接				
19 消防水								
20 — 喷淋灭火系统	全部	镀锌钢管	<100	螺纹连接				
21 — 喷淋灭火系统	全部	镀锌钢管	≥100	沟槽连接				
22 — 喷淋灭火系统	全部	无缝钢管	<100	螺纹连接				
23 — 喷淋灭火系统	全部	无缝钢管	≥100	沟槽连接				
24 — 消火栓灭火系统	全部	镀锌钢管	<100	螺纹连接				
25 — 消火栓灭火系统	全部	镀锌钢管	≥100	沟槽连接				
26 空调水								
27 — 空调供水系统	全部	焊接钢管	≤32	螺纹连接				
28 — 空调供水系统	全部	焊接钢管	>32	焊接				
29 — 空调回水系统	全部	焊接钢管	≤32	螺纹连接				
30 — 空调回水系统	全部	焊接钢管	>32	焊接				
31 — 空调冷凝水系统	全部	镀锌钢管	≤100	螺纹连接				
32 — 空调冷凝水系统	全部	镀锌钢管	>100	焊接				

图 6-19 设计说明

图 6-20 其他设置

四、图纸预处理

(一) 添加图纸

该功能可将需要进行 BIM 建模并计算工程量的图纸导入到软件中。

点击"工程设置"页签下的"添加图纸"功能，弹出添加图纸窗体。选择需要导入的图纸，在右侧窗体可以看到该图纸的预览图和图纸名称，双击预览图区域可放大预览图进行查看，在预览区域下方可勾选导入的内容，点击"打开"。

(二) 设置比例

该功能可检查软件量取的距离是否与图纸标注的距离一致，不一致时将量取的距离修改为标注的距离，确保 BIM 建模及工程量计算的准确性。

点击"工程设置"页签下的"设置比例"功能，由于本工程各图纸的绘图比例均为 1∶100，选择"整图设置"，选择图纸上任意两点进行距离量取，右键确认后，弹出尺寸输入窗体，将量取的距离更改为图纸标注的实际距离。本工程量取的距离与图纸标注的实际距离一致，无须更改，如图 6-21 所示。

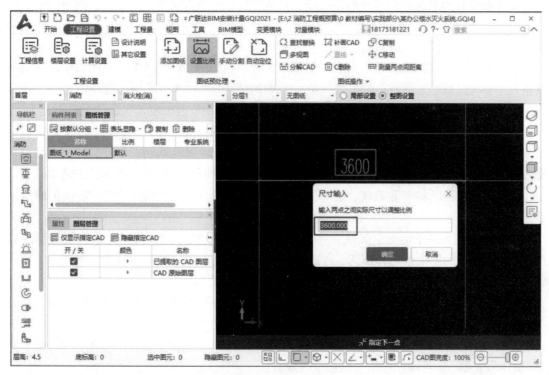

图 6-21　设置比例

(三) 分割图纸

该功能将平面图分割并分配到对应的各楼层。

添加图纸后, 在"图纸预处理"页签下, 触发自动分割, 弹窗提示"请确认分割图纸的模式", 若选择分层模式, 绘图区仅显示同一楼层同一分层图纸; 若选择楼层编号模式, 绘图区显示同一楼层全部图纸。该弹窗只在首次触发时出现, 二次触发后将不再出现。本工程选择分层模式, 如图 6-22 所示。

选择分割模式。当工程图纸中含有大量设计说明、系统图等

图 6-22　分割图纸模式

这类不必分割算量的图纸时, 可通过"局部分割"拉框选中需要进行分割的图纸进行分割。鼠标点选"局部分割"模式, 手动框选图纸范围, 右键确定, 开始自动分割。当工程图纸中大多数为平面图时, 可通过"整图分割"一键自动分割全部工程图纸。鼠标点选"整图分割"模式, 直接开始自动分割。

本工程设计说明及不同专业的系统图、平面图均在一张图纸上，因此选择局部分割，框选所有楼层消防给水平面布置图，右键确定，弹出自动分割对话框。软件自动提取图纸名称，并根据图名解析出对应的楼层和专业系统。

查看对应绘图区图纸。单击列表中的图纸名称单元格时，对应图纸在绘图区中以闪烁的红框提示，可以查看图纸所在的位置；双击列表中的图纸名称单元格时，对应图纸在绘图区居中放大显示，并以闪烁的红框提示；可以查看图纸细节，校核分割及提取图名是否正确。

当发现列表中有图纸提取错误时，可进行手动调整。当发现图名错误时，可在绘图区中找到对应图纸，点击图纸中正确的文字，即可将该文字自动提取到列表中进行更正。当需要修改楼层时，点击对应单元格，触发三点按钮，弹出"标记信息"窗体，可选择正确楼层。同时，如需修改该图纸的专业系统，也可直接从该窗体中切换到"专业系统"，选择正确专业系统。

当所框选的图纸未涵盖全部算量图纸时，可在"自动分割"窗体列表中，点击"补充分割"按钮，对未框选的图纸进行补框选，右键确认后进行自动分割，并以闪烁的红框提示，加入到现有"自动分割"窗体列表中。

当发现"自动分割"窗体列表中存在无关图纸，如为系统图时，可右键"删除"或触发键盘 delete 键，将其删除。

点击"确定"，将选中图纸加入到"图纸管理"窗体列表中，完成自动分割。在"图纸管理"窗体列表中，还可继续对相关信息进行修改。

自动分割如图 6-23 所示。

手动分割也可完成图纸的分割，但需要对每一层的平面图分别进行框选分割。

图 6-23 自动分割

(四)图纸定位

该功能将已分割并设置了楼层的平面图在空间上进行定位,使各平面图的轴网的俯视图重合,确保根据平面图建立的 BIM 模型的空间位置准确。

图纸分割完成后,触发"自动定位"按钮,直接进行自动定位;所有图纸定位成功后,可以看到每张图纸内新增定位点,如图 6-24 所示。可以看到,各楼层平面图的定位点均为①轴和Ⓐ轴的交点,可以准确地对各楼层图纸进行定位。

若部分图纸未定位成功,弹窗提示定位失败时,可切换到"手动定位"。在"工程设置"页签下,点击"手动定位"按钮,默认打开交点功能,可通过拾取两轴线形成交点的形式精确选择定位点。若图纸定位有误,可变更定位,或删除定位并重新定位,如图 6-25 所示。

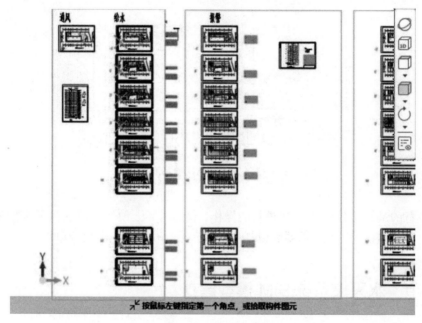

图 6-24　自动定位

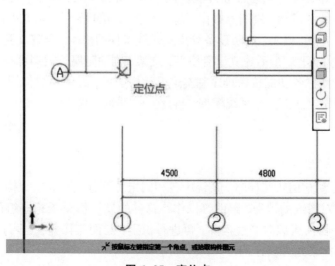

图 6-25　定位点

五、图纸操作

该功能包主要有两方面的作用：一是方便人员操作，如多视图功能，实现了在同一个软件中，同时查看系统图及平面图的需求，可以减少用户双开软件时频繁切换界面的操作；二是对于不规范的 CAD 图纸，进行补画 CAD、分解 CAD 等操作，方便软件识别。例如，在实例工程平面图中，发现 XL-2 立管和消火栓之间的管线缺失，可以通过补画 CAD 对图纸进行完善，方便后续识别。在图纸操作功能包，点击补画 CAD，操作提示栏"按鼠标左键点选 CAD 线，提取 CAD 线图层及颜色信息"，左键点击 XL-2 立管，指定第一点为立管圆心，指定下一点为消火栓中心，点击右键确认，再点击右键退出补画 CAD 功能。补画 CAD 前后对比如图 6-26 所示。

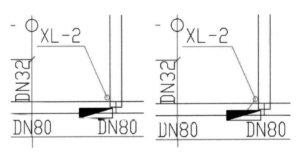

图 6-26　补画 CAD 前后对比

需要注意的是，对不规范 CAD 进行的操作，仅是为了方便软件识别，不能改变图纸的设计意图。对于有错误的图纸，需要和设计单位或建设单位沟通，由设计单位修改后再计量。

▶ 第五节　水灭火系统 BIM 模型建立

做好 BIM 建模准备工作后，点击"建模"选项卡，如图 6-27 所示，可以对已导入的图纸进行水灭火系统组件的识别、绘图等操作，建立系统的 BIM 模型。水灭火系统建模遵循一定的顺序，先建立消火栓、喷头、消防设备等点式系统组件的模型，再建立管道模型，然后建立阀门法兰、管道附件模型，最后建立套管模型，支架、刷油防腐等模型可在建立管道、设备模型时一并建立。导航栏各功能按钮排序基本遵循建模顺序，方便用户使用。水灭火系统也可按子系统建模，如先建立消火栓系统模型，再建立喷淋系统模型，但每个子系统的建模仍遵守前述建模顺序。

一、消火栓建模

在进行水灭火系统 BIM 建模时，系统中各相同组件可分别建立一个构件，并设置好构件属性值，然后通过对图纸的识别、绘图等操作将构件的属性值赋予相应组件，建立各组件的 BIM 模型（称为图元）。可以先新建构件，再进行识别、绘图等操作，也可以边识别边新建构件，但使用绘图功能必须先新建构件。

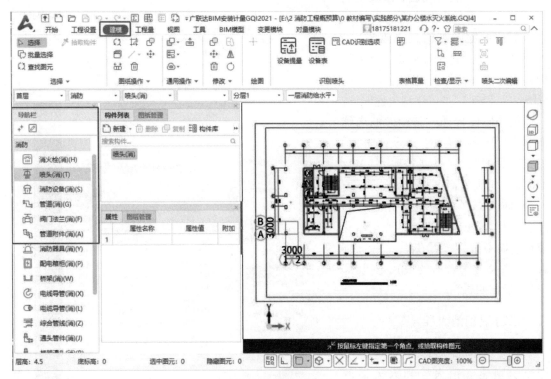

图 6-27　建模界面

(一) 建立消火栓构件

在导航栏点击"消火栓(消)",进入消火栓建模界面,点击"构件列表""新建""新建消火栓",进入消火栓属性设置界面。根据图纸信息,对消火栓构件属性进行完善。属性窗体中的蓝色字体是公有属性,修改公有属性之后,已建立的同名称构件的相应属性都会跟着修改;黑色字体是私有属性,修改私有属性只修改选中构件的私有属性。消火栓的名称、类型、规格型号、消火栓高度属于公有属性,栓口标高、所在位置、安装部位等属于私有属性。

构件属性值的设置应便于后续工程量清单的编制。构件名称参照清单项目名称的确定方法命名,构件类型、规格型号、尺寸、安装部位等与清单项目特征相关的属性需进行准确、详细的描述。根据图纸信息,消火栓有室内消火栓和屋顶试验消火栓两种。

室内消火栓可命名为"单栓带消防软管卷盘室内消火栓",类型为"室内单口消火栓",规格型号为"SN65",消火栓高度为"1000"(因为带消防软管卷盘),栓口标高为"层底标高+1.1",所在位置为"室内部分",安装部位为"剔槽暗敷",对消火栓 BIM 模型的填充颜色、不透明度等显示样式也可进行修改,材料价格属性目前暂不可用。若需在构件列表中显示除构件名称以外的其他属性,可在属性窗体附加列勾选相应属性。新建消火栓构件如图 6-28 所示。

对于屋顶试验消火栓,可以和室内消火栓一样新建构件并设置属性值,也可以复制已建立的室内消火栓构件,并对属性值进行修改。右键点击构件列表中的"单栓带消防软管卷盘室内消火栓"，点击复制，修改复制构件的名称为"屋顶试验消火栓"，安装部位根据图纸信息修改为"沿墙明敷"，其他属性值不变。灭火器构件也在消火栓界面建立，点击"构件列表""新建""新建消火栓"，进入消火栓属性界面。将构件的名称命名为"干粉灭火器"，类型选"手提式灭火器"，规格型号输入"MF/ABC4"，消火栓高度指灭火器高度，设为 480 mm，栓口标高指起点标高，设为"层底标高"（该项为私有属性，如不确定，可在识别后三维查看，并修改为合适的值），安装部位为"沿墙明敷"。

（二）识别消火栓

建立好构件后，可以通过绘图或识别建立消火栓和灭火器的 BIM 模型，识别方法又包括"设备提量"和"识别消火栓"，如图 6-29 所示。设备提量功能通过选择一个设备图例（可选标识），把图纸中同样的设备全部提取出来；而识别消火

图 6-28　新建消火栓构件

栓功能在识别消火栓的同时，可根据连接方式等参数，自动生成与消火栓连接的支管。下面分别介绍两种功能的运用。

1.设备提量功能

在任意包含室内消火栓的楼层，左键点击识别消火栓功能包设备提量功能，根据操作提示栏提示，左键点选消火栓图例，右键确认，弹出"选择要识别成的构件"对话框，如图 6-30 所示，在左侧消火栓构件列表选择"单栓带消防软管卷盘室内消火栓"构件（注：在此对话框也可以新建构件，实现边识别边新建构件），核对构件属性值，点击对话框左下角"选择楼层"，弹出选择楼层对话框，选择所有楼层，点击确定，再点击确定，一次性识别出所有楼层室内消火栓。

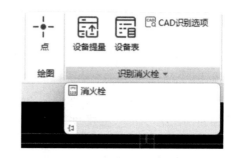

图 6-29　"识别消火栓"功能包

2.识别消火栓功能

在任意楼层，在"识别消火栓"功能包下拉列表点击"消火栓"，根据操作提示栏的提示，

图 6-30　设备提量选择楼层

左键选择要识别为消火栓的 CAD 图元，右键确认，弹出识别消火栓对话框，如图 6-31 所示，

对消火栓参数、消火栓支管参数及连接形式进行设置。触发"要识别成的消火栓"栏三点按钮，弹出选择要识别成的构件对话框，在对话框左侧消火栓列表栏，选择已建立的"单栓带消防软管卷盘室内消火栓"构件，核对属性信息，点击确认。消火栓支管管径规格默认 65 mm（平面图中消火栓支管管径为 DN70，与 DN65 表示的内容是一致的），水平支管标高默认"层底标高+0.8"。消火栓类型选择"室内单口消火栓"，连接形式选择从消火栓箱底部连接的形式，点击确定。对各楼层室内消火栓，重复上述识别过程，完成室内消火栓的识别。在导航栏点击"管道（消）"，进入管道建模界面，可以看到软件已自动建

图 6-31　识别消火栓参数设置

立了消火栓灭火系统管道构件"JXGD-1"，管径规格为 65 mm。

设备提量功能可一次性识别出所有楼层室内消火栓，而识别消火栓功能需要每层分别识别，虽然消火栓功能可自动生成与消火栓连接的支管构件，但生成支管构件时没有与用户交互，构件属性不完整，如没有设置支架、刷油等属性。现阶段建议采用设备提量功能识别消火栓。软件今后改进的方向是在对全楼层消火栓设备提量的同时，生成与消火栓连接的支管构件，并弹出支管构件属性对话框，用户可对构件属性进行修改完善。

对屋顶试验消火栓，可以采用同室内消火栓识别过程一样的方法进行识别，只是在选择要识别成的构件对话框时，选择"屋顶试验消火栓"构件。但屋顶试验消火栓只有 1 个，最简单的建模方法是采用绘图功能。在构件列表左键点击"屋顶试验消火栓"构件，左键点击绘图功能包中的"点"，在屋顶试验消火栓图例处按左键插入构件图元，按右键结束。

对灭火器，可以采用设备提量功能识别，该功能可以把图纸中同样的灭火器设备全部提取出来。在任意楼层，左键点击识别消火栓功能包设备提量功能，根据操作提示栏提示，左键点选灭火器图例，右键确认，弹出"选择要识别成的构件"对话框，在左侧消火栓构件列表选择干粉灭火器构件，核对构件属性值，点击对话框左下角"选择楼层"，弹出选择楼层对话框，选择所有楼层，点击确定，再点击确定，一次性识别出所有楼层灭火器。

(三) 动态观察

对于识别出的构件图元，可通过"动态查看"观察三维模型，检查构件识别的准确性。

左键点击绘图区右侧视图功能包，点击动态观察，在绘图区按住左键并移动鼠标，或者点击视图功能包中不同视角，可以三维显示已识别的当前楼层构件图元，如图 6-32 所示。若要显示其他楼层图元或其他类型图元，可以在视图功能包显示设置中进行修改。

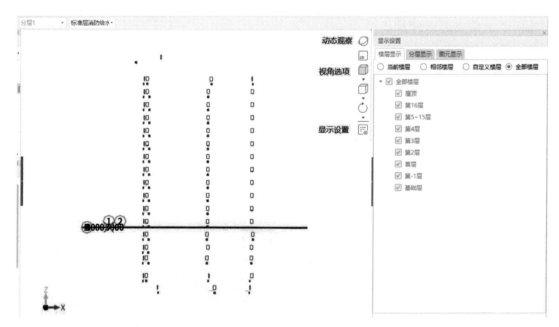

图 6-32 动态观察

（四）工程量查看

使用构件进行图元识别后，构件列表栏相应构件名称前的"未用"变为"已用"，"已用"字体为蓝色表示当前楼层该构件有应用，"已用"字体为黑色表示当前楼层该构件无应用，但在其他楼层有应用。左键双击"已用"字体为蓝色的构件，绘图区高亮显示应用该构件的图元位置，绘图区下方显示当前楼层应用该构件图元的明细量表，如图 6-33 所示。第 5~15 层为标准层，共 11 层，每层 4 个消火栓，共 44 个。点击"工程总量"下的三点按钮，弹出工程总量的计算明细。

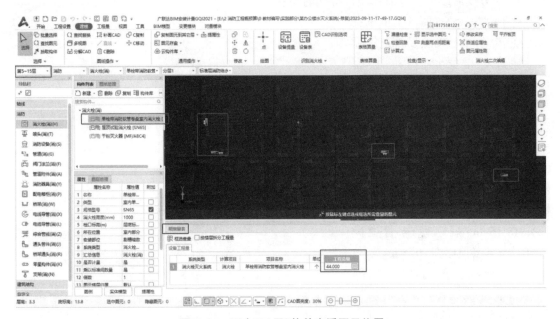

图 6-33　双击"已用"构件查看图元位置

为了查看所有楼层已识别出的所有图元的工程量，可使用"识别消火栓"功能包中的"设备表"功能。点击"设备表"功能，弹出的设备表如图 6-34 所示，可以看到，已识别干粉灭火器 110 个，单栓带消防软管卷盘室内消火栓 67 个，屋顶试验消火栓 1 个。左键双击数量单元格，可对图元进行反查定位。例如双击 67，弹出反查定位表，显示各楼层图元数量，双击各楼层图元数量，绘图区高亮显示该图元在相应楼层的定位。

设备表　×

序号	图例	对应构件	构件名称	类型	规格型号	标高(m)	数量(个)
1		消火栓(消)	干粉灭火器	手提式灭火器	MF/ABC4	层底标高	110
2		消火栓(消)	单栓带消防软管卷盘室内消火栓	室内单口消火栓	SN65	层底标高+1.1	67
3		消火栓(消)	屋顶试验消火栓	室内单口消火栓	SN65	层底标高+1.1	1

图 6-34　利用设备表查看图元数量及位置

二、喷头建模

(一) 建立喷头构件

在导航栏点击"喷头(消)",进入喷头建模界面,点击"构件列表""新建""新建喷头",进入喷头属性设置界面。根据图纸信息,对喷头构件属性进行完善。平面图中有2种喷头:下垂型喷头、边墙型喷头(第5~15层)。首先建立下垂型喷头构件,构件名称修改为"下垂型喷头",类型选为"有吊顶喷头",规格型号图纸中没有说明,可将设计说明中的"动作温度68"填入,方便后续工程量清单项目特征的编制。

对于喷头标高,图纸中也没有明确规定,可估计喷头及管道的标高。在进行楼层设置时,板厚120 mm。喷淋水平管最大直径型号为DN100,水平管道标高是指管道中心线的标高。假设:管道标高=层顶标高-0.12 m(板厚)-0.05 m(管半径)-0.13 m(预留操作空间)=层顶标高-0.3 m。喷头标高=管道标高-0.05 m(管半径)-0.15 m(短立管)=管道标高-0.2 m=层顶标高-0.5 m。

喷头所在位置选择"室内部分",安装部位选择"吊顶暗敷",其他属性为默认值。需要注意的是,对于规格型号、标高等重要的不确定的属性值,可与设计单位或建设单位沟通后确定。下垂型喷头构件属性如图6-35所示。

图6-35 下垂型喷头构件属性

再建立侧墙式喷头构件。复制下垂型喷头构件,修改构件名称为"侧墙式喷头",类型选择"侧喷头",其他属性值不变。

(二) 识别喷头

首先识别下垂型喷头构件。在任意楼层,在"识别喷头"功能包左键点击"设备提量",根据操作提示栏的提示,左键点选平面图中下垂型喷头图例,右键确认,弹出"选择要识别成的构件"对话框,选择下垂型喷头构件,核对属性值,点击对话框左下角"选择楼层",弹出选择楼层对话框,选择所有楼层,点击确定,再点击确定,一次性识别出所有楼层灭火器。

侧墙式喷头构件识别过程同下垂型喷头,只是楼层要切换到侧墙式喷头所在的楼层,选择构件时要选择侧墙式喷头构件。

喷头构件识别完成后，可以和消火栓构件识别后一样，进行动态观察和工程量查看，核对构件识别的完整性、准确性。识别完喷头后的动态观察正视图如图6-36所示。

三、消防设备建模

（一）建立消防设备构件

消防设备包括消防水泵、喷淋水泵、消防水泵接合器、消防水箱、稳压罐、悬挂式灭火装置等，提取图纸中这些设备的属性信息，建立消防设备构件。

左键点击导航栏"消防设备"，进入消防设备建模界面。在构件列表点击"新建消防设备"，建立消防水泵构件，名称为"消防水泵"，类型选择"消防水泵"，规格型号从图纸中提属性为"XBD8.0/25-100L $Q=2\ 5\ \mathrm{L/s}$

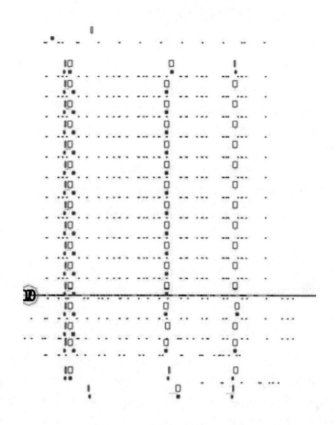

图6-36 喷头的动态观察正视图

$H=80\ \mathrm{m}$ $N=37\ \mathrm{kW}$"，设备高度通过调研该型号参数设为 761 mm，标高为"层底标高+0.3"（考虑离地约 0.2 m+管道半径 0.1 m），安装部位选"立干明装"，系统类型选"消火栓灭火系统"，其他属性值默认。

复制消防水泵构件，名称改为"喷淋水泵"，类型选择"喷淋水泵"，图纸显示喷淋水泵规格型号与消防水泵一致，系统类型选择"喷淋灭火系统"，其他属性值不变。

根据清单工程量计算规则，消防水泵、喷淋水泵属于给水设备，清单工作内容包括了设备安装、附件安装、调试和减震装置制作安装，而附件包括给水装置中配备的阀门、仪表、软接头，含设备、附件之间管路连接。因此，这些附件在后续的建模中不再识别。

复制消防水泵构件，名称和类型均改为"消防水泵接合器"，规格型号从图纸中提属性为"SQS-100-A"，设备高度改为 800 mm。根据规格型号，消防水泵接合器为地上式，但其所在平面图为-1 层图纸，根据规范要求，栓口中心高度离地 0.7 m，因此，设备标高设为"层顶标高-0.1"，所在位置改为"室外部分"，其他属性值不变。

复制消防水泵接合器构件，名称改为"喷淋水泵接合器"，规格型号从图纸中提属性为"SQS-150-A"，系统类型改为"喷淋灭火系统"，其他属性值不变。

复制消防水泵构件，名称改为"屋顶消防水箱"，类型选择"消防水箱"，规格型号改为"18"，设备高度改为 2000 mm[水箱尺寸为 3 m（长）×3 m（宽）×2 m（高）]，标高改为"层底标高+0.5"，所在位置选"室外部分"，安装部位改为"架空水平"。

(二) 识别消防设备

设防设备的识别和喷头的识别类似。

楼层切换至-1层,左键点击"识别消防设备"功能包"设备提量"功能,根据操作提示栏提示,拉框选择消防水泵图例,右键确认,弹出"选择要识别成的构件"对话框,选择消防水泵构件,点击确认,完成消防水泵的识别。

喷淋水泵、消防水箱均可按消防水泵识别过程完成识别,消防水箱需将楼层切换至屋顶识别。

然而,本工程案例中,消防水泵接合器与喷淋水泵接合器的图例一致,在识别消防水泵接合器时,将喷淋水泵接合器也识别成了消防水泵接合器。为了解决这个问题,在识别消防水泵接合器时弹出的"选择要识别成的构件"对话框中,点击"识别范围",拉框将消防水泵接合器选中,而喷淋水泵接合器不选中,软件只识别框选范围内的消防设备;同样,在识别喷淋水泵接合器时,也对识别范围进行界定。

四、管道建模

(一) 建立管道构件

左键点击导航栏"管道",进入管道建模界面。如果消火栓是通过"消火栓"功能识别,那么构件列表里消火栓灭火系统下会建立消火栓支管构件"JXGD-1";如果消火栓是通过"设备提量"等其他功能识别的,则不会建立消火栓支管构件。建立管道构件前,要熟悉管道相关信息,阅读各楼层平面图,明确水灭火系统采用的管径规格;阅读设计说明信息,明确管道连接方式、安装方式及刷油防腐等要求。

在构件列表点击"新建管道",新建的管道构件自动归类为喷淋灭火系统。首先建立DN25管道,修改构件名称为"水喷淋钢管DN25",系统编号选择"ZP1",材质默认为"镀锌钢管",管径规格选25 mm,外径、内径默认。

对于起点标高、终点标高,喷淋灭火系统主要是指喷淋水平管的标高,后续用建立的水平管构件识别立管时,可以修改构件起点标高、终点标高,因为起点标高、终点标高属于私有属性,改变它们并不影响管道工程量统计时按名称、管径规格汇总统计。根据建立喷头构件时确定的管道标高,将管道起点标高、终点标高均设为"层顶标高-0.3"。

对于管件材质、连接方式,软件根据在工程设置功能包的设计说明功能中的参数设置,自动匹配相应属性值,并将属性值放在小括号内。本工程管件材质为钢制,连接方式为螺纹连接;所在位置选择"室内部分",安装部位选"吊顶暗敷"。

对于管道支架,软件根据在工程设置功能包的其他设置功能中设置的参数,自动给出了支架间距为3500 mm。点击支架类型属性值单元格,触发三点按钮,弹出"选择支架"对话框,这里主要设置水平管支架,支架分类选择吊架,管径默认25 mm,支架类型选A3型吊架,点击确认。支架重量根据支架类型自动设置,吊杆长度、吊杆规格重量需根据不同的建筑结构、层高和使用环境情况来进行具体设计,本工程取默认值。需要说明的是,具体支架类型应根据图纸规定设置,图纸未明确说明时需和建设单位或设计沟通确定,本工程图纸未明确说明,仅做演示。

对刷油保温相关属性值进行设置后，软件会自动计算出刷油保温工程量。本工程设计说明中仅对支吊架的防锈刷油进行了规定，刷油类型属性值选择“防锈漆”。虽然工程量汇总计算时会同时计算出管道刷油和支吊架刷油工程量，但在后续工程量清单编制时，可只列支吊架刷油清单。水喷淋钢管 DN25 构件属性如图 6-37 所示。

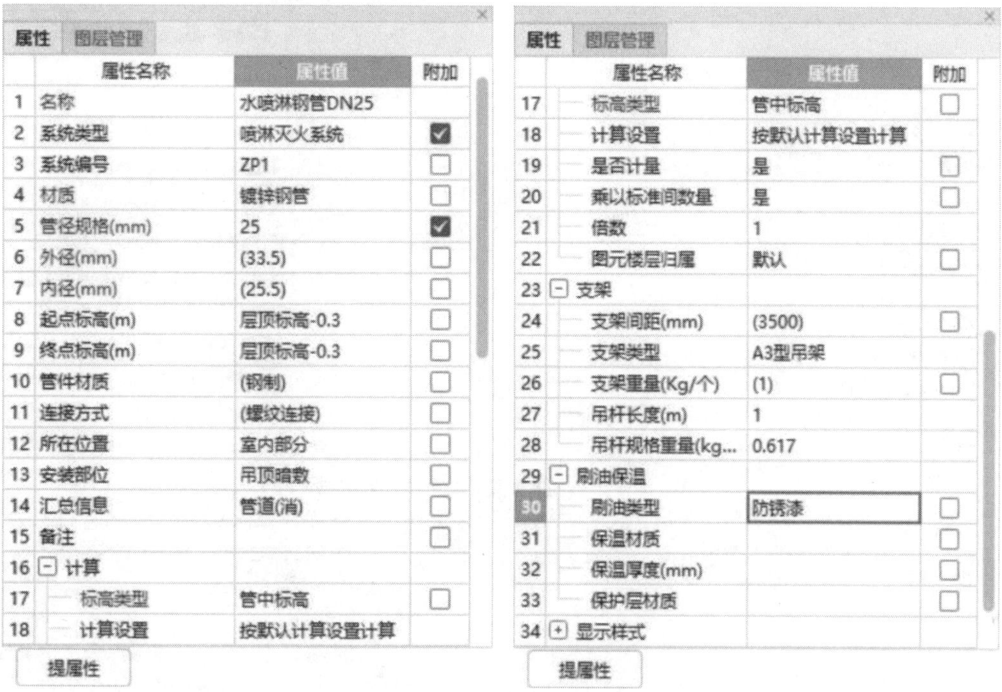

	属性名称	属性值	附加
1	名称	水喷淋钢管DN25	
2	系统类型	喷淋灭火系统	☑
3	系统编号	ZP1	☐
4	材质	镀锌钢管	☐
5	管径规格(mm)	25	☑
6	外径(mm)	(33.5)	☐
7	内径(mm)	(25.5)	☐
8	起点标高(m)	层顶标高-0.3	☐
9	终点标高(m)	层顶标高-0.3	☐
10	管件材质	(钢制)	☐
11	连接方式	(螺纹连接)	☐
12	所在位置	室内部分	☐
13	安装部位	吊顶暗敷	☐
14	汇总信息	管道(消)	☐
15	备注		☐
16	⊟ 计算		
17	标高类型	管中标高	☐
18	计算设置	按默认计算设置计算	

提属性

	属性名称	属性值	附加
17	标高类型	管中标高	☐
18	计算设置	按默认计算设置计算	
19	是否计量	是	☐
20	乘以标准间数量	是	☐
21	倍数	1	
22	图元楼层归属	默认	☐
23	⊟ 支架		
24	支架间距(mm)	(3500)	☐
25	支架类型	A3型吊架	
26	支架重量(Kg/个)	(1)	☐
27	吊杆长度(m)	1	
28	吊杆规格重量(kg...	0.617	
29	⊟ 刷油保温		
30	刷油类型	防锈漆	☐
31	保温材质		☐
32	保温厚度(mm)		☐
33	保护层材质		☐
34	⊞ 显示样式		

提属性

图 6-37　水喷淋钢管 DN25 构件属性

对于喷淋灭火系统其他管径规格的管道构件，可通过复制已建立的“水喷淋钢管 DN25”构件建立，复制后只需修改构件名称、管径规格及支架类型，

消火栓灭火系统的管道除了管径规格为 DN65 的消火栓支管，还有第-1 层的水平管和连接各楼层的立管，管径规格均为 DN100。复制“水喷淋钢管 DN100”构件，修改名称为“消火栓钢管 DN100”，系统类型选择“消火栓灭火系统”，系统编号选择“XH1”，其他属性值不变。由于修改了系统类型，软件自动将该构件归类于消火栓灭火系统。

对于 DN65 的消火栓支管，如果消火栓是通过“消火栓”功能识别的，则软件已自动建立消火栓支管构件“JXGD-1”并已完成建模，但查看构件属性值，会发现支架、刷油等属性缺失，且这些属性为私有属性，修改构件的这些属性不会修改已建立的图元的属性，因而会导致少算支架、刷油工程量。可以通过批量选择选中已建立的消火栓支管构件“JXGD-1”图元，对已选中的图元属性进行修改。在构件列表选中构件“JXGD-1”，在“选择”功能包左键点击“批量选择”功能，弹出“批量选择构件图元”对话框，如图 6-38 所示，在对话框下部勾选“当前构件类型”“显示构件”，然后在对话框上部勾选整楼，点击确定，选中所有消火栓支管图元，在属性对话框修改名称(如消火栓钢管 DN65)、支架类型、刷油类型等属性值。

如果消火栓是通过“设备提量”等功能识别的，需建立管径规格为 DN65 的消火栓支管构件。复制"水喷淋钢管 DN65"构件，修改名称为"消火栓钢管 DN65"，系统类型选择"消火栓灭火系统"，系统编号选择"XH1"，起点标高、终点标高均改为"层底标高+0.8"，其他属性值不变。建立的管道构件列表如图 6-39 所示。

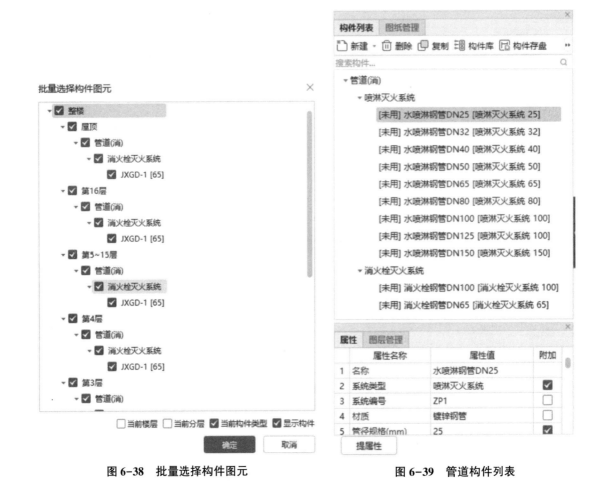

图 6-38　批量选择构件图元　　　　　　图 6-39　管道构件列表

(二) 识别消火栓管道

在识别管道功能包中，有消火栓管道提量、系统图、按系统编号识别等功能可以识别消火栓管道，如图 6-40 所示，这些功能智能化程度较高、识别快，但要求系统图简单明了。本工程消火栓系统立管编号主要有 XL-1、XL-2、XL-3，但从屋顶到第 16 层，立管位置发生改变，又出现了 XL-1′、XL-2′，导致用上述功能进行识别存在困难，软件功能需进一步完善。

消火栓灭火系统在第-1 层从消防水泵到立管及屋顶层从消防水箱到立管有少量水平管道，其他均为立管，可采用绘图功能绘制构件图元。

1. 绘制消火栓灭火系统水平管

对于室内消火栓及屋顶试验消火栓支管，在任意楼层，左键点击构件列表"消火栓钢管 DN65"构件，再点击绘图功能包"直线"，弹出"直线绘制"对话框，可以使用窗体标高重新设置要绘制图元的安装高度，也可以使用构件标高，根据图纸的规定灵活选用。对于标高不一

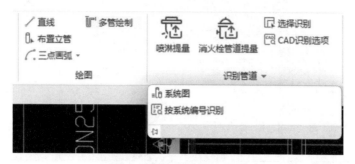

图 6-40　识别管道功能包

致但在平面图上相连的水平管，还可勾选"自动生成立管"选项，让软件自动生成立管。在绘图区从消火栓连接点开始，沿 DN65 管线绘图（如果识别消火栓时已建立了消火栓支管图元则忽略此步）。根据管道清单工程量计算规则，管道长度不扣除阀门、管件及各种组件所占长度，因此，管道绘制时应穿过整个阀门、管件及各种组件。在绘制一段管道后，如果图纸中下一段管道的管径规格、标高发生改变，则在构件列表左键点选相应管径规格的构件，并调整"直线绘制"对话框中的标高等参数，再到绘图区完成下一段管道的绘制。对各楼层重复此过程，最终完成所有消火栓支管的绘制。

对负一层从消防水泵接合器到消防水泵给水设备、从消防水泵到消火栓立管的水平管道，以及屋顶从消防水箱到消火栓立管的水平管道，图元绘制的方法同上。管道绘制时，应检查 XL-1、XL-2、XL-3（屋顶到第 16 层为 XL-1′、XL-2′）立管相连水平管是否都绘制，确保不漏绘制。

检查已绘制的水平管道，发现连接消防水泵接合器和消防水泵给水设备的管道，与连接XL-2 立管和消防水泵给水设备的管道相连，如图 6-41 中蓝框内所示，与实际情况不符，这主要是由于管道标高相同，在相交的位置会自动连接。因此，需要对空间上会相交而实际不相连的管道重新识别，在空间上相交处通过扣立管避免相连。左键点击与连接 XL-2 立管的水平管相交的管道，点击修改功能包的"删除"功能或键盘 Delete 键，删除管道构件图元。点击连接 XL-2 立管的水平管接头两侧的管道，点击修改功能包的"合并"功能，合并接头两侧管道。点击绘图功能包的"直线"功能，分别绘制连接 XL-2 立管的水平管两侧删除的管道图元，新绘制管道末端与连接 XL-2 立管的水平管保持一定距离，如图 6-41 所示。点击"直线"功能，在弹出的"直线绘制"对话框，设置扣管高度为 0.2 m，点击"下扣"，在绘图区连接要下扣管道两侧的管道，右键确认。此时，两条管线已不再相交。"修改"功能包中各功能可对已识别构件图元进行打断、合并、复制、删除、拉伸等各种操作，使建立的模型与图纸相符。

2．布置消火栓立管

首先布置 XL-1 立管。XL-1 立管两端连接的水平管分别在第−1 层和第 16 层，第−1 层水平管的标高为"层顶标高−0.3"，第 16 层层顶水平管与消火栓支管间已建立了立管，因此立管终点标高与第 16 层消火栓支管标高一致。在第−1 层~第 16 层的任意楼层，点击绘图功能包中"布置立管"功能，弹出"布置立管"对话框，选择立管形式栏选择"布置立管"（本工程立管直径一致），布置参数设置栏，底标高设为"第−1 层层顶标高−0.3"，顶标高设为"第

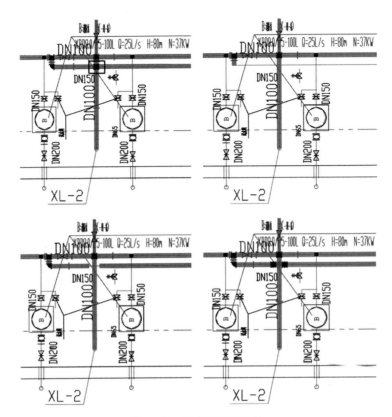

图 6-41　管道相交扣立管

16 层层底标高+0.8"，点击构件列表里的"消火栓钢管 DN100"构件(注：建立本构件时，设置了构件起点标高、终点标高，在布置立管时，又重新设置了起点标高、终点标高，因为这些属性为私有属性，改变这些属性不会对已识别构件图元造成影响，但在汇总工程量时，可以按构件名称、管径规格等公有属性汇总为同一种图元)，在绘图区 XL-1 立管图例处，按左键布置立管，右键退出。

　　按同样的方法，分别布置 XL-1′、XL-2、XL-2′、XL-3 立管。检查发现，XL-1′、XL-2′立管在不同楼层的竖向位置不一致，导致立管与水平管不能相连，如图 6-42 所示。可以通过对构件图元进行修改操作，使水平管、立管相连，但管道的具体位置需与设计单位确认。

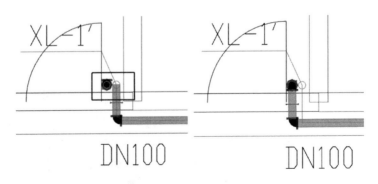

图 6-42　布置消火栓立管

(三) 识别喷淋管道

1. 识别喷淋水平管

识别管道功能包的"喷淋提量"功能，可以一键完成某一层图纸中的喷淋系统管道识别。逐层识别时，按从高楼层向低楼层的顺序识别，在第 16 层，点击"喷淋提量"功能，根据操作提示栏提示，左键拉框选择所有要识别的管道，右键确认，弹出"喷淋提量"对话框，如图 6-43 所示。管道材质选择"镀锌钢管"，管道标高设为"层顶标高-0.3"，危险等级选"中危险级"，勾选优先按标注计算管径，点击"设置危险等级"按钮，弹出对话框，由于本工程采用了 DN125 的管道(第 5~15 层)，而对话框中管径规格没有 DN125，需要添加。左键单击 DN150，点击右键，点击添加行，在添加行的管径侧栏输入 DN125，喷头最大个数栏输入 80，点击任意栏，管径规格自动按大小排序，关闭对话框。勾选"全部分区"，在各分区下，分别点击"推荐入水口-1""推荐入水口-2"，绘图区会切换至相应位置，点击正确的推荐入水口后的圆圈，点击"生成图元"，该楼层喷淋灭火系统所有水平管道均被识别，且自动生成水平管与喷头之间的立管图元。左键点击"检查/显示"功能包"检查回路"功能，左键点选任一喷淋管道图元，绘图区亮显连通回路的水喷淋钢管及喷头，绘图区下方列表显示图元工程量，如图 6-44 所示(注：按 C 键可隐藏或显示图纸)。

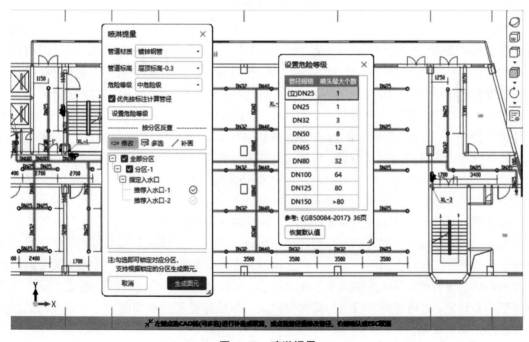

图 6-43 喷淋提量

按照相同的方式，可以识别完第 5~15 层、第 4 层、第 3 层、首层的喷淋灭火系统管道，且后识别的楼层喷淋提量功能各参数会沿用前一楼层喷淋提量设置的参数，无须重新设置。

在用相同方法识别第 2 层喷淋管道时，弹出的"喷淋提量"对话框中出现了"管径错误"的提示，点击"管径错误"，图中闪亮显示该错误管径，如图 6-45 所示。可以发现，入水管标

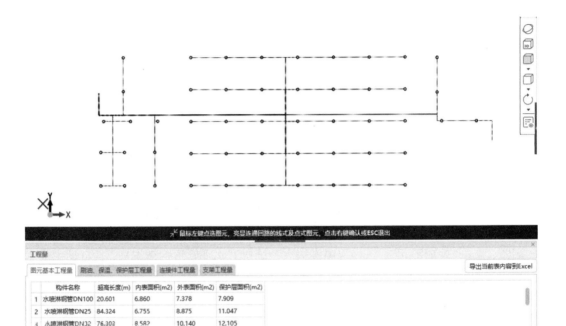

	构件名称	超高长度(m)	内表面积(m2)	外表面积(m2)	保护层面积(m2)
1	水喷淋钢管DN100	20.601	6.860	7.378	7.909
2	水喷淋钢管DN25	84.324	6.755	8.875	11.047
3	水喷淋钢管DN32	76.30?	8.582	10.140	12.105

图 6-44　检查回路

注的管径规格为DN25，由于"喷淋提量"对话框中勾选了"优先按标注计算管径"，因而软件识别的管道直径规格为DN25，但该管道带了63个喷头，不符合"设置危险等级"中管径规格与所带喷头数量的规定，因而报错。其他管径错误的原因也一样。一种解决方法是不勾选"优先按标注计算管径"，让软件自动计算出所需的管径规格，但计算出的管径不一定和图纸标注的管径一致(比如软件计算的管径规格为DN80，而图纸标注的是DN100)，因而不一定能准确反映图纸设计意图及工程量，需要认真核对计算管径和图纸标注管径。另一种解决方法是修改错误管径的标注，然后再识别。无论采用哪种方法，都要和设计单位沟通，修改好设计方案后再识别。本工程案例采用第一种方法识别喷淋管道。

对于第-1层，喷头仅设在⑥~⑧轴，②~⑥轴存在多个给水管道回路，且与消防水泵接合器相连。喷淋提量时，如果识别范围选整张图纸，软件会推荐多个入水口，且存在回形管道错误。因此，在选择识别范围时，可只选择⑥~⑧轴喷头所在的范围，就能够快速识别出该范围内的喷淋管道。⑥~⑧轴的水平喷淋管道，可以通过绘图功能绘制。连接3根立管的水平管分布较密，可通过调整管道标高避免碰撞。屋顶连接消防水箱的水平喷淋管道，也可以通过绘图功能绘制。

2.布置喷淋立管

查看系统图，共有3根喷淋立管，ZPL-0连接第-1层供水管道和屋顶消防水箱，ZPL-1负责第-1层到第7层喷淋供水，ZPL-2负责第8层到第16层喷淋供水，所有立管管径规格均为DN150。本工程第5~15层为标准层，采用一张图纸，立管为ZPL-1，导致第8~第15层的立管不能和水平管相连。

首先布置立管ZPL-0，在平面图包含该立管的任意楼层，点击绘图功能包中"布置立管"

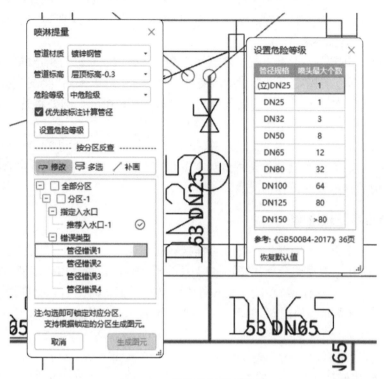

图 6-45 管径错误管道查看

功能，弹出"布置立管"对话框，如图 6-46 所示，选择立管形式栏选择"布置立管"，布置参数设置栏，底标高设为"第-1层_层顶标高-0.3"，顶标高设为"屋顶_层底标高+0.3"，点击构件列表里的"水喷淋钢管 DN150"构件，将安装部位属性改为"立干明装"，在绘图区 ZPL-0 立管图例处，按左键布置立管，右键退出。

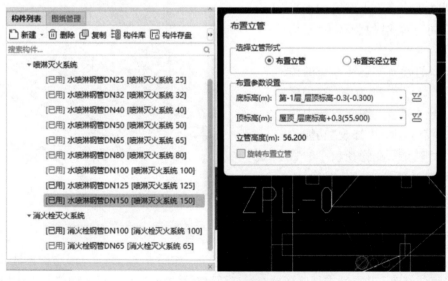

图 6-46 布置立管

用同样的方法布置立管 ZPL-1、ZPL-2，它们的底标高和 ZPL-0 一致（若为避免碰撞调整了相连水平管标高，则相连立管底标高相应调整），顶标高分别为"第 7 层_层顶标高-0.3"、"第 16 层_层顶标高-0.3"。

各楼层喷淋管道末端均设有末端试水阀或末端试水装置，与它们相连的管道在部分楼层的图纸中用虚线表示，导致在喷淋提量时没有被识别出来，可以采用"绘图"功能包的"直线"功能绘制。同时，末端试水阀的安装高度宜为 1.5 m，需要在试水阀处将管道打断并调整阀门后的管道标高为合适高度，比如"层底标高+1.2"。

末端试水装置或试水阀排出的水，应排入排水管道，因此，喷淋管道也应包括排水管。排水管的识别或绘图方法和其他管道一样，本工程案例图纸中没有给出排水管，实际工程中应和设计单位沟通排水管的设计情况。

(四) 检查显示及碰撞检查

检查喷头与水平管、水平管与立管是否连接，动态观察已建立的消火栓、灭火器、喷头及管道，整体视图和局部视图分别如图 6-47、图 6-48 所示。进入"BIM 模型"选项卡，在"实体显示"功能包点击"实体模型"功能，弹出实体模型对话框，选择不同类型构件的几何外观模型，并设置相关参数值，如图 6-49 所示。在"实体显示"功能包点击"实体渲染"功能，各构件图元显示为实体模型，更加形象逼真，如图 6-50 所示。

在"BIM 检查"功能包点击"碰撞检查"功能，弹出碰撞检查结果如图 6-51 所示。共检查出 46 处碰撞，分为两类，一类为干粉灭火器之间的碰撞，是由图例过于靠近引起的，可以忽略；另一类是消火栓钢管和水喷淋钢管之间的碰撞，分布在第-1 层、第 16 层及屋顶，是由于在识别这两种水灭火系统的水平管道时，同一楼层的管道标高均相同。

管道间的碰撞需要在相交的位置扣立管。以序号 24 为例，双击序号 24 栏，反查图元，图元呈选中状态，在"建模"选项卡"修改"功能包点击"打断"功能，在管径较小的管道上左键选择打断点，右键确认，打断后的管道多了两个接头。左键选择打断点之间的管道，在属性栏修改管道起点标高、终点标高均为

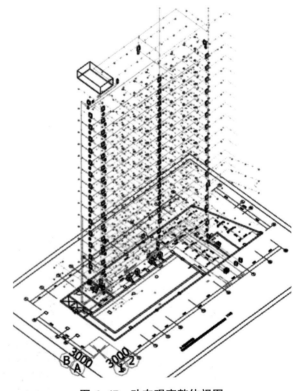

图 6-47　动态观察整体视图

"层顶标高-0.5"，使消火栓支管下扣相交喷淋管道，如图 6-52 所示。用这种方法完成对其他碰撞管道的修改，并重新进行碰撞检查，直至没有管道碰撞。建议软件将此工作程序化。

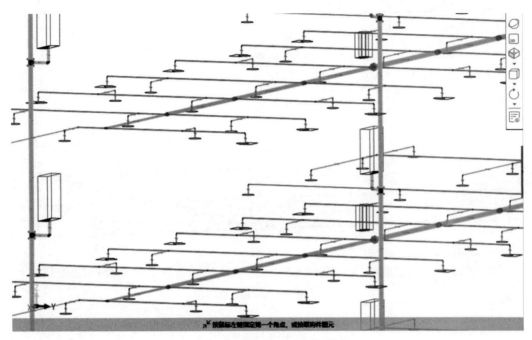

图 6-48 动态观察局部视图

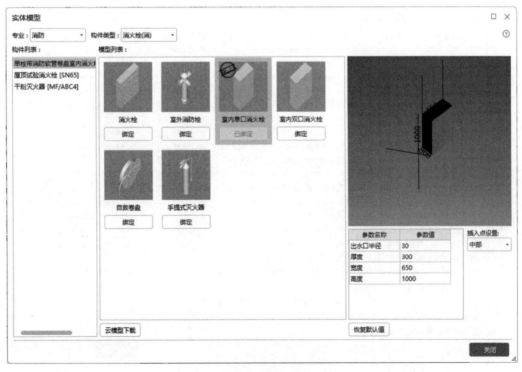

图 6-49 实体模型参数设置

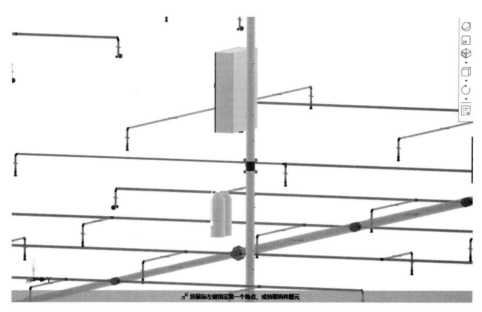

图 6-50　实体渲染

序号	专业	构件类型	构件名称	楼层	位置
13	消防/消防	消火栓(消)/消火栓(消)	干粉灭火器/干粉灭火器	第5~15层/第5~15层	1940(ID) / 1941(ID)
14	消防/消防	消火栓(消)/消火栓(消)	干粉灭火器/干粉灭火器	第5~15层/第5~15层	1942(ID) / 1943(ID)
15	消防/消防	消火栓(消)/消火栓(消)	干粉灭火器/干粉灭火器	第4层/第4层	1944(ID) / 1945(ID)
16	消防/消防	消火栓(消)/消火栓(消)	干粉灭火器/干粉灭火器	第4层/第4层	1946(ID) / 1947(ID)
17	消防/消防	消火栓(消)/消火栓(消)	干粉灭火器/干粉灭火器	第4层/第4层	1948(ID) / 1949(ID)
18	消防/消防	消火栓(消)/消火栓(消)	干粉灭火器/干粉灭火器	第4层/第4层	1950(ID) / 1951(ID)
19	消防/消防	消火栓(消)/消火栓(消)	干粉灭火器/干粉灭火器	首层/首层	1952(ID) / 1953(ID)
20	消防/消防	消火栓(消)/消火栓(消)	干粉灭火器/干粉灭火器	首层/首层	1954(ID) / 1955(ID)
21	消防/消防	消火栓(消)/消火栓(消)	干粉灭火器/干粉灭火器	首层/首层	1956(ID) / 1957(ID)
22	消防/消防	消火栓(消)/消火栓(消)	干粉灭火器/干粉灭火器	首层/首层	1958(ID) / 1959(ID)
23	消防/消防	消火栓(消)/消火栓(消)	干粉灭火器/干粉灭火器	第-1层/第-1层	1964(ID) / 1965(ID)
24	消防/消防	管道(消)/管道(消)	消火栓钢管DN65/水喷淋钢管DN100	第-1层/第-1层	1983(ID) / 5033(ID)
25	消防/消防	管道(消)/管道(消)	消火栓钢管DN100/水喷淋钢管DN32	第-1层/第-1层	1991(ID) / 4342(ID)
26	消防/消防	管道(消)/管道(消)	消火栓钢管DN100/水喷淋钢管DN25	第-1层/第-1层	1991(ID) / 4352(ID)
27	消防/消防	管道(消)/管道(消)	消火栓钢管DN100/水喷淋钢管DN25	第-1层/第-1层	1991(ID) / 4354(ID)
28	消防/消防	管道(消)/管道(消)	消火栓钢管DN100/水喷淋钢管DN50	第-1层/第-1层	1991(ID) / 4356(ID)
29	消防/消防	管道(消)/管道(消)	消火栓钢管DN100/水喷淋钢管DN32	第-1层/第-1层	1991(ID) / 4378(ID)
30	消防/消防	管道(消)/管道(消)	消火栓钢管DN100/水喷淋钢管DN25	第-1层/第-1层	2001(ID) / 4344(ID)
31	消防/消防	管道(消)/管道(消)	消火栓钢管DN100/水喷淋钢管DN50	第-1层/第-1层	2001(ID) / 4356(ID)
32	消防/消防	管道(消)/管道(消)	消火栓钢管DN100/水喷淋钢管DN32	第-1层/第-1层	2001(ID) / 4380(ID)
33	消防/消防	管道(消)/管道(消)	消火栓钢管DN100/水喷淋钢管DN100	第-1层/第-1层	2004(ID) / 4337(ID)
34	消防/消防	管道(消)/管道(消)	消火栓钢管DN100/水喷淋钢管DN40	第-1层/第-1层	2004(ID) / 4384(ID)
35	消防/消防	管道(消)/管道(消)	消火栓钢管DN100/水喷淋钢管DN25	第-1层/第-1层	2052(ID) / 4344(ID)
36	消防/消防	管道(消)/管道(消)	消火栓钢管DN100/水喷淋钢管DN50	第-1层/第-1层	2052(ID) / 4356(ID)

提示：共检查出46处碰撞，双击可反查图元，图元呈选中状态。

☑ 显示已忽略的碰撞项

碰撞设置　　让让建筑　　导出报告　　　　　重新检查　　关闭

图 6-51　碰撞检查

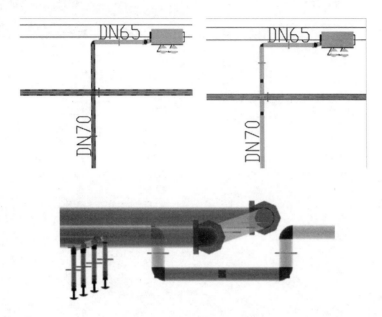

图 6-52　碰撞管道扣立管

五、阀门法兰建模

在每个防火分区、楼层，设有 DN100 信号蝶阀、DN25 末端试水阀，而在每个报警阀组控制的最不利点洒水喷头处（第 7 层、第 16 层），末端试水阀由末端试水装置代替。末端试水装置由压力表、试水阀及试水接头组成，按照清单工程量计算规则，它属于一个清单项，作为一个整体来计算工程量，而不对它包含的组件分别计量。末端试水装置包含的试水阀属于阀门，包含的压力表属于管道附件，其整体属于阀门还是管道附件，软件没有规定，本工程案例将其归为管道附件。在第-1 层、屋顶还有闸阀、止回阀等。

（一）建立阀门构件

在导航栏点击"阀门法兰"，进入阀门法兰建模界面，点击"构件列表""新建""新建阀门"，进入阀门属性设置界面。首先建立信号蝶阀构件，构件名称设为"信号蝶阀 DN100"，类型选择"蝶阀"，材质根据图纸信息选择，本案例假设为"铜芯"，规格型号为"DN100"，连接方式和相同管径规格管道的连接方式相同，选择"沟槽连接"，所在位置选择"室内部分"，安装部位选择"吊顶暗敷"，其他属性默认。

用新建、复制并修改等方法建立末端试水阀、闸阀、止回阀等构件，部分构件属性如图 6-53 所示。

（二）识别阀门构件

阀门属于点式构件，其识别方法与喷头、消火栓等点式构件相同。对于每层或大多数层都有的构件，比如信号蝶阀、末端试水阀，用"设备提量"功能识别更快；对于零星的阀门构

图 6-53　阀门构件属性

件，可直接用"绘图"功能绘制。本工程案例识别阀门过程中，需注意的事项如下：

（1）采用"设备提量"功能识别各楼层末端试水阀时，选择楼层步骤中，先勾选所有楼层，再取消第 4 层、第 16 层的勾选，因为第 7 层、第 16 层这两层是末端试水装置，要到管道附件里识别，但第 7 层属于第 5~15 层的标准层，没有单独的楼层，因而用不勾选第 4 层代替不勾选第 7 层，这样，在统计工程量时，末端试水阀和末端试水装置的工程量都是对的，只是安装楼层不同，可在编制工程量清单时修改为正确的安装位置。

（2）已建立的构件，系统类型均为"喷淋灭火系统"，识别或绘制完喷淋系统阀门后，再绘制消火栓灭火系统阀门构件图元时，将构件的系统类型修改为"消火栓灭火系统"，便于软件按系统统计工程量。系统类型为私有属性，修改私有属性不改变已识别构件图元的属性。

（3）根据清单工程量计算规则，给水设备清单项包括水泵及附件，附件包括给水装置中配备的阀门、仪表、软接头，含设备、附件之间管路连接；因此，与消防水泵、喷淋水泵相连的阀门不需要单独识别。

对软件的建议：末端试水阀安装在立管上，目前在识别末端试水阀时，没有安装高度参数，建议后续增加立管上阀门、附件的安装高度属性设置选项。

六、管道附件建模

管道附件包括水流指示器、湿式报警装置、末端试水装置、水表、压力表等，本工程案例包括前 3 项。管道附件属于点式构件，构件的建立及识别同喷头、阀门等点式构件相同。水流指示器每层都有，可以采用"设备提量"功能识别；湿式报警装置、末端试水装置数量少，可以采用"设备提量"功能识别，也可以直接绘制。

七、零星构件（套管）建模

对水灭火系统，零星构件主要包括套管。管道穿墙或楼板，都需要设置套管。如果在图纸上一个个数套管，费时费力。软件提供了自动生成套管功能，但需要先建立墙、楼板构件图元，再判断管道和墙、楼板是否相交，如相交，就依据设定的规则生成套管。因此，需要先建立墙、楼板等建筑结构模型。

左键点击导航栏"建筑结构"，点击"墙"，进入墙建模界面。点击"识别墙"功能包的"自动识别"功能，将 CAD 中图层名称为"wall"的 CAD 图元转化成墙图元或选择墙体边转化成墙图元，根据操作提示栏提示"点击鼠标右键所选楼层均生成墙图元，或左键选择墙边线识别墙图元"，点击右键，弹出"选择楼层对话框"，勾选"所有楼层"，点击确定，软件自动生成墙构件并识别出所有楼层的墙构件图元。

左键点击导航栏"建筑结构"专业下的"现浇板"，进入楼板建模界面。楼板建模目前只能通过绘图功能识别。先新建现浇板构件，构件厚度和楼层设置的厚度一致，为 120 mm，顶标高为层顶标高。再绘制楼板构件图元，本工程楼板形状不是规整的矩形，但外形线条均为直线，可采用"绘图"功能包的"直线"功能，沿楼板外形轮廓逐层绘制出楼板构件图元。识别出墙和楼板的 BIM 模型整体视图如图 6-54 所示。

建筑结构的其他构件对套管的工程量影响很小，本工程案例不再逐一建模。如果需要全专业建模，可以在对所有建筑结构构件建模后，再生成套管。

在导航栏返回消防专业"零星构件"，在"建模"选项卡下"识别零星构件"功能包中，点击"生成套管（水）"，弹出"生成设置"对话框，选择生成套管的类型、套管大小、孔洞生成方式、孔洞类型、孔洞大小，点击"选择构件"，选择所有需要穿墙和楼板的喷淋灭火系统、消火栓灭火系统管道图元，相关设置如图 6-55 所示，点击"确定"，软件自动建立套管、预留孔洞构件并生成构件图元。如图 6-56 所示为 XL-3 立管穿楼板、连接 XL-3 立管的水平管穿墙生成的套管。

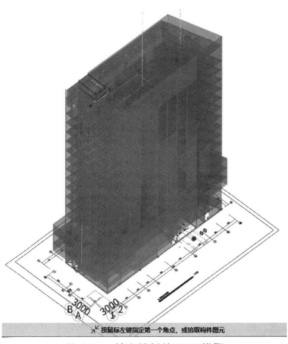

图 6-54　墙和楼板的 BIM 模型

图 6-55　生成套管设置界面

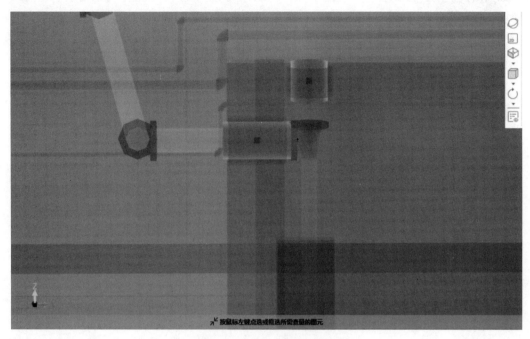

图 6-56　穿墙、穿楼板套管

八、表格算量

对于不能在图纸上通过识别或绘图建立 BIM 模型、但又在设计说明中提到的工程量，可以通过"表格算量"统计这部分工程量。点击"建模"选项卡下的"表格算量"功能，在绘图区下方显示算量表格，可以添加各类构件图元，设置图元所在的楼层、名称、类型、材质、规格型号等参数，并输入图元工程量。在后续工程量汇总计算时，BIM 模型工程量和表格算量工程量会一起汇总。

九、模型检查与展示

水灭火系统 BIM 模型初步建立后，应对模型进行详细检查。利用"建模"选项卡下"检查/显示"功能包中"漏量检查"功能，可以检查出未识别的 CAD 块图元和没有连接关系的管道图元，对检查出来的结果逐个双击显示所在位置，判断是否需要补充识别(有些图元包含在已识别图元中，不必单独识别，比如与水泵相连的阀门已包含在给水设备中)。同时，可开展漏项检查、属性检查、设计规范检查、回路检查、图元合法性检查等，对检查出的问题逐一核实，并做出必要的修改完善。

进入"BIM 模型"选项卡，在"实体显示"功能包点击"实体模型"功能，弹出实体模型对话框，选择不同类型构件的几何外观模型，并设置相关参数值。在"实体显示"功能包点击"实体渲染"功能，各构件图元显示为实体模型，更加形象逼真。

如前所述，模型的展示主要通过"视图"功能包及"显示设置"功能，可以对所有楼层或部分楼层、所有构件图元或部分图元进行任意角度的三维查看。同时，"BIM 模型"选项卡下的"实体显示"功能包可以设置各图元的几何外观模型并进行实体渲染，使显示更加形象逼真。本工程案例去掉墙后的整体和局部 BIM 模型如图 6-57~图 6-61 所示。

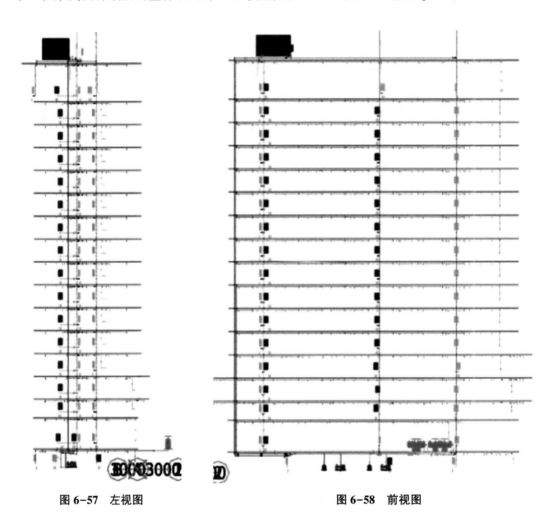

图 6-57　左视图　　　　　　　　　　　　　图 6-58　前视图

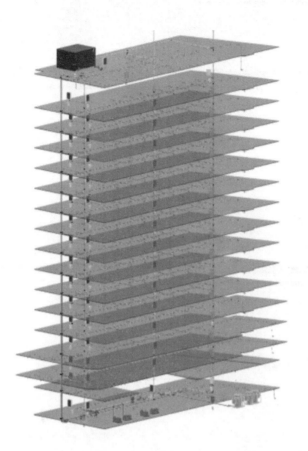

图 6-59　西南等轴侧

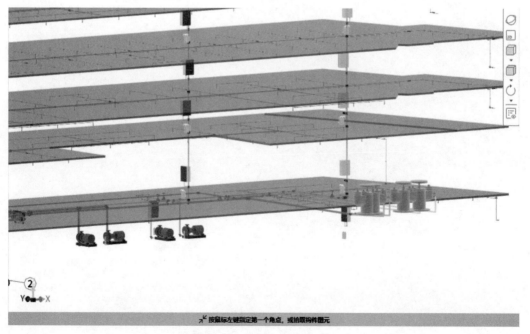

图 6-60　水泵接合器及水泵

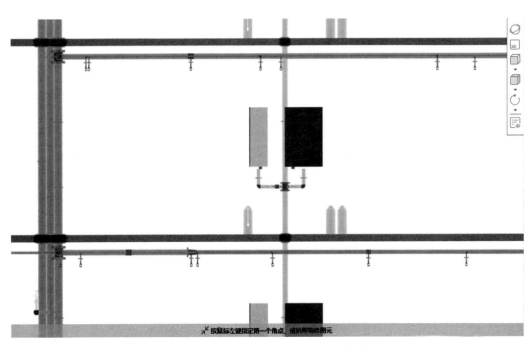

图 6-61　消火栓、灭火器、喷头、管道

第七章　火灾自动报警系统 BIM 模型

▶ 第一节　火灾自动报警系统组成

一、系统简介

　　火灾自动报警系统是指能探测火灾早期特征、发出火灾报警信号，为人员疏散、防止火灾蔓延和启动自动灭火设备提供控制与指示的消防系统。火灾自动报警系统一般设置在工业与民用建筑场所，与自动灭火系统、疏散诱导系统、防烟排烟系统及防火分隔系统等其他消防分类设备一起构成完整的建筑消防系统。

　　火灾自动报警系统是由触发装置、火灾报警装置、火灾警报装置及具有其他辅助功能的装置组成的。火灾自动报警系统分为环形布线与树形布线两种方式，所以火灾自动报警系统图也分为两种。相较而言，环形布线更安全。国外生产的火灾自动报警系统一般采用环形布线，而国内生产的火灾自动报警系统一般都是树形布线，如图7-1所示。

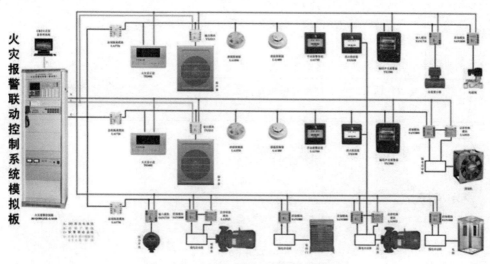

图7-1　火灾自动报警系统原理图(树形布线)

二、工作原理

火灾发生时，安装在保护区域现场的火灾探测器，将火灾产生的烟雾、热量和光辐射等火灾特征参数转变为电信号，经数据处理后，将火灾特征参数信息传输至火灾报警控制器；或直接由火灾探测器做出火灾报警判断，将报警信息传输到火灾报警控制器。火灾报警控制器在接收到探测器的火灾特征参数信息或报警信息后，经报警确认判断，显示报警探测器的部位，记录探测器火灾报警的时间。处于火灾现场的人员，在发现火灾后可立即触动安装在现场的手动火灾报警按钮，手动火灾报警按钮将报警信息传输到火灾报警控制器。火灾报警控制器在接收到手动火灾报警按钮的报警信息后，经报警确认判断，显示动作的手动火灾报警按钮的部位，记录手动火灾报警按钮报警的时间。火灾报警控制器在确认火灾探测器和手动火灾报警按钮的报警信息后，驱动安装在被保护区域现场的火灾警报装置，发出火灾警报，向处于被保护区域内的人员警示火灾的发生。

三、系统主要组件介绍

（一）火灾探测器

根据检测火灾的特性不同，火灾探测器分为：感烟探测器、感温探测器、感光探测器、复合探测器及气体探测器，如表7-1、图7-2所示。根据感应元件的结构分为点型和线型探测器。根据操作后是否可以复位分为可复位和不可复位探测器。根据维修保养时是否可以拆卸维修分为可拆式和不可拆式探测器。

表7-1 火灾探测器分类

探测器类型	作用特点
感烟探测器	探测悬浮在大气中的燃烧或热解产生的固体微粒或液体微粒的火灾探测器，进一步可分为离子感烟、光电感烟、红外光束、吸气等类型
感温探测器	对温度和/或温度变化响应的火灾探测器
感光探测器	对火焰光辐射响应的火灾探测器，又称火焰探测器，进一步可分为紫外、红外及复合式等类型
气体探测器	响应燃烧或热解产生的气体的火灾探测器
复合探测器	集多种探测原理于一身的探测器，进一步又可分为烟温复合、红外紫外复合等火灾探测器

(a) 感烟探测器　　　(b) 感温探测器　　　(c) 感光探测器　　　(d) 复合探测器

图7-2 火灾探测器

(二)手动火灾报警按钮

手动火灾报警按钮是通过手动启动器件发出火灾报警信号的装置(图7-3)。

(三)火灾声光警报装置

火灾声光警报装置是与火灾报警控制器分开设置,在火灾情况下能够发出声或光火灾警报信号的装置,又称火灾声光警报器(图7-4)。

图7-3　手动火灾报警按钮

图7-4　火灾声光警报器

(四)区域显示器(火灾显示盘)

区域显示器(火灾显示盘)是作为火灾报警指示设备的一部分,能够接收火灾报警控制器发出的信号,显示发出火警部位或区域,并能发出声光火灾信号的装置(图7-5)。

(五)火灾报警控制器(联动型)

在火灾自动报警系统中,用以接收、显示和传递火灾报警信号,并能发出控制信号和具有其他辅助功能的控制指示设备称为火灾报

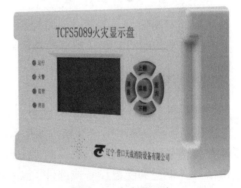

图7-5　火灾显示盘

警装置。火灾报警控制器就是其中最基本的一种。火灾报警控制器(联动型)是具有联动控制功能的火灾报警控制器(图7-6)。

(六)消防应急广播

消防应急广播是用于火灾情况下的专门广播设备,它的主要功能是向现场人员通报火灾发生,指挥并引导现场人员疏散。

(七)消防专用电话

消防电话是用于消防控制室与建筑物中各部位之间通话的电话系统。它由消防电话总

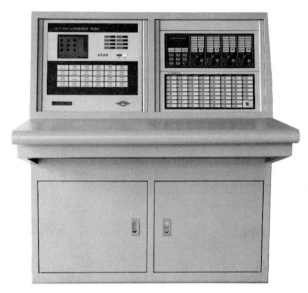

图 7-6 火灾报警控制器(联动型)

机、消防电话分机、消防电话插孔构成。消防电话是与普通电话分开的专用独立系统，消防电话的总机设在消防控制室，分机分设在其他各个部位。

(八) 消防控制室图形显示装置

消防控制室图形显示装置是消防控制室中安装的用来显示现场各类消防设备在建筑中布局、工作状态及其他消防安全信息的显示装置。

(九) 消防联动模块

消防联动模块是用于消防联动控制器和其所连接的受控设备或部件之间信号传输的设备，包括输入模块、输出模块和输入输出模块。输入模块的功能是接收受控设备或部件的信号反馈并将信号输入到消防联动控制器中进行显示，输出模块的功能是接收消防联动控制器的输出信号并发送到受控设备或部件，输入输出模块则同时具备输入模块和输出模块的功能 (图 7-7)。

(a)输入输出模块

(b)输出模块

图 7-7 消防联动模块

四、系统分类

(一)区域报警系统

区域报警系统应由火灾探测器、手动火灾报警按钮、火灾声光警报器及火灾报警控制器等组成,系统中可包括消防控制室图形显示装置和指示楼层的区域显示器。区域报警系统的组成示意图如图 7-8 所示。区域报警系统适用于仅需要报警,不需要联动自动消防设备的保护对象。

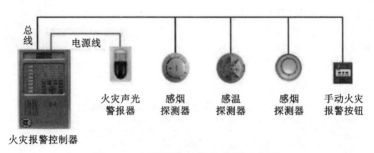

图 7-8　区域报警系统的组成示意图

(二)集中报警系统

集中报警系统应由火灾探测器、手动火灾报警按钮、区域火灾报警控制器、消防应急广播、消防专用电话、消防控制室图形显示装置、火灾报警控制器、消防联动控制器等组成。集中报警系统的组成示意图如图 7-9 所示。集中报警系统适用于具有联动要求的保护对象。

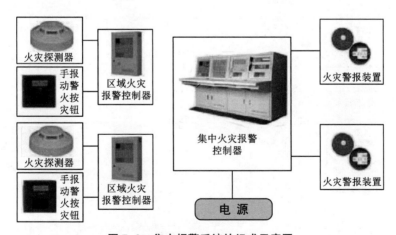

图 7-9　集中报警系统的组成示意图

(三)控制中心报警系统

有两个及以上集中报警系统或设置两个及以上消防控制室的保护对象应采用控制中心报

警系统。控制中心报警系统一般适用于建筑群或体量很大的保护对象，这些保护对象中可能设置几个消防控制室，也可能由于分期建设而采用了不同企业的产品或同一企业不同系列的产品，或由于系统容量限制而设置了多个起集中作用的火灾报警控制器等，这些情况下均应选择控制中心报警系统。

▶ 第二节　火灾自动报警系统清单工程量计算规则

一、火灾自动报警系统工程量清单

火灾自动报警系统工程量清单项目设置、项目特征描述的内容、计量单位及工程量计算规则等，应按表 7-2 的规定执行。

表 7-2　火灾自动报警系统（编码：030904）

项目编码	项目名称	项目特征	计量单位	工程量计算规则	工作内容
030904001	点型探测器	1. 名称 2. 规格 3. 线制 4. 类型	个	按设计图示数量计算	1. 底座安装 2. 探头安装 3. 校接线 4. 编码 5. 探测器调试
030904002	线型探测器	1. 名称 2. 规格 3. 安装方式	m	按设计图示长度计算	1. 探测器安装 2. 接口模块安装 3. 报警终端安装 4. 校接线
030904003	按钮	1. 名称 2. 规格	个	按设计图示数量计算	1. 安装 2. 校接线 3. 编码 4. 调试
030904004	消防警铃				
030904005	声光报警器				
030904006	消防报警电话插孔（电话）	1. 名称 2. 规格 3. 安装方式	个（部）		
030904007	消防广播（扬声器）	1. 名称 2. 功率 3. 安装方式	个		
030904008	模块（模块箱）	1. 名称 2. 规格 3. 类型 4. 输出形式	个（台）		

续表7-2

项目编码	项目名称	项目特征	计量单位	工程量计算规则	工作内容
030904009	区域报警控制箱	1. 多线制 2. 总线制 3. 安装方式 4. 控制点数量 5. 显示器类型	台	按设计图示数量计算	1. 本体安装 2. 校接线、摇测绝缘电阻 3. 排线、绑扎、导线标识 4. 显示器安装 5. 调试
030904010	联动控制箱				
030904011	远程控制箱(柜)	1. 规格 2. 控制回路			
030904012	火灾报警系统控制主机	1. 规格、线制 2. 控制回路 3. 安装方式	台		1. 安装 2. 校接线 3. 调试
030904013	联动控制主机				
030904014	消防广播及对讲电话主机(柜)				
030904015	火灾报警控制微机(CRT)	1. 规格 2. 安装方式			1. 安装 2. 调试
030904016	备用电源及电池主机(柜)	1. 名称 2. 容量 3. 安装方式	套		1. 安装 2. 调试
030904017	报警联动一体机	1. 规格、线制 2. 控制回路 3. 安装方式	台	按设计图示数量计算	1. 安装 2. 校接线 3. 调试

注：1. 消防报警系统配管、配线、接线盒均应按《通用安装工程工程量计算规范》(GB 50856—2013)附录 D 电气设备安装工程相关项目编码列项。

2. 消防广播及对讲电话主机包括功放、录音机、分配器、控制柜等设备。

3. 点型探测器包括火焰、烟感、温感、红外光束、可燃气体探测器等。

二、自动报警系统调试工程量清单

自动报警系统调试工程量清单项目设置、项目特征描述的内容、计量单位及工程量计算规则等，应按表 7-3 的规定执行。

表 7-3　自动报警系统调试工程量清单

项目编码	项目名称	项目特征	计量单位	工程量计算规则	工作内容
030905001	自动报警系统调试	1. 点数 2. 线制	系统	按系统计算	系统调制
030905003	防火控制装置调试	1. 名称 2. 类型	个(部)	按设计图示数量计算	

注：1. 自动报警系统，包括各种探测器、报警器、报警按钮、报警控制器、消防广播、消防电话等组成的报警系统；按不同点数以系统计算。

2. 防火控制装置，包括电动防火门、防火卷帘门、正压送风阀、排烟阀、防火控制阀、消防电梯等防火控制装置；电动防火门、防火卷帘门、正压送风阀、排烟阀、防火控制阀等调试以个计算，消防电梯以部计算。

三、电缆安装工程量清单

电缆安装工程量清单项目设置、项目特征描述的内容、计量单位及工程量计算规则等，应按表 7-4 的规定执行。

表 7-4 电缆安装工程量清单

项目编码	项目名称	项目特征	计量单位	工程量计算规则	工作内容
030408001	电力电缆	1. 名称 2. 型号 3. 规格 4. 材质	m	按设计图示尺寸以长度计算（含预留长度及附加长度）	1. 电缆敷设 2. 揭（盖）盖板
030408002	控制电缆	5. 敷设方式、部位 6. 电压等级(kV) 7. 地形			
030408003	电缆保护管	1. 名称 2. 材质 3. 规格 4. 敷设方式	m	按设计图示尺寸以长度计算	保护管敷设
030408004	电缆槽盒	1. 名称 2. 材质 3. 规格 4. 型号			槽盒安装
030408005	铺砂、盖保护板(砖)	1. 种类 2. 规格			1. 铺砂 2. 盖板(砖)
030408006	电力电缆头	1. 名称 2. 型号 3. 规格 4. 材质、类型 5. 安装部位 6. 电压等级(kV)	个	按设计图示数量计算	1. 电力电缆头制作 2. 电力电缆头安装 3. 接地
030408007	控制电缆头	1. 名称 2. 型号 3. 规格 4. 材质、类型 5. 安装方式			
030408008	防火堵洞	1. 名称 2. 材质 3. 方式 4. 部位	处	按设计图示数量计算	安装
030408009	防火隔板		m	按设计图示尺寸以面积计	
030408010	防火涂料		kg	按设计图示尺寸以质量计算	

续表7-4

项目编码	项目名称	项目特征	计量单位	工程量计算规则	工作内容
030408011	电缆分支箱	1. 名称 2. 型号 3. 规格 4. 基础形式、材质、规格	台	按设计图示数量计算	1. 本体安装 2. 基础操作、安装

注：1. 电缆穿刺线夹按电缆头编码列项。

2. 电缆井、电缆排管、顶管，应按现行国家标准《市政工程工程量计算规范》(GB 50857—2013)相关项目编码列项。

3. 电缆敷设预留长度及附加长度应符合规范规定。

四、配管、配线工程量清单

配管、配线工程量清单项目设置、项目特征描述的内容、计量单位及工程量计算规则等，应按表 7-5 的规定执行。

表 7-5　配管、配线工程量清单

项目编码	项目名称	项目特征	计量单位	工程量计算规则	工作内容
030411001	配管	1. 名称 2. 材质 3. 规格 4. 配置形式 5. 接地要求 6. 钢索材质、规格	m	按设计图示尺寸以长度计算	1. 电线管路敷设 2. 钢索架设(拉紧装置安装) 3. 预留沟槽 4. 接地
030411002	线槽	1. 名称 2. 材质 3. 规格			1. 本体安装 2. 补刷(喷)油漆
030411003	桥架	1. 名称 2. 型号 3. 规格 4. 材质 5. 类型 6. 接地方式			1. 本体安装 2. 接地
030411004	配线	1. 名称 2. 配线形式 3. 型号 4. 规格 5. 材质 6. 配线部位 7. 配线线制 8. 钢索材质、规格	m	按设计图示尺寸以单线长度计算(含预留长度)	1. 配线 2. 钢索架设(拉紧装置安装) 3. 支持体(夹板、绝缘子、槽板等)安装

续表7-5

项目编码	项目名称	项目特征	计量单位	工程量计算规则	工作内容
030411005	按线箱	1. 名称 2. 材质 3. 规格 4. 安装形式	个	按设计图示 数量计算	本体安装
030411006	接线盒				

注：1.配管、线槽安装不扣除管路中间的接线箱(盒)、灯头盒、开关盒所占长度。

2.配管名称指电线管、钢管、防爆管、塑料管、软管、波纹管等。

3.配管配置形式指明配、暗配、吊顶内、钢结构支架、钢索配管、埋地敷设、水下敷设、砌筑沟内敷设等。

4.配线名称指管内穿线、瓷夹板配线、塑料夹板配线、绝缘子配线、槽板配线、塑料护套配线、线槽配线、车间带形母线等。

5.配线形式指照明线路，动力线路，木结构，顶棚内，砖、混凝土结构，沿支架、钢索、屋架、梁、柱、墙，以及跨屋架、梁、柱。

6.配线保护管遇到下列情况之一时，应增设管路接线盒和拉线盒：(1)管长度每超过30 m，无弯曲；(2)管长度每超过20 m，有1个弯曲；(3)管长度每超过15 m，有2个弯曲；(4)管长度每超过8 m，有3个弯曲。垂直敷设的电线保护管遇到下列情况之一时，应增设固定导线用的拉线盒：(1)管内导线截面为50 mm^{2}及以下，长度每超过30 m；(2)管内导线截面为70~95 mm^2，长度每超过20 m；(3)管内导线截面为120~240 mm^2，长度每超过18 m。在配管清单项目计量时，设计无要求时上述规定可以作为计量接线盒、拉线盒的依据。

7.配管安装中不包括凿槽、刨沟，应按相关项目编码列项。

8.配线进入箱、柜、板的预留长度应符合规范规定。

五、附属工程工程量清单

附属工程工程量清单项目设置、项目特征描述的内容、计量单位及工程量计算规则等，应按表7-6的规定执行。

表7-6 附属工程工程量清单

项目编码	项目名称	项目特征	计量单位	工程量计算规则	工作内容
030413001	铁构件	1. 名称 2. 材质 3. 规格	kg	按设计图示尺寸 以质量计算	1. 制作 2. 安装 3. 补刷(喷)油漆
030413002	凿(压)槽	1. 名称 2. 规格 3. 类型 4. 填充(恢复)方式 5. 混凝土标准	m	按设计图示尺寸 以长度计算	1. 开槽 2. 恢复处理
030413003	打洞(孔)	1. 名称 2. 规格 3. 类型 4. 填充(恢复)方式 5. 混凝土标准	个	按设计图示 数量计算	1. 开孔、洞 2. 恢复处理

续表7-6

项目编码	项目名称	项目特征	计量单位	工程量计算规则	工作内容
030413004	管道包封	1. 名称 2. 规格 3. 混凝土强度等级	m	按设计图示 长度计算	1. 灌注 2. 养护
030413005	人(手)孔砌筑	1. 名称 2. 规格 3. 类型	个	按设计图示 数量计算	砌筑
030413006	人(手)孔防水	1. 名称 2. 类型 3. 规格 4. 防水材质及做法	m^2	按设计图示 防水面积计算	防水

注：铁构件适用于电气工程的各种支架、铁构件的制作安装。

第三节 实例工程火灾自动报警系统设计概况

一、设计说明相关信息

项目概述及设计范围、设计依据见第六章第三节，对火灾自动报警系统的相关说明如下。

本工程按一级保护对象设计。系统包含火灾探测及联动控制系统、消防电话系统。设楼层重复显示器一台，并与原建筑消防控制室主机联网调试运行。相关控制线路均接入原建筑消防报警相应线路，并进行综合调试运行。火灾报警线路和联动控制等线路均采用阻燃电线电缆穿钢管或阻燃桥架保护，明敷钢管应刷防火涂料保护。

系统应能实现如下功能：

(1)各类探测控制设备的设置符合现行规范要求，各设备状态运行、显示正常。

(2)能在消防控制室自动及直接手动控制消防泵、防排烟风机等重要设备的启停，在每个消火栓处设置能直接启动消防泵的按钮，并能向控制中心报警，接收反馈信号。湿式报警阀压力开关动作应能直接连锁启动喷淋泵。

(3)火灾确认后，能控制电梯全部停于首层，并接收其反馈信号。

(4)火灾确认后，应能切断有关部位的非消防电源，并接通警报装置、启动相关消防设备(如消防泵等)。

(5)在消防控制器上，均可自动和手动直接控制消防设备，并显示其工作、故障状态。

(6)防火门采用常闭防火门。

二、系统图

本示例为地上16层、地下1层的楼房建筑，系统图中包含了集中性火灾报警控制器、火灾声光警报器、湿式自动报警阀、手动报警按钮、感烟火灾探测器等火灾自动报警系统内部组件示意图，如图 7-10 所示。

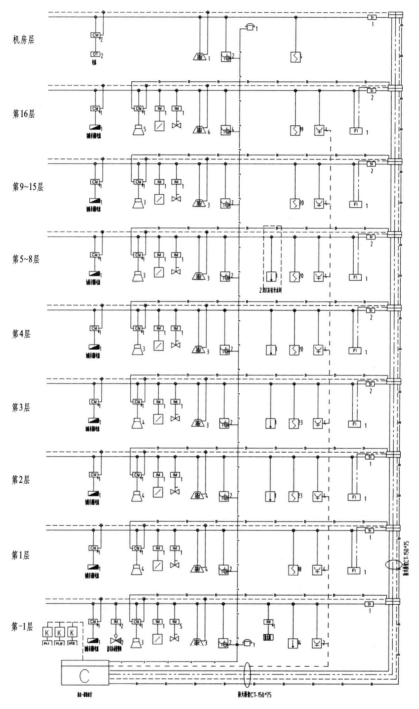

图 7-10 火灾自动报警系统示例系统图

三、平面图

图 7-11 为建筑第-1 层平面图，建筑长边为 42.3 m，短边为 15.6 m，第-1 层设有水池、污水池、水泵房、电梯间及楼梯间。

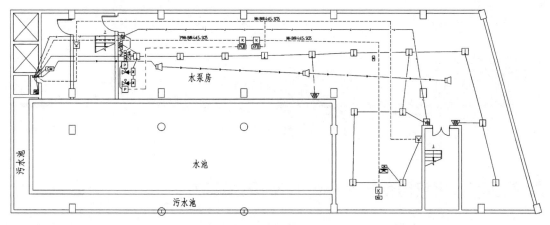

图 7-11　建筑第-1 层平面图

图 7-12 为建筑首层平面图，建筑首层设有大堂、消防控制室、电梯井、楼梯间及外部通道。

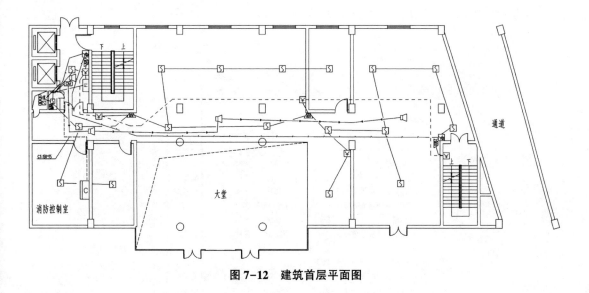

图 7-12　建筑首层平面图

图 7-13 为建筑标准层平面图，标准层内标准间尺寸为 6.6 m×3.6 m，走廊宽 2.4 m，标准层内共包含 16 个房间、两个卫生间、楼梯井及楼梯间。

建筑内其他楼层构造与图 7-13 相仿，不再赘述。

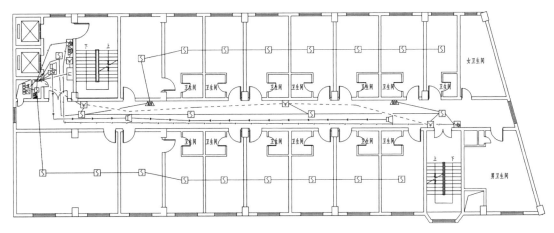

图 7-13　建筑标准层平面图

第四节　火灾自动报警系统 BIM 模型建立

一、分割定位图纸

按照分割水灭火系统图纸的方法，对火灾自动报警系统的平面图进行自动分割。当同一楼层有 2 张及以上平面图时，软件自动用分层来区分，之前分割的水灭火系统图纸为分层 1，新分割的火灾自动报警系统图纸为分层 2，如图 7-14 所示。

名称	比例	楼层	专业系统	分层
□ 图纸				
□ Model	默认			
负一层消防给水平面...	默认	第-1层	多种	分层1
一层消防给水平面布...	默认	首层	多种	分层1
二层消防给水平面布...	默认	第2层	多种	分层1
三层消防给水平面布...	默认	第3层	多种	分层1
四层消防给水平面布...	默认	第4层	多种	分层1
标准层消防给水平面...	默认	第5~15层	多种	分层1
十六层消防给水平面...	默认	第16层	多种	分层1
屋顶消防给水平面布...	默认	屋顶	多种	分层1
□ 图纸_1				
□ Model	默认			
负一层火灾报警与联...	默认	第-1层	火灾报警系统	分层2
一层火灾报警与联动...	默认	首层	火灾报警系统	分层2
二层火灾报警与联动...	默认	第2层	火灾报警系统	分层2
三层火灾报警与联动...	默认	第3层	火灾报警系统	分层2
四层火灾报警与联动...	默认	第4层	火灾报警系统	分层2
标准层火灾报警与联...	默认	第5~15层	火灾报警系统	分层2
十六层火灾报警与联...	默认	第16层	火灾报警系统	分层2

图 7-14　图纸分层

图纸如果采用自动定位，需要对之前已定位的图纸重新定位，要确保重新定位的定位点与之前已定位图纸的定位点一致；也可采用手动定位对新分割的图纸进行定位，定位点与之前已定位图纸的定位点一致。

二、消防器具建模

（一）建立消防器具构件

消防器具种类较多，可以采用前述水灭火系统中逐个建立构件的方法，还可以采用识别材料表的方法，可更快地建立各消防器具构件。

在导航栏点击"消防器具（消）"，进入消防器具建模界面。在"建模"选项卡下"识别消防器具"功能包，点击"材料表"，如图 7-15 所示，按操作提示栏的提示，左键拉框选择需要识别的内容，右键确认，弹出"识别材料表"对话框，如图 7-16 所示。根据每列的具体内容，在每列首行选择对应的属性名称，删除对建立构件无用的信息，核对并修改标高、对应构件类型等属性值，没有设置的属性，生成构件时将取默认值，点击"确定"，生成构件。在构件列表中，可继续对刚生成构件的属性值进行修改完善。

图 7-15　选择要识别的材料表

图7-16　识别材料表对话框

信号蝶阀、水流指示器、报警阀组等动作后发出的信号会发给火灾报警控制器,同时,火灾报警控制器也可以直接启动喷淋泵、消防泵、排烟风机等设备。这些阀门、管道附件、消防设备已在水灭火系统中识别,在火灾自动报警系统中,不能重复识别这些构件,但这些构件又与火灾自动报警系统相关。因此,根据前述构件在火灾自动报警系统中的作用,在消防器具下建立新的构件,比如信号蝶阀输出模块、水流指示器输出模块、报警阀组输出模块、喷淋泵远程控制模块、消防泵远程控制模块、排烟风机远程控制模块,这些消防器具属于之前已识别构件的一部分,在后续汇总工程量时不参与汇总,它们的作用是协助火灾自动报警系统模型的建立。

（二）识别消防器具

消防器具属于点式构件,其识别方法与喷头、消火栓等点式构件相同。对于每层或大多数层都有的构件,用"设备提量"功能识别更快;对于零星的构件,可直接用"绘图"功能绘制。识别完成后,可通过"漏量检查"、调整"CAD图亮度"等方法进行检查,通过"设备表"查看已识别构件图元的数量并进行位置反查。

三、配电箱柜及桥架建模

在利用材料表建立构件时，可同时对每层都有的接线端子箱建立构件，并在导航栏切换至"配电箱柜"完成设备提量。

在火灾自动报警系统管线识别前，宜先完成对桥架的识别。设计说明中，火灾报警线路和联动控制等线路均采用阻燃电线电缆穿钢管或阻燃桥架保护。系统图和平面图中给出的桥架信息为"防火桥架 CT-150 * 75"，连接各楼层接线端子箱和火灾报警控制器。根据这些信息可先建立桥架构件。

在导航栏点击"桥架（消）"，进入桥架建模界面，新建桥架，命名为"防火电缆桥架"，材质根据桥架用途及尺寸假设为"槽形桥架"，规格型号为"150 * 75"，起点、终点标高假设为"层顶标高-0.4"，支架间距设为 1500 mm，敷设方式为暗敷。

为了在识别或绘制桥架时自动生成桥架通头，点击"工具"选项卡，"选项"，在弹出的对话框中选"其他"，将"生成桥架通头"打勾，点击确定。

切换至首层，采用"绘图"功能包"直线"功能，绘制出接线端子箱至火灾报警控制器之间的水平桥架图元。利用"布置立管"功能，设置底标高为"第-1 层_层底标高+1.4"、顶标高为"屋顶_层底标高+1.4"，绘制出连接各楼层接线端子箱的垂直桥架图元。利用"桥架二次编辑"功能包"设备连管"、"延伸水平管"功能，使水平桥架与垂直桥架间、水平桥架与火灾报警控制器间建立完整联系。

四、管线建模

（一）电线和电缆的区别

管线包括电线、电缆及其所穿过的导管。电线和电缆并没有严格的界限。电线是由一根或几根柔软的导线组成的，外面包以轻软的护层；电缆是由一根或几根绝缘包导线（芯线）组成，外面再包以金属或橡皮制的坚韧外层。电缆的每一根绝缘包导线都可以算作一股电线，这是电线和电缆最直接的区别。

某一条管线若采用电缆，其表示方式一般为根数 * 电缆类别名称-芯数 * 标称面积（根数为 1 时可省略不写），其中芯数是指电缆中绝缘包导线的数量，这些绝缘包导线同属于一根电缆，因此在计算电缆长度时不乘以芯数，而应乘以根数。本工程案例中的电话线采用"NH-RVVP-2 * 1.5"电缆，表示图纸中每根电话线采用单根、2 芯、每芯 1.5 mm^2 的 RVVP 电缆，计算 RVVP 电话线长度时，不乘以芯数 2。

某一条管线若采用电线，其表示方式一般为电线类别名称-根数 * 标称面积，在计算电线长度时应乘以根数。本工程案例中的消防栓启泵线采用"NH-BVR-4 * 1.5"电线，表示图纸中每根消防栓启泵线采用 4 根 1.5 mm^2 的 BVR 电线，计算 BVR 消防栓启泵线长度时，图纸中消防栓启泵线长度应乘以 4。

需要注意的是，有些管线虽然为电线，但仍然不乘以根数，如 RVS 线为多股电线绞成一根电线（简称双绞线）。

通常电线类别名称里出现两个 V 或两个 Y 时，电线需要单根计算，最终工程量不用乘以根数，例如 RVV、RYYP。通常电线类别名称里出现代表双绞线的 S 时，也是需要按单根计算的，最终工程量不用乘以根数，例如 RVS、RYJS。如果电线类别名称是 B 开头，并且后面没有出现上述两种情况，那么大概率是需要乘以根数的，按多根电线考虑。

(二) 建立管线构件

软件提供了 3 类管线构件：电线导管、电缆导管、综合管线。各类构件新建电线或电缆时，同时新建出它们所穿过的导管。电线、电缆的区别如上所述，在计算工程量时，电线工程量通常需要乘以根数，电缆工程量不用乘以芯数。对于部分不用乘以根数的电线，可以在"工程设置"功能包"其他设置"功能中进行设置，如图 7-17 所示，将不用乘以根数的电线类别名称输入"按 1 根计算的电线"列中。对于一根导管穿 2 类及以上类别电线电缆的情况，需建立综合管线构件。

其它设置　×

支架间距设置　风管材质厚度设置　管道材质规格设置　线缆分类及解析设置

说明

按1根计算的电线指双绞线、多芯光纤线等，如RVS-2*1.5为1根线。

导入属性设置　导出属性设置　恢复默认值

	电线	按1根计算的电线	电缆	光缆	双绞线缆
1		RVS	JYLY	24芯单模光纤	SYKV
2		RVSP	YJLV	2芯光纤	SYV
3	BLV	RVV	YJY	2芯室内单模皮…	SYWV
4	BVR	RVVP	YJV	2芯皮线光纤	UTP
5		RYJ	KVV	光缆	UTPCAT6
6	BV	RYJS	VV	光纤	CAT
7	BLX	BLVV	VY		五类双绞线
8	BLXF	BVVB	VV39		双绞线
9	BX	BVV	VV22		超五类4对双绞线
10	BXF		VV23		超五类双绞线
11	BXR		AV		
12	BY		AVR		
13	BYJ		BBTRZ		
14	BYJF		BTLY		
15	BYJR		BTTVZ		
16	BVR		BTTYZ		
17	PE		BTTZ		
18	RX		DJYPVPV22		
19			DJYPVRP22		
20			DJYVP22		
21			DJYVRP22		

图 7-17　设置按 1 根计算的电线

根据系统图、平面图给出的火灾报警系统管线信息，建立管线构件。如果干线、支线使用管线规格不一致，应分别建立构件。在导航栏点击"电线导管"，进入电线导管建模界面，新建"火灾报警二总线干线""火灾报警二总线支线"构件，属性如图 7-18 所示。按同样的方法建立"通信线""消防启泵线""广播线"管线构件。

电话线采用 RVVP 电缆，可以在"电缆导管"界面建立电缆导管构件，也可以在"电线导管"界面建立电线导管构件，并将"RVVP"输入"工程设置"功能包"其他设置"功能"按 1 根

图 7-18 新建电线导管构件

计算的电线"列中。

电源总线需要连接输入输出模块、声光报警器等，和通信线共管敷设，需导航至"综合管线"界面并新建综合构件，分别建立"二总线、电源总线干线""二总线、电源总线支线"综合管线构件，如图 7-19 所示。

图 7-19 新建综合管线构件

(三)识别管线

1. 识别水平管线

在"电线导管、电缆导管、综合管线"任一建模界面，在"识别电线导管"功能包，左键点击"报警管线提量"功能，弹出"识别规则设置"，识别方式包括相同图层、相同颜色、相同线型，根据图纸实际情况进行选择。根据操作提示栏的提示，单击要识别的CAD线，可以选择多条CAD线，每选择一条CAD线，其他符合识别方式条件的CAD线都被选中，可核对这些CAD线是否采用同一种管线。CAD线选择完毕后，右键确认，弹出"管线信息设置对话框"，点击"构件名称"栏的三点按钮，弹出"选择要识别成的构件"对话框，选择对应的构件，点击"确认"，再点击"确定"，软件识别出所选管线回路，如图7-20所示。

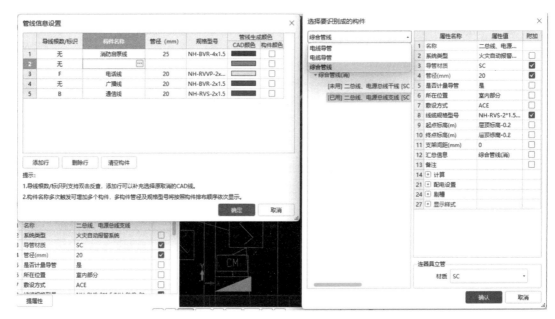

图 7-20　识别电线导管

报警管线提量识别出的管线构件在部分位置可能会出现与实际情况不一致的地方，如图7-21所示，连接走廊里的声光报警器需要用信号线和电源线("二总线、电源总线支线"综合管线构件)，连接房间里的感烟探测器及连接消火栓启泵按钮、手动报警按钮只需要用信号线("火灾报警二总线支线"电线导管构件)，而在识别时统一识别成了同一种构件。由于电线导管、综合管线属于不同的建模界面，不能直接选中识别错误的构件图元，修改图元属性名称为正确的构件名称。对于这种情况，可以删除错误构件图元，切换建模界面，再重新采用"报警管线提量"功能识别，重新识别不影响已识别的管线；或采用绘图功能直接绘制出构件图元。建议软件将电线导管、电缆导管、综合管线放在同一个建模界面下。

在第-1层，有3根NH-BVR-4×1.5线分别连接喷淋泵、消防泵、排烟风机控制模块，其中有一段3根管线并排布置，CAD线标注为"3＊NH-BVR-4×1.5、SC25"。采用"报警管线提量"功能识别这3根管线时，构件名称触发3次，选择3次消防启泵线构件，如图7-22所

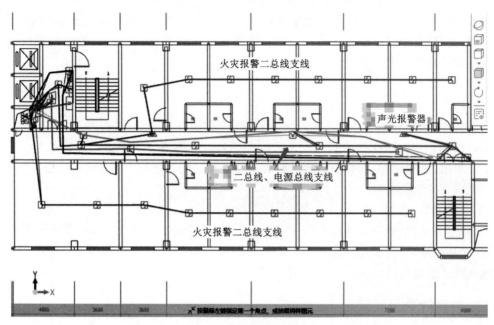

图 7-21　部分识别出的管线与实际情况不一致

示，软件识别出 3 根并排布置的构件图元。对于 2 根并排布置的部分，删除 1 根管线图元；对于只有 1 根管线的部分，删除 2 根管线图元。

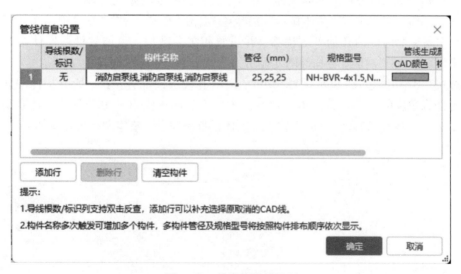

图 7-22　并排管线的识别

2. 桥架配线

在电线导管建模界面，左键点击"识别桥架内线缆"功能包中的"桥架配线"功能，选择所有桥架，右键确认，弹出"选择配线"对话框，选择火灾报警二总线干线、电源总线干线、消防启泵线、电话线、广播线、通信线构件，点击"确定"，完成桥架配线。

桥架配线功能只能在电线导管建模界面使用，"选择配线"只能选择电线导管构件，如果所需管线为在综合管线中建立的多根线缆，则需要在电线导管建模界面新建每根线缆的构件。桥架配线功能可进一步优化。

3. 识别零星构件

（1）生成接线盒。

切换到零星构件建模界面，在"识别零星构件"功能包中点击"生成接线盒"功能，弹出"选择构件"对话框，软件自动生成一个接线盒构件，对构件各属性值进行修改完善，点击"确认"，弹出"选择图元"对话框，选择所有消防器具、电线导管、综合管线，点击"确定"，提示共生成 388 个接线盒。

（2）生成套管（电）。

在"识别零星构件"功能包中点击"生成套管（电）"功能，穿墙或穿板的管道图元自动生成套管（全楼生成），提示共生成 148 个套管。生成套管需要建立墙、板模型，这些在水灭火系统建模时已建立。

五、模型检查与展示

利用"漏量检查"功能，可以检查未识别出来的 CAD 块图元和没有连接关系的管道图元，对检查结果逐个双击显示所在位置，判断是否需要补充识别。对识别错误的水平管线删除后重新识别时，之前识别生成的立管可能没有被删除，这些立管因没有连接关系，在漏量检查时会被检查到，需要删除。同时，可开展漏项检查、属性检查、设计规范检查、回路检查、图元合法性检查等，对检查出的问题逐一核实，并做出必要的修改完善。

进入"BIM 模型"选项卡"实体显示"功能包，点击"实体模型"功能，弹出实体模型对话框，选择不同类型构件的几何外观模型，并设置相关参数值。目前软件中实体模型还不完善。点击"实体渲染"功能，各构件图元显示为实体模型，更加形象逼真。

通过"视图"功能包及"显示设置"功能，对所有楼层或部分楼层、所有构件图元或部分图元进行任意角度的三维查看。本工程案例去掉墙后的火灾自动报警系统整体和局部 BIM 模型如图 7-23~图 7-25 所示，由于软件中实体模型不完善，整体没有进行实体渲染。

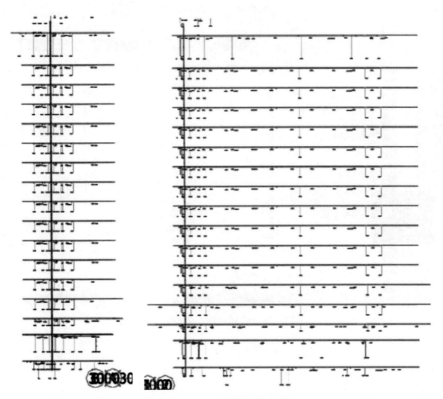

图 7-23　左视图、前视图

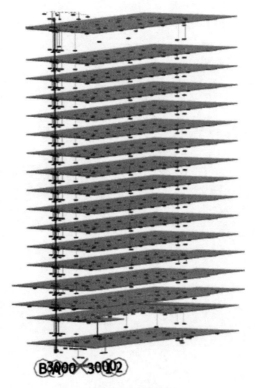

图 7-24　轴测图

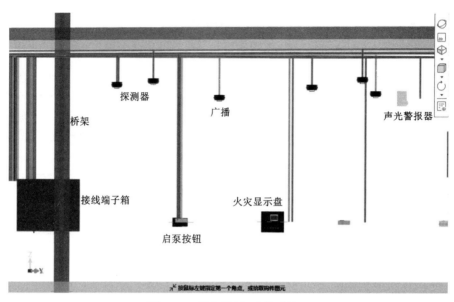

探测器

广播

声光警报器

桥架

接线端子箱

火灾显示盘

启泵按钮

图 7-25　局部视图(实体渲染)

第八章　消防水电系统分部分项工程量清单编制

第六章、第七章利用广联达 BIM 安装计量软件 GQI2021，建立了水灭火系统、火灾自动报警系统 BIM 模型。同时，软件可根据建立的 BIM 模型及清单工程量计算规范，快速汇总计算出工程量，并协助编制工程量清单。

▶ 第一节　BIM 模型工程量汇总计算

工程量汇总计算及工程量清单的编制主要在"工程量"选项卡完成，如图 8-1 所示。

图 8-1　"工程量"选项卡

在工程量汇总计算前，先对计算精度进行设置。左键点击"计算精度管理"，弹出软件默认计算精度，对各单位均保留 3 位小数，而工程量计算规范规定的计算精度为：以 m、m^2、m^3、kg 为单位，应保留小数点后两位数字，第三位小数四舍五入；以台、个、件、套、根、组、系统等为单位，应取整数。根据规范规定修改各单位小数位数，点击"确定"。

左键点击"汇总计算"功能，在弹出的对话框中点击"全选"，选中所有楼层，点击"计算"，软件对 BIM 模型工程量进行汇总计算。

计算完成后，点击"分类工程量"功能，可以查看分类汇总工程量，如图 8-2 所示。在弹出的"查看分类汇总工程量"对话框中，点击"设置分类及工程量"，弹出"设置分类条件及工程量输出"对话框，可对各类构件工程量输出时的分类条件及输出哪些工程量进行设置，如图 8-3 所示。分类条件应勾选与清单项目特征有关的条件，输出的工程量要满足清单工程量的需要。

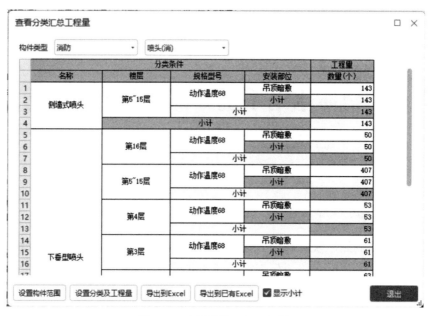

图 8-2 查看分类汇总工程量

图 8-3 设置分类条件及工程量输出

查看分类汇总工程量时，可将分类工程量导出到 Excel。同时，在"工程量"选项卡点击"查看报表"功能，可以查看并导出工程量汇总表、系统汇总表、工程量明细表，如图 8-4 所示。现阶段还没有进行工程量清单的编制，"查看报表"界面"工程量清单汇总表"没有内容。在"查看报表"对话框点击"报表设置器"，对报表的内容进行设置，包括各类构件的分类条件、报表工程量，设置完后可以保存设置，并在下个类似工程中载入设置，如图 8-5 所示。

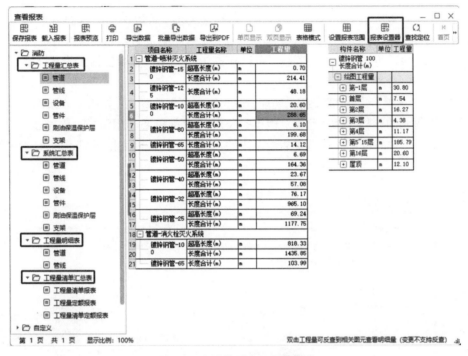

图 8-4　查看并导出工程量报表

图 8-5　报表设置

第二节　分部分项工程量清单编制

工程量汇总计算完成后，GQI2021 提供了套做法功能，可以根据设定的清单库、定额库，对汇总的工程量进行清单及定额套项，再导入计价软件中进行组价，减少用户频繁双开计量、计价两个软件时所造成的各种问题，可以提高工作效率，减少错误的发生。本节讲解利用套做法功能编制分部分项工程量清单。

在"工程量"选项卡点击"套做法"功能，进入集中套做法界面，如图 8-6 所示。套做法区显示汇总计算得到的各构件的工程量，但不是每种构件都需要套用清单，比如通头管件，根据清单计量规范，它是包含在管道安装清单内的，因此在构件列表区可以不勾选通头管件。

图 8-6　集中套做法界面

一、属性分类设置

规格型号、材质等属性不同的同一类构件，它们的项目特征不同，需要编制不同的清单项（清单项目编码的最后 3 位数不同）。比如喷淋灭火系统的 DN150 管道，水平管的安装方式为"吊顶暗敷"，立管的安装方式为"立干明装"，不同安装方式的造价不同，水平管、立管需要分别列清单并计价，因此，需要将 DN150 管道根据安装方式分别列项。为了让软件对同一类构件按照与项目特征相关的属性进行分组显示，为套用清单做准备，需要设置分组时依据的属性名称。点击"属性分类设置"功能，弹出对话框，逐个选中某一构件，勾选与该构件清单项目特征相关的属性名称，点击"确定"，软件根据所选属性名称的属性值是否相同对构件进行分组。管道属性分类设置及分组显示结果如图 8-7、图 8-8 所示。

图 8-7　属性分类设置

11	◇	水喷淋钢管DN100 镀锌钢管 100 钢制 沟槽连接 吊顶暗敷 喷淋灭火系统		m	288.65
12	◇	水喷淋钢管DN125 镀锌钢管 125 钢制 沟槽连接 吊顶暗敷 喷淋灭火系统	名称-材质-管径-管件材质-连接方式-安装部位-系统类型		
13	◇	水喷淋钢管DN150 镀锌钢管 150 钢制 沟槽连接 吊顶暗敷 喷淋灭火系统		m	78.91
14	◇	水喷淋钢管DN150 镀锌钢管 150 钢制 沟槽连接 立干明装 喷淋灭火系统		m	135.50
15	◇	水喷淋钢管DN25 镀锌钢管 25 钢制 螺纹连接 吊顶暗敷 喷淋灭火系统		m	1173.75
16	◇	水喷淋钢管DN25 镀锌钢管 25 钢制 螺纹连接 立干明装 喷淋灭火系统		m	4.00
17	◇	水喷淋钢管DN32 镀锌钢管 32 钢制 螺纹连接 吊顶暗敷 喷淋灭火系统		m	965.10
18	◇	水喷淋钢管DN40 镀锌钢管 40 钢制 螺纹连接 吊顶暗敷 喷淋灭火系统		m	57.08
19	◇	水喷淋钢管DN50 镀锌钢管 50 钢制 螺纹连接 吊顶暗敷 喷淋灭火系统		m	164.36
20	◇	水喷淋钢管DN65 镀锌钢管 65 钢制 螺纹连接 吊顶暗敷 喷淋灭火系统		m	14.12
21	◇	水喷淋钢管DN80 镀锌钢管 80 钢制 螺纹连接 吊顶暗敷 喷淋灭火系统		m	199.68
22	◇	消火栓钢管DN100 镀锌钢管 100 钢制 沟槽连接 吊顶暗敷 消火栓灭火系统		m	474.95
23	◇	消火栓钢管DN100 镀锌钢管 100 钢制 沟槽连接 立干明装 消火栓灭火系统		m	960.90
24	◇	消火栓钢管DN65 镀锌钢管 65 钢制 螺纹连接 吊顶暗敷 消火栓灭火系统		m	103.99

图 8-8　属性分类显示

二、套用清单

(一)套用清单方法

套用清单可以有以下几种方法:

插入清单:在套做法区选中的构件栏下挂一条空清单项,用户自己输入清单编码,并编辑其他清单内容。

查询清单:查询工程量清单项目计量规范中的清单项,找到对应清单后双击,在套做法区选中的构件栏下挂一条清单库中的清单项。

自动套用清单：根据工程量清单项目计量规范中的清单项内容与构件属性的匹配情况，对所有分组项自动套用对应清单项。

对清单项很熟悉的用户可以采用直接插入清单，对清单项不熟悉的用户可以采用查询清单，这两种方法都需要逐条套用清单。自动套用清单可以一次性将套做法区所有分组项自动套用对应清单项。如果有类似工程工程量清单，可以"导入外部清单"，供本项目编制清单时参考使用；有历史数据的话也可以复用。

(二)自动套用清单

对于初学者，一般使用"自动套用清单功能"，对所有分组项自动套用对应清单项。自动套用清单的依据，是在新建工程时选择的清单库，本工程案例选择的清单库是"工程量清单项目计量规范(2021-湖南)体验版"。

点击"自动套用清单"功能，软件自动套用清单(调整清单库前)如图8-9所示。可以看到，只有部分分组项自动套用了清单，套用的清单显示在分组项下，套用了清单的分组项前的方块标记填充黑色。同时可以发现，自动套用清单的名称与构件名称不匹配，清单套用不正确，这是由所选的清单库为最新的体验版，软件可能还没有针对新的清单库进行匹配规则的更新导致的。

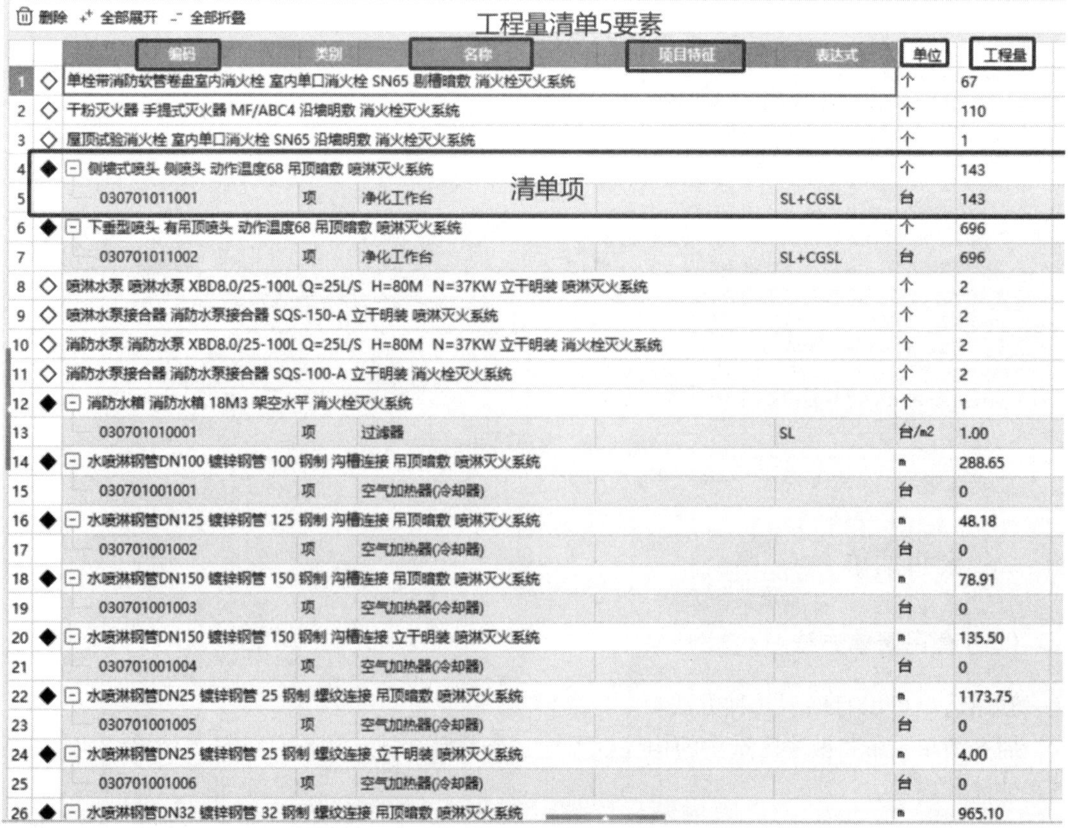

图8-9　自动套用清单(调整清单库前)

在"工程设置"选项卡、"工程信息"功能中，修改清单库为"工程量清单项目计量规范（2013-湖南）"，重新进行"自动套用清单"，并覆盖已套用的清单，自动套用清单（调整清单库后）如图 8-10 所示。可以看到，大部分分组项自动套用了清单，且自动套用的清单项基本正确。

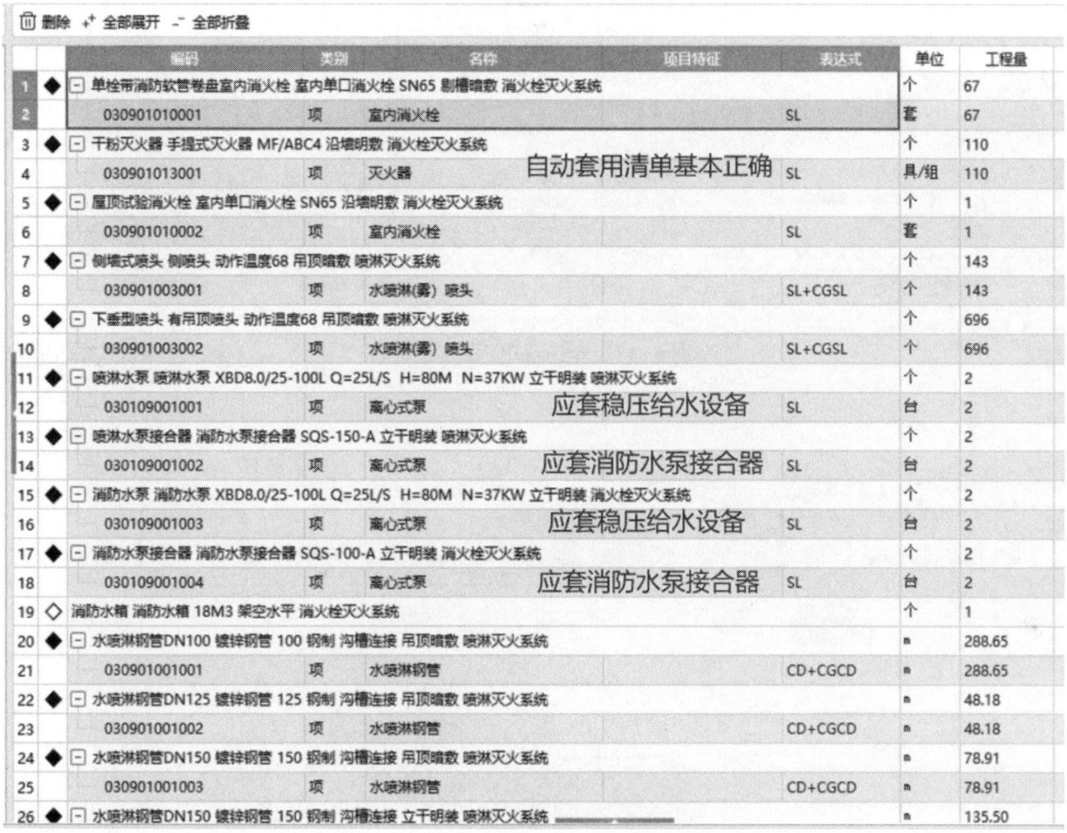

图 8-10　自动套用清单（调整清单库后）

（三）插入、查询清单

自动套用不正确的清单项应删除，再和没有自动套用清单的分组项一起，采用插入、查询清单的方法套用清单。

以喷淋水泵为例演示插入清单功能。选中其分组项下自动套用不正确的清单项，点击"删除"，删除不正确的清单项。选中喷淋水泵分组项，点击"插入清单"，在其分组项下出现一条空白清单，在编码栏输入"稳压给水设备"的项目编码 031006002，点击回车，清单名称栏自动出现"稳压给水设备"。对清单项目特征及工程量也要做相应修改。

以喷淋水泵接合器为例演示查询清单功能。选中其分组项下自动套用不正确的清单项，点击"删除"，删除不正确的清单项。选中喷淋水泵接合器分组项，点击"查询清单"，弹出对话框，可以按章节查询，也可以按条件查询（输入清单名称或编码）。查询到正确的清单项，双击该清单项，在选中分组项下插入该清单项，修改后的清单如图 8-11、图 8-12 所示。

图 8-11 查询清单(章节查询)

图 8-12 查询清单(条件查询)

对于没有自动套用清单的分组项,逐个选中某一分组项,利用插入清单或查询清单功能套用清单。对清单项目编码前 9 位相同的清单,可以复制已套用清单,再到未套用分组项下粘贴清单如图 8-13 所示。

三、修改清单项目名称

套用清单后,清单项目编码前 9 位相同的清单项,清单项目名称相同,均为规范规定的名称。而实际工程应用中,项目名称应按规范的项目名称与项目特征并结合拟建工程的实际情况确定,尽量能反映影响工程造价的主要因素。在建立 BIM 模型时,各构件名称的命名,遵循了这个原则,建议软件将工程量清单项目名称与 BIM 模型构件名称关联。修改清单项目名称前后对比如图 8-14 所示。

	编码	类别	名称	项目特征	表达式	单位	工程量
12	◆ 喷淋水泵 喷淋水泵 XBD8.0/25-100L Q=25L/S H=80M N=37KW 立干明装 喷淋灭火系统					个	2
13	031006002001	项	喷淋稳压给水设备	1. 型号、规格: XBD8.0/25-100L,一用一备 2. 水泵主要技术参数: Q=25L/S H=80M N=37KW	SL/2	套	1
14	◆ 喷淋水泵接合器 消防水泵接合器 SQS-150-A 立干明装 喷淋灭火系统					个	2
15	030901012001	项	喷淋水泵接合器	1. 安装部位: 立干明装 2. 型号、规格: SQS-150-A	SL	套	2
16	◆ 消防水泵 消防水泵 XBD8.0/25-100L Q=25L/S H=80M N=37KW 立干明装 消火栓灭火系统					个	2
17	031006002002	项	消火栓稳压给水设备	1. 型号、规格: XBD8.0/25-100L,一用一备 2. 水泵主要技术参数: Q=25L/S H=80M N=37KW	SL/2	套	1

图8-13　查询清单并套用

删除 全部展开 全部折叠

	编码	类别	名称	项目特征	表达式	单位	工程量
1	◆ 单栓带消防软管卷盘室内消火栓 室内单口消火栓 SN65 剔槽暗敷 消火栓灭火系统					个	67
2	030901010001		室内消火栓		SL	套	67
3	◆ 干粉灭火器 手提式灭火器 MF/ABC4 沿墙明敷 消火栓灭火系统		修改名称前			个	110
4	030901013001		灭火器		SL	个	110
5	◆ 屋顶试验消火栓 室内单口消火栓 SN65 沿墙明敷 消火栓灭火系统					个	1
6	030901010002	项	室内消火栓		SL	套	1
7	◆ 侧墙式喷头 侧喷头 动作温度68 吊顶暗敷 喷淋灭火系统					个	143
8	030901003001	项	水喷淋(雾)喷头		SL+CGSL	个	143
9	◆ 下垂型喷头 有吊顶喷头 动作温度68 吊顶暗敷 喷淋灭火系统					个	696
10	030901003002	项	水喷淋(雾)喷头		SL+CGSL	个	696
11	◆ 喷淋水泵 喷淋水泵 XBD8.0/25-100L Q=25L/S H=80M N=37KW 立干明装 喷淋灭火系统					个	2
12	031006002001	项	稳压给水设备		SL	套	1
13	◆ 喷淋水泵接合器 消防水泵接合器 SQS-150-A 立干明装 喷淋灭火系统					个	2
14	030901012001	项	消防水泵接合器		SL	套	2
15	◆ 消防水泵 消防水泵 XBD8.0/25-100L Q=25L/S H=80M N=37KW 立干明装 消火栓灭火系统					个	2
16	031006002002	项	稳压给水设备		SL	套	1
17	◆ 消防水泵接合器 消防水泵接合器 SQS-100-A 立干明装 消火栓灭火系统					个	2
18	030901012002	项	消防水泵接合器		SL	套	2
19	◆ 消防水箱 消防水箱 18M3 架空水平 消火栓灭火系统					个	1
20	031006015001	项	水箱		SL	台	1
21	◆ 水喷淋钢管DN100 镀锌钢管 100 钢制 沟槽连接 吊顶暗敷 喷淋灭火系统					m	288.65
22	030901001001	项	水喷淋钢管		CD+CGCD	m	288.65
23	◆ 水喷淋钢管DN125 镀锌钢管 125 钢制 沟槽连接 吊顶暗敷 喷淋灭火系统					m	48.18
24	030901001002	项	水喷淋钢管		CD+CGCD	m	48.18
25	◆ 水喷淋钢管DN150 镀锌钢管 150 钢制 沟槽连接 吊顶暗敷 喷淋灭火系统					m	78.91
26	030901001003		水喷淋钢管		CD+CGCD	m	78.91

(a)修改前

	编码	类别	名称	项目特征	表达式	单位	工程量
1	◆ □ 单栓带消防软管卷盘室内消火栓 室内单口消火栓 SN65 剔槽暗敷 消火栓灭火系统					个	67
2	030901010001	项	单栓带消防软管卷盘室内消火栓		SL	套	67
3	◆ □ 干粉灭火器 手提式灭火器 MF/ABC4 沿墙明敷 消火栓灭火系统					个	110
4	030901013001	项	干粉灭火器	修改名称后	SL	个	110
5	◆ □ 屋顶试验消火栓 室内单口消火栓 SN65 沿墙明敷 消火栓灭火系统					个	1
6	030901010002	项	屋顶试验消火栓		SL	套	1
7	◆ □ 侧墙式喷头 侧喷头 动作温度68 吊顶暗敷 喷淋灭火系统					个	143
8	030901003001	项	侧墙式喷头		SL+CGSL	个	143
9	◆ □ 下垂型喷头 有吊顶喷头 动作温度68 吊顶暗敷 喷淋灭火系统					个	696
10	030901003002	项	下垂型喷头		SL+CGSL	个	696
11	◆ □ 喷淋水泵 喷淋水泵 XBD8.0/25-100L Q=25L/S H=80M R=37KW 立干明装 喷淋灭火系统					个	2
12	031006002001	项	喷淋稳压给水设备		SL	套	2
13	◆ □ 喷淋水泵接合器 消防水泵接合器 SQS-150-A 立干明装 喷淋灭火系统					个	2
14	030901012001	项	喷淋水泵接合器		SL	套	2
15	◆ □ 消防水泵 消防水泵 XBD8.0/25-100L Q=25L/S H=80M R=37KW 立干明装 消火栓灭火系统					个	2
16	031006002002	项	消火栓稳压给水设备		SL	套	2
17	◆ □ 消防水泵接合器 消防水泵接合器 SQS-100-A 立干明装 消火栓灭火系统					个	2
18	030901012002	项	消火栓水泵接合器		SL	套	2
19	◆ □ 消防水箱 消防水箱 18M3 架空水平 消火栓灭火系统					个	1
20	031006015001	项	消防水箱		SL	台	1
21	◆ □ 水喷淋钢管DN100 镀锌钢管 100 钢制 沟槽连接 吊顶暗敷 喷淋灭火系统					m	288.65
22	030901001001	项	水喷淋钢管DN100		CD+CGCD		288.65
23	◆ □ 水喷淋钢管DN125 镀锌钢管 125 钢制 沟槽连接 吊顶暗敷 喷淋灭火系统						48.18
24	030901001002	项	水喷淋钢管DN125		CD+CGCD		48.18
25	◆ □ 水喷淋钢管DN150 镀锌钢管 150 钢制 沟槽连接 吊顶暗敷 喷淋灭火系统						78.91
26	030901001003	项	水喷淋钢管DN150		CD+CGCD		78.91

(b) 修改后

图 8-14　修改清单项目名称前后对比

四、编辑清单项目特征

项目特征是区分清单项目的依据，也是确定综合单价的前提。通过自动套用清单、插入清单、查询清单等方法完成所有分组项的清单套用后，各清单项目特征项为空。软件提供了"匹配项目特征"功能，将规范规定的项目特征的特征值，与 BIM 模型构件的属性值相关联，提高易用性和工作效率。匹配项目特征后的清单如图 8-15 所示，可以发现，部分清单没有匹配到项目特征，匹配到的项目特征也不一定完善，需要逐条进行进一步的编辑完善。建议软件将清单项目特征和 BIM 建模时的构件属性更好地关联。

以第 1 条清单单栓带消防软管卷盘室内消火栓(以下简称室内消火栓)为例，介绍项目特征的编辑方法。点击室内消火栓清单项的项目特征单元格，软件界面下方弹出泊靠窗体，包含特征、特征值、输出 3 列。此时，由于只勾选了"型号、规格"输出，清单项的项目特征单元格只显示了"型号、规格"。然而，室内消火栓的安装方式、附件材质规格等特征会影响清单综合单价，需要对它们的特征值进行编辑完善。根据图纸信息及 BIM 模型中构件属性值信息，室内消火栓安装方式为"剔槽暗敷"，附件材质、规格为"25 m 麻质衬胶水带，ϕ19 水枪，配置消防自救卷盘"，将这些特征值在泊靠窗体中对应位置输入，并在"输出"列勾选，清单项目特征单元格将显示输出的特征及特征值，如图 8-16 所示。

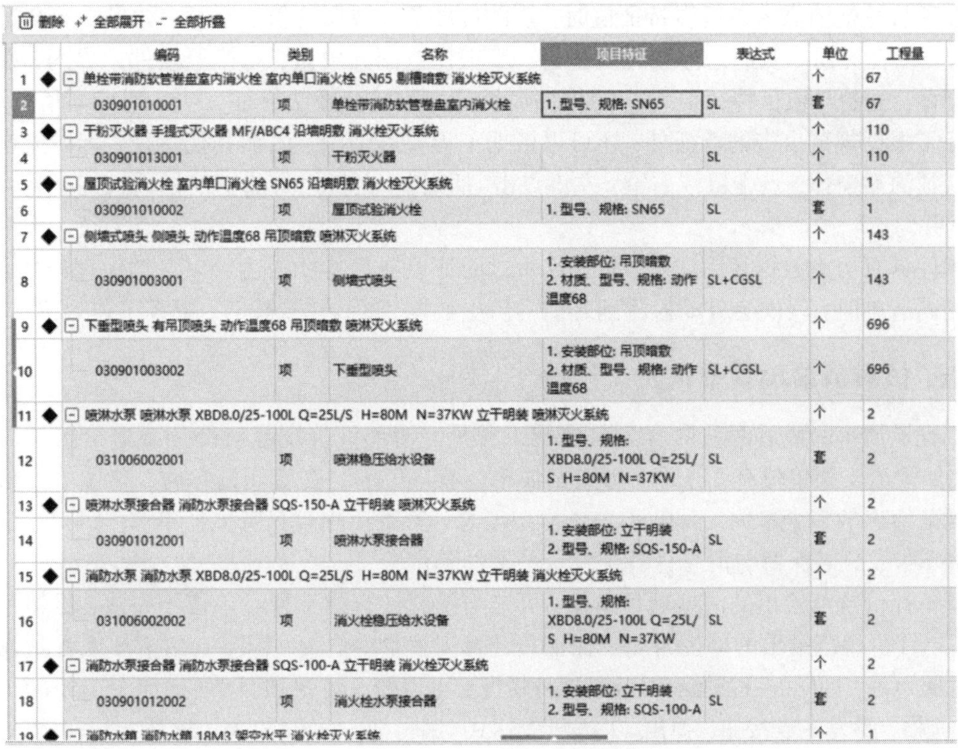

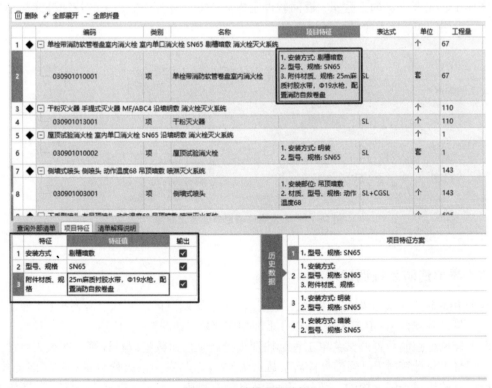

图 8-15 匹配项目特征

图 8-16 编辑项目特征

在项目特征泊靠窗体编辑特征值时，软件自带了一些属性值供选择，如果没有合适的属性值，可以在界面右侧的构件图元反查区，双击任意图元数量，切换至软件主界面，在构件属性窗体，复制与项目特征值对应的构件属性值，返回套做法界面，粘贴到特征值单元格。软件除了根据规范自带的特征外，还可以根据工程实际情况，添加其他特征，具体操作为在项目特征泊靠窗体，点击鼠标右键，左键点击"插入"，在新插入的空白栏输入特征名称及特征值，并勾选"输出"。

软件具有历史数据复用功能，对已编辑过的清单项目特征描述可以自动保存记忆，下次出现相同清单时，软件会自动检测到之前的历史数据，减少二次输入，提高工作效率。

五、核对清单项目单位及工程量

工程量清单的最后两项内容为单位及工程量。清单计价规范对部分清单给出了多个单位，比如管道支架单位有 kg、套，管道刷油单位有 m²、m。在套用清单时，单位单元格同时显示规范给出的多个单位，而根据 BIM 模型汇总计算的工程量只有 1 个单位。因此，单位单元格的单位，只需保留与汇总计算工程量一致的单位即可。

清单计价规范给出的清单项目单位，可能与汇总计算的工程量单位不一致，比如桥架支架，清单计价规范给出的单位为 kg，而汇总计算工程量单位为"个"，导致清单工程量无法匹配，显示为零，如图 8-17 所示。对于这种情况，可以修改清单项目单位为"个"，双击"表达式"单元格，触发三点按钮，弹出"工程量表达式"编辑框，输入"SL+CGSL"，点击"确认"，清单工程量和汇总计算工程量一致。为了后续计价的方便，需要对该项目特征进行详细描述，双击图元工程量反查区的工程量，返回软件主界面，将与桥架支架相关的特征补充至项目特征，比如支架间距、所支撑的桥架规格等。

图 8-17　修改清单项目单位及工程量

六、添加消防系统调试清单

根据 BIM 模型汇总计算的工程量，不包括消防系统调试的工程量，需要根据《通用安装工程工程量计算规范》（GB 50856—2013）添加相应清单，如图 8-18 所示。

消火栓系统控制装置调试清单工程量按消火栓启泵按钮数量以点计算。在火灾自动报警系统工程量汇总计算时，得到消火栓启泵数量为 67 个，与室内消火栓数量一致。前已述及，消火栓启泵按钮属于消火栓的一部分，因而没有单独列清单。消火栓灭火系统控制装置调试清单应属于消火栓系统，因而在室内消火栓分组项下添加该清单，工程量为 67 点。

	编码	类别	名称	项目特征	表达式	单位	工程量
1	◆ □ 单栓带消防软管卷盘室内消火栓 室内单口消火栓 SN65 剔槽暗敷 消火栓灭火系统					个	67
2	030901010001	项	单栓带消防软管卷盘室内消火栓	1. 安装方式：剔槽暗敷 2. 型号、规格：SN65 3. 附件材质、规格：25m麻质衬胶水带，Φ19水枪，配置消防自救卷盘	SL	套	67
3	030905002001	项	消火栓系统控制装置调试	1. 系统形式：200点以下	SL	点	67

(a) 消火栓灭火系统控制装置调试清单

	编码	类别	名称	项目特征	表达式	单位	工程量
95	◆ □ 湿式报警装置DN150 湿式报警装置 DN150 沟槽连接 立干明装 喷淋灭火系统					个	2
96	030901004001		湿式报警装置DN150	1. 型号、规格：DN150	SL+CGSL	组	2
97	030905002002	项	高区喷淋灭火控制装置调试	1. 系统形式：200点以下	9	点	9
98	030905002003	项	低区喷淋灭火控制装置调试	1. 系统形式：200点以下	8	点	8

(b) 喷淋灭火系统调试清单

	编码	类别	名称	项目特征	表达式	单位	工程量
118	◆ □ 集中型火灾报警控制器 火灾报警控制器 FS1120 火灾自动报警系统					个	1
119	030904012001	项	集中型火灾报警控制器	1. 规格、线制：总线制 2. 控制回路：500点以上 3. 安装方式：落地式	SL+CGSL	台	1
120	030905001001	项	自动报警系统调试	1. 点数：619 2. 线制：总线制	SL+CGSL	系统	1

(c) 火灾自动报警系统调试清单

图 8-18　添加消防系统调试清单

喷淋灭火系统调试清单工程量按水流指示器数量以点(支路)计算。本工程案例喷淋灭火系统分为高、低两个区喷淋供水，高区9层，低区8层，每层(防火分区)设一水流指示器。高、低区喷淋灭火控制装置调试清单，可以在"湿式报警装置"分组项下添加，工程量分别为9点和8点，可以直接在工程量表达式单元格中输入工程量数值。

火灾自动报警系统调试清单工程量按不同点数以系统计算，"点数"指自动报警系统各组成部分的数量之和，包括各种探测器、报警器、报警按钮、报警控制器、消防广播、消防电话等。火灾自动报警系统调试清单，可在"集中型火灾报警控制器"分组项下添加，工程量为1系统，项目特征中的点数为该系统所包括的各消防器具数量之和，可以在"集中套做法界面"或"分类工程量"功能中统计。

七、工程量清单汇总计算及导出

编制好分部分项工程量清单后，需要对编制的清单进行汇总计算。汇总计算完成后，可以导出到 Excel。广联达云计价 GCCP6.0 可以直接导入 GQI2021 文件，因此，可以不用将编辑好的工程量清单导出到 Excel 文件，再将 Excel 文件导入到云计价软件。

第九章 消防水电系统工程量清单云计价

第一节 广联达云计价 GCCP6.0 软件简介

广联达云计价 GCCP6.0 满足国标清单及市场清单两种业务模式，覆盖了民建工程造价全专业、全岗位、全过程的计价业务场景，通过端·云·大数据产品形态，旨在解决造价作业效率低、企业数据应用难等问题，助力企业实现作业高效化、数据标准化、应用智能化，达成造价数字化管理的目标。广联达云计价平台如图 9-1 所示。

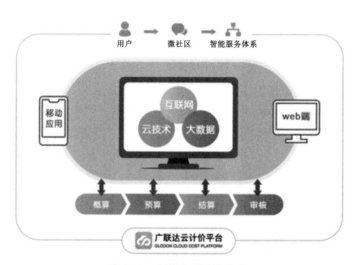

图 9-1 广联达云计价平台

一、产品价值

1. 全面

概预结审全业务覆盖，各阶段工程数据互通、无缝切换，各专业灵活拆分支持多人协作，工程编制及数据流转高效快捷。

2.智能

智能组价、智能提量、在线报表提高了组价、提量、成果文件输出等各阶段工作效率，新技术带来新体验。

3.简单

单位工程快速新建、全费用与非全费用一键转换、定额换算一目了然，计算准确、操作便捷、容易上手。

4.专业

支持全国所有地区计价规范，支持各业务阶段专业费用的计算，新文件、新定额、新接口专业快速响应。

二、产品展示

1.全业务一体化云计价平台

国标企标统一入口，实现概、预、结、审之间数据一键转化，以用户为中心提供内容服务。

2.量价一体

支持算量构件直接导入计价工程，实现快速提量、数据实时刷新、核量精准反查，提量速度翻倍。

3.招投标预算智能组价

基于云存储数据积累加工，通过智能组价推送和云检查功能让招投标环节更智能高效。

4.历史数据复用组价

按照匹配条件自动复用历史已有组价，历史数据助力快速形成组价文件。

5.造价汇总分析

项目、单位、分部工程造价自动计算，各项费用占比一目了然。

6.在线报表

提供云端海量报表方案，支持 PDF、Excel 在线智能识别搜索，提供个性化报表。

本章主要介绍利用 GCCP6.0(湖南，内核版本号为 6.4100.13.220，定额库版本号为6.2.13.656)编制案例工程水灭火系统及自动报警系统最高投标限价的流程及方法。

▶ 第二节　新建预算及工程设置

一、新建预算及主界面介绍

点击软件名称，启动广联达云计价平台，点击"新建预算"，界面显示如图 9-2 所示。根据项目所在地选择区域后，需要根据计价目的选择是项目招投标还是单位工程。本次计价目的为编制案例工程水灭火系统及自动报警系统最高投标限价，选择"招标项目""单位工程/清单"均可，它们的区别是"招标项目"可以包括多个单项工程、单位工程，功能更全面，而"单位工程/清单"只有单位工程，界面更简洁，功能更精准。以新建招标项目为例，输入名称、项目编码；选择地区标准、定额标准、计税方式，点击立即新建，新建招标项目如

图 9-3 所示。

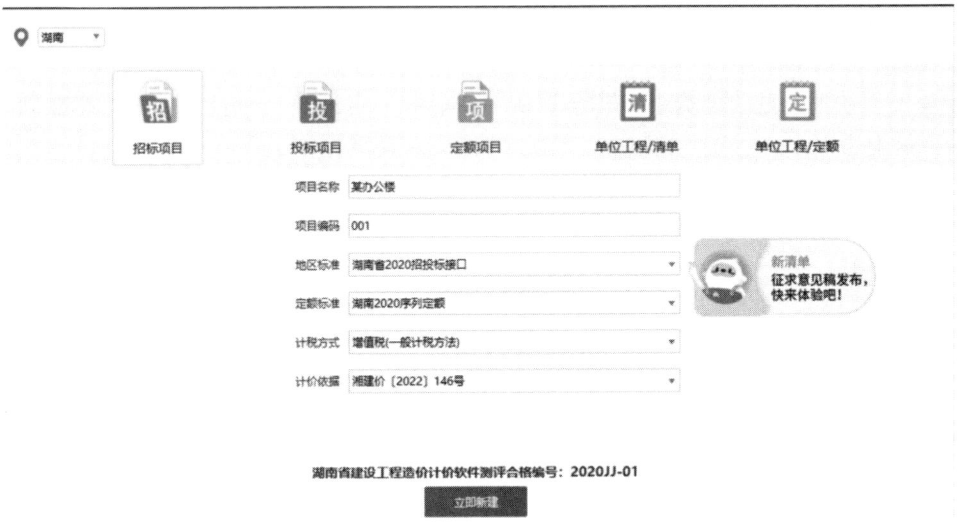

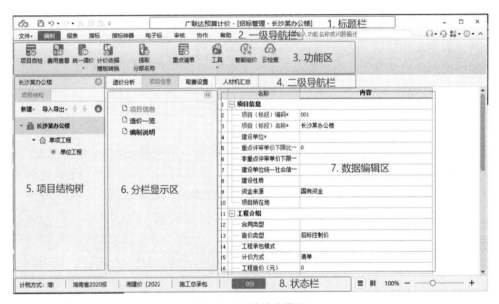

图 9-2　新建预算

图 9-3　云计价主界面

　　在项目结构树栏双击单项工程,修改名称为"长沙某办公楼"。右键单击单项工程以下任意区域,点击"新建单位工程",命名单位工程名称,选择清单库、清单专业、定额库、定额专业,如图 9-4 所示,点击"立即新建"。在二级导航栏出现了分部分项、措施项目、其他项目等栏目,供编辑相应清单及计价使用。

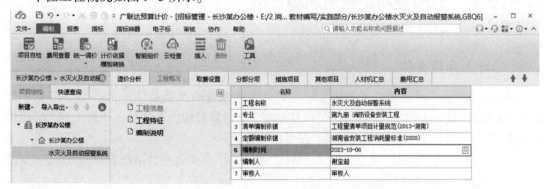

图 9-4　新建单位工程

二、项目信息填写

建立完工程后需要记录项目的相关信息，例如项目的编号、名称、编制时间、建筑面积等，其步骤如下：

步骤一：选择项目结构树的项目名称，然后点击二级导航栏的"项目信息"，即可看到项目信息、造价一览、编制说明等，然后点击"项目信息"，即可看到项目信息列表。

步骤二：根据项目实际情况，填写列表中的基本信息和招标信息；注意如有红色字体信息，在导出电子标书时，该部分为必填项。

步骤三：切换到"编制说明"，填写说明。在编辑区域内，点击"编辑"，然后根据工程概况、编制依据等信息编写编制说明，并且可以根据需要对字体、格式等进行调整。

各单位工程概况也需要进行记录，其步骤如下：

步骤一：选择项目结构树的单位工程名称，然后点击二级导航栏的"工程概况"，即可看到工程信息、工程特征、编制说明等，然后点击"项目信息"，即可看到项目信息列表。

步骤二：根据项目实际情况，填写列表中的编制时间、编制人、审核人等信息。

步骤三：分别切换到"工程特征""编制说明"，对相关信息进行补充完善，工程概况中的红色字体信息，在导出电子标书时，该部分为必填项。

单位工程概况如图 9-5 所示。

图 9-5　单位工程概况

三、取费设置

取费设置是整个工程编制之前的基础，需要告诉软件依据哪些取费和执行哪些文件进行计价，其步骤如下：

步骤一：一级导航定位在"编制"页签，选择项目结构树的单位工程名称，然后二级导航栏切换到"取费设置"页签。

步骤二：针对单位工程特点，设置费用条件，文件执行依据，对于需要更改的费率做修改。

步骤三：设置完后，计价就会按照设置的规定来执行。

根据湘建价〔2022〕146号文件，安装工程管理费费率为32.16%，利润率为20%，销项税额为9%，如图9-6所示。

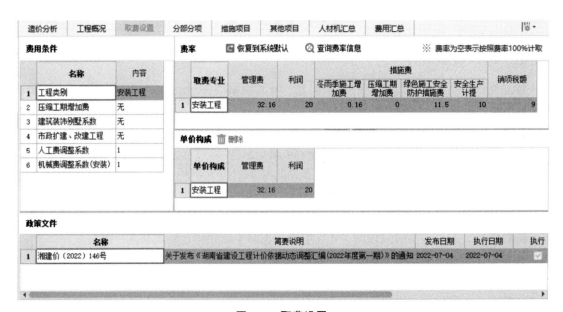

图 9-6　取费设置

第三节　分部分项工程量清单计价

一、导入算量文件

在第六章至第八章已建立了案例工程水灭火系统及自动报警系统 BIM 模型并建立了分部分项工程量清单。GCCP6.0 具备量价一体功能，支持算量构件直接导入计价工程，实现快速提量、数据实时刷新、核量精准反查，提量速度翻倍。

一级导航定位在"编制"页签，在项目结构树中选择"水灭火及自动报警"单位工程，点击进入，二级导航切换到"分部分项"。

在功能区"量价一体化"下拉列表点击"导入算量文件"，找到第八章编制完分部分项工程量清单的 BIM 计量文件，选择导入算量区域，如图 9-7 所示，点击"确定"，弹出选择要导入的清单项对话框，如图 9-8 所示，选择全部清单，点击"导入"，在广联达 BIM 安装计量软件里编制的分部分项工程量清单就导入到了云计价软件分部分项工程量清单中，如图 9-9 所示。

云计价软件也提供了插入清单、查询清单等方法编制清单，用法与安装计量软件相同。

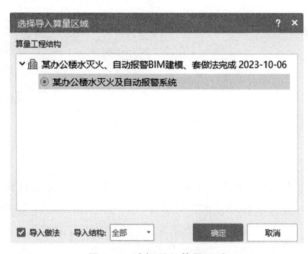

图 9-7　选择导入算量区域

	导入	编码	类别	名称	单位	工程量
1	☑	030901010001	项	单栓带消防软管卷盘室内消火栓	套	67
2	☑	030905002001	项	消火栓系统控制装置调试	点	67
3	☑	030901013001	项	干粉灭火器	个	110
4	☑	030901010002	项	屋顶试验消火栓	套	1
5	☑	030901003001	项	侧墙式喷头	个	143
6	☑	030901003002	项	下垂型喷头	个	696
7	☑	031006002001	项	喷淋稳压给水设备	套	2
8	☑	030901012001	项	喷淋水泵接合器	套	2
9	☑	031006002002	项	消火栓稳压给水设备	套	2
10	☑	030901012002	项	消火栓水泵接合器	套	2
11	☑	031006015001	项	消防水箱18m3	台	1
12	☑	030901001001	项	水喷淋钢管DN100	m	288.65
13	☑	030901001002	项	水喷淋钢管DN125	m	48.18
14	☑	030901001003	项	水喷淋钢管DN150	m	78.91
15	☑	030901001004	项	水喷淋钢管DN150	m	135.5
16	☑	030901001005	项	水喷淋钢管DN25	m	1173.75
17	☑	030901001006	项	水喷淋钢管DN25	m	4
18	☑	030901001007	项	水喷淋钢管DN32	m	965.1

图 9-8　选择要导入的清单项

	编码	类别	名称	分部提取清单	项目特征	单位	工程量表达式	工程量	综合单价	综合合价
⊟			整个项目							0
1	030901010001	项	单栓带消防软管卷盘室内消火栓	☐	1. 安装方式：剔槽暗敷 2. 型号、规格：SN65 3. 附件材质、规格：25m麻质衬胶水带，Φ19水枪，配置消防自救卷盘	套	67	67	0	0
2	030905002001	项	消火栓系统控制装置调试	☐	1. 系统形式：200点以下	点	67	67	0	0
3	030901013001	项	干粉灭火器	☐	1. 形式：露天摆放 2. 规格、型号：MF/ABC4	个	110	110	0	0
4	030901010002	项	屋顶试验消火栓	☐	1. 安装方式：明装 2. 型号、规格：SN65 3. 附件材质、规格：25m麻质衬胶水带，Φ19水枪，配置消防自救卷盘	套	1	1	0	0
5	030901003001	项	侧墙式喷头	☐	1. 安装部位：吊顶暗敷 2. 材质、型号、规格：动作温度68 3. 连接形式：螺纹连接	个	143	143	0	0
6	030901003002	项	下垂型喷头	☐	1. 安装部位：吊顶暗敷 2. 材质、型号、规格：动作温度68 3. 连接形式：螺纹连接	个	696	696	0	0
7	031006002001	项	喷淋稳压给水设备	☐	1. 型号、规格：XBD6.0/25-100L	套	2	2	0	0

图 9-9 清单导入成功

二、整理清单

云计价软件提供了比 BIM 计量软件更多的清单编辑功能，可以对导入的清单进行整理、设置页面显示列等，方便清单查看、编辑与组价。

以分部整理为例，点击"整理清单"功能下拉列表中的"分部整理"，可以选择按专业、章或节进行分部整理，如图 9-10 所示。这里的专业、章、节是指新建单位工程时，所选清单计价与计量规范规定的专业、章、节。本案例工程选择的是《建设工程工程量清单计价规范》（GB 50500—2013）及相应的工程量计算规范，专业包括房屋建筑与装饰、仿古建筑、通用安装、市政等，水灭火及自动报警系统都属于通用安装工程，没必要按专业分部整理。水灭火及自动报警系统大部分清单属于通用安装工程"附录 J 消防工程"（章），但也有部分清单位于其他章，可以让软件按章对清单进行分部整理，也可根据需要选择是否按节进行分部整理。

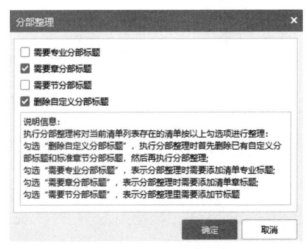

图 9-10 清单分部整理设置

按章分部整理后，在分栏显示区显示所有清单归属的章，如图 9-11 所示，可以看到，所有清单分属于 4 个章，单击某一章，归属于该章的所有清单集中显示，且清单顺序与计量规范给出的清单顺序一致。页面显示列设置如图 9-12 所示。

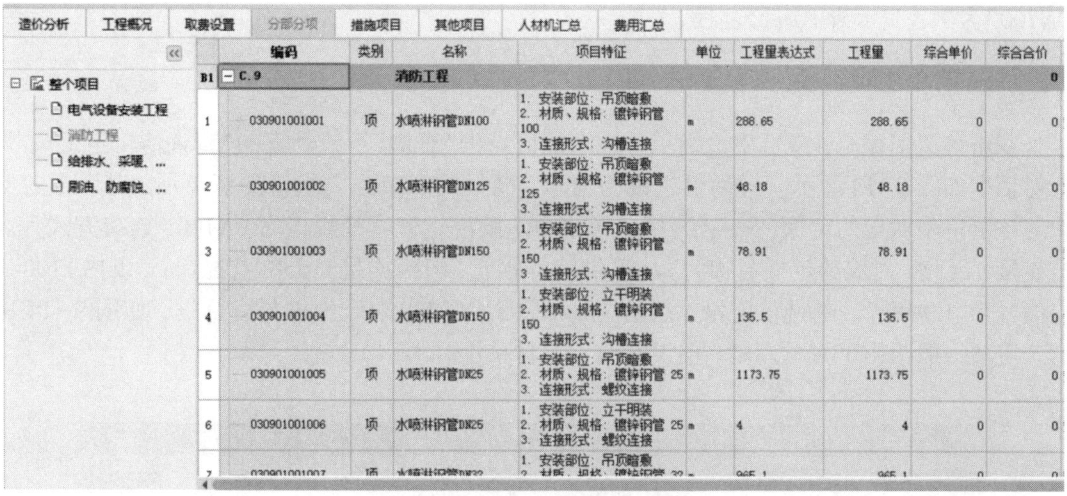

图 9-11　清单分部整理结果

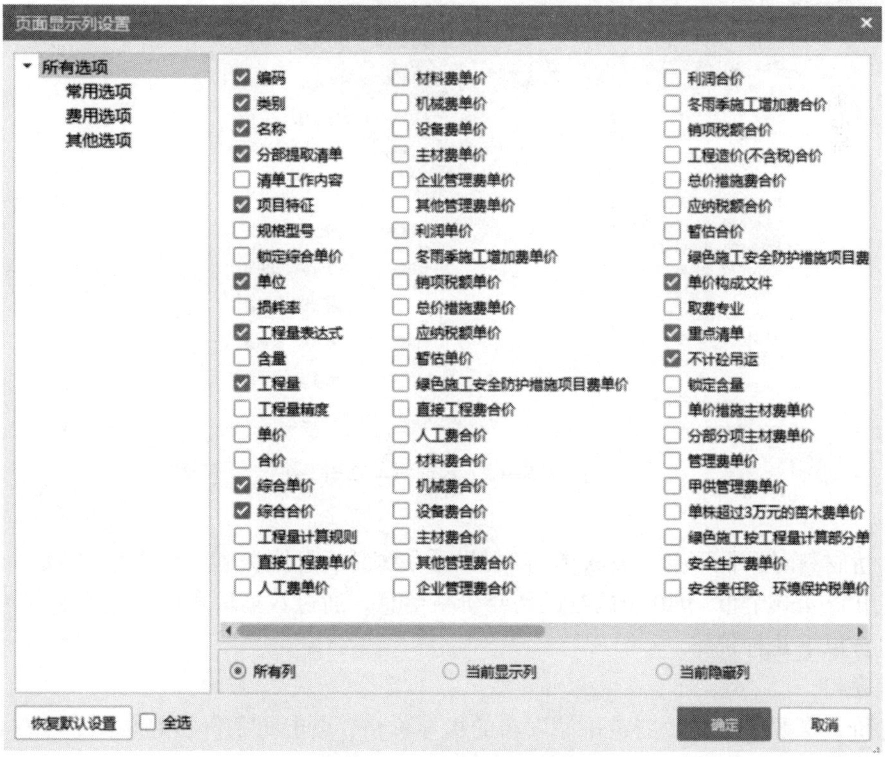

图 9-12　页面显示列设置

三、清单组价

分部分项工程量清单已在 BIM 计量软件编制好并导入到云计价软件，在计价软件中进行相关信息设置后，便可对清单进行组价。以"消防工程"章下的第一条清单"水喷淋钢管 DN100"为例，演示清单组价过程。

(一)清单主项组价

双击该清单编码，或选中该清单并在功能区点击"查询"下拉列表的"查询清单指引"，弹出对话框如图 9-13 所示。对话框左侧为清单，亮显的清单为要组价的清单项，对话框右侧为与该清单项对应的定额(又叫子目)。该清单水喷淋钢管管径规格为 DN100，连接方式为沟槽连接，因此，对应的定额名称为"水喷淋镀锌钢管(沟槽连接) 公称直径(mm 以内)100"，定额号为"C9-82"。勾选该定额，点击"插入子目"，弹出未计价材料对话框，如图 9-14 所示。定额一般给出了主材用量，但没有给出主材单价。

图 9-13　查询清单指引

未计价材料对话框下部，关联了"广材助手"数据信息服务包，包含全国 30 个省(自治区、直辖市)、460 个市、940 个区县的历年价格信息。通过数据信息服务包可实现快速调价，数据包包含以下几种价格。

1. 信息价

信息价是来源于各地政府造价站发布的指导价格，点击每条价格趋势图，可查看该条材料的平均价格。

2. 专业测定价

专业测定价是基于对常用定额材料标准化处理后，进行多方渠道价格获取、综合比对的

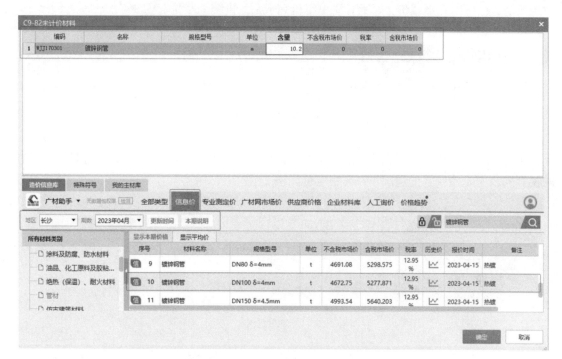

图 9-14　未计价材料价格设置

加权平均价格，主要用于辅材价格调整和机械台班价格调整。

3.市场价

市场价来源于真实的厂商发布的价格，每条价格有清晰的价格来源和供应商的基础信息。

"广材助手"数据信息服务包将信息价、市场价、专业测定价与各地定额中的材料建立逐条对应关系，形成智能调价体系，通过双击载价、批量载价、加权平均等功能大幅提升调价工作效率。

从图 9-14 中可以看出，"广材助手"数据信息服务包根据未计价材料信息，自动关联出了不同管径规格镀锌钢管 2023 年 4 月的信息价（由于没有购买广材助手数据包权限，信息价不是最新的，购买权限后，可以关联到最新的数据）。由于本工程案例是编制最高投标限价（招标控制价），采用政府造价站发布的价格是合适的。若某种材料没有信息价，可以参考专业测定价或市场价。"广材助手"数据信息服务包给出的镀锌钢管信息价的单位为 t，与清单单位 m 不一致。双击 DN100 镀锌钢管信息价载入价格，由于单位不一致，弹出单位换算对话框，经查询，管径规格 DN100、4 mm 厚镀锌钢管 1 m = 11.53 kg = 0.01153 t，在单位换算对话框（图 9-15），输入该换算关系，点击"确定"，信息价就载入到未计价材料。同时，对未计价材料的名称、规格型号进行编辑，便于后续人、机、材的统计，如图 9-16 所示。

上述为逐条清单未计价材料载价的方法。在各清

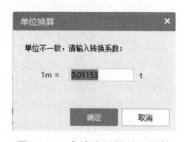

图 9-15　未计价材料单位换算

单组价时，也可以先不载价，等所有清单组价完成后，再统一载价。

图 9-16　未计价材料载价

未计价材料载价完成后，弹出定额换算对话框，如图 9-17 所示，确定本工程量清单存在的换算列表中定额换算的情况，勾选相应单元格。

图 9-17　定额换算

定额换算设置完成后，弹出关联子目对话框，如图 9-18 所示，水喷淋钢管安装的关联子目包括管道刷油、防腐等，根据工程量清单计价计量规范，管道刷油有单独的清单项，因此不在管道安装清单下添加刷油子目。

(二)清单附项组价

水喷淋钢管的安装，根据工程量清单计量规范，其工作内容除了包含主项"管道及管件安装"，还包括"钢管镀锌、压力试验、冲洗、管道标识"等附项，而定额的工作内容为"切管、调直、沟槽制作、管件及管道安装"，不包括附项的工作内容。在利用清单指引插入主项子目时，这些附项也列出来了，只是这些附项子目为空，没有匹配到合适子目。可以采用查询定额的方法，找到对应附项子目，插入清单组价中。镀锌钢管一般为成品，镀锌工作不需要单独列项，管道标识设计文件无明确要求，而压力试验和冲洗两个附项工作都需要完成。清单组价的主项和附项如图 9-19 所示。

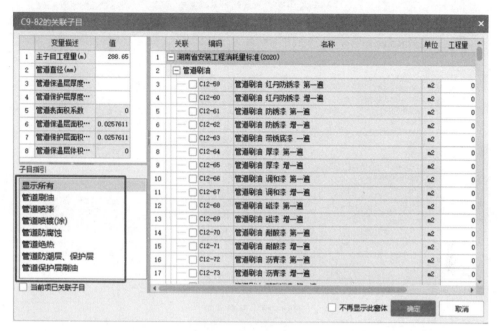

图 9-18 关联子目

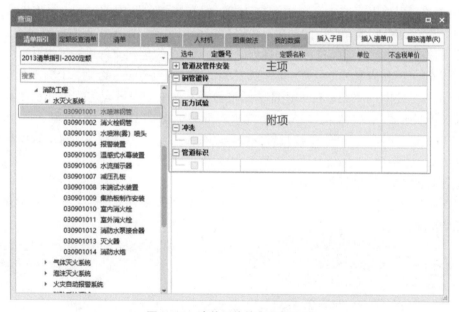

图 9-19 清单组价的主项和附项

在查询对话框顶部导航栏点击"定额",进入查询定额界面,如图 9-20 所示,在"搜索"栏输入"压力试验",在对话框右边出现的定额中,选中"管道压力试验 公称直径(mm 以内) 100",在顶部导航栏点击"插入",弹出定额换算对话框,点击"确定"插入该附项子目。用同样的方法插入冲洗子目。

图 9-20   查询定额

(三) 查询定额及定额工程量

利用清单指引可以完成大部分清单的组价，但有些清单匹配的主项、附项的子目均为空，比如"声光报警器"清单项，此种情况可以直接查询定额，按照相应的章节去查询，或者输入关键词查询，找到合适的定额双击插入。清单指引的智能化有待进一步提升。

如果定额单位和清单单位一致，则定额工程量可以自动匹配，否则，定额工程量需要根据与清单工程量之间的关系，在工程量单元格输入，或在工程量表达式单元格编辑。比如"喷淋灭火控制装置调试"清单工程量，是按水流指示器数量以点（之路）计算，而"水灭火系统控制装置调试"定额工程量，是按报警阀控制的喷头数量计算工程量，每一台报警阀为一个独立系统，以"系统"为计量单位。该清单与对应的定额不仅单位不同，而且工程量计算的对象也不同，清单工程量计算水流指示器的数量，定额工程量为控制多少个喷头的一个系统，因此，建议该清单及对应定额的单位及工程量计算对象能相对统一。本工程案例系统调试清单组价如图 9-21 所示。

	编码	类别	名称	项目特征	单位	工程量表达式	工程量	综合单价	综合合价
38	☐ 030905001001	项	自动报警系统调试	1. 点数: 619 2. 线制: 总线制	系统	1	1	23282.92	23282.92
	C9-235	定	自动报警系统装置调试 1000 点以下		系统	QDL	1	23282.92	23282.92
39	☐ 030905002001	项	消火栓系统控制装置调试	1. 系统形式: 200点以下	点	67	67	60.91	4080.97
	C9-244	定	水灭火系统控制装置调试 室内消火栓灭火系统调试		点	QDL	67	60.91	4080.97
40	☐ 030905002002	项	高区喷淋灭火控制装置调试	...	1. 系统形式: 500点以下	点	9	9	998.18	8983.62
	C9-242	定	水灭火系统控制装置调试 500 点以下		系统	1	1	8983.63	8983.63
41	☐ 030905002003	项	低区喷淋灭火控制装置调试	1. 系统形式: 500点以下	点	8	8	1122.95	8983.6
	C9-242	定	水灭火系统控制装置调试 500 点以下		系统	1	1	8983.63	8983.63

图 9-21   定额单位与清单单位不同时的定额工程量

(四)清单组价结果查看与修改

"水喷淋钢管 DN100"清单组价结果如图 9-22 所示。清单数据编辑区下方为属性区,可以查看清单组价结果,也可以对清单组价进行修改。清单组价相关属性及作用如下:

(1)工料机显示、单价构成:可以查看清单项及参与组价各定额项的相关数据。

(2)标准换算、换算信息:可以调整定额换算的情况,换算结果在换算信息里显示。

(3)安装费用:可以设置与该清单项相关的措施项目费用,如果整个工程统一设置,则不用每条清单单独设置,如图 9-23 所示。

(4)特征及内容:显示工程量清单计量规范规定的工作内容、项目特征及个人数据,可以对清单项目特征进行编辑。

(5)组价方案:显示个人及行业针对该清单的组价方案,如果有合理的组价方案,双击该方案便可完成组价,个人组价方案来源于个人历史组价方案的存档数据,如图 9-24 所示。

(6)显示工程量清单计量规范针对该清单的相关说明。

	编码	类别	名称	项目特征	单位	工程量表达式	工程量	综合单价	综合合价
B1	□ C.9		消防工程						30114.85
1	□ 030901001001	项	水喷淋钢管DN100	1. 安装部位:吊顶暗敷 2. 材质、规格:镀锌钢管100 3. 连接形式:沟槽连接	m	288.65	288.65	104.33	30114.85
	□ C9-62	定	水喷淋镀锌钢管(沟槽连接)公称直径(mm以内)100		10m	QDL	28.865	959.52	27696.54
	└ WJJ17030103	主	镀锌钢管DN100		m		294.423		
	─ C10-592	定	管道压力试验 公称直径(mm以内)100		100m	QDL	2.8865	688.47	1987.27
	─ C10-574	定	管道消毒、冲洗 公称直径(mm以内)100		100m	QDL	2.8865	149.28	430.9
2	030901001002	项	水喷淋钢管DN125	1. 安装部位:吊顶暗敷 2. 材质、规格:镀锌钢管125 3. 连接形式:沟槽连接	m	48.18	48.18	0	0

		工料机显示	单价构成	标准换算	换算信息	安装费用	特征及内容	组价方案	工程量明细	垂直运输明细	反查图
序号	费用代号	名称	计算基数	基数说明	费率(%)	单价	合价	费用类别
1	1	A	直接费	A1+A2+A3	人工费+材料费+机械费		831.73	24007.89	直接工程费
2	1.1	A1	人工费	RGF	人工费		245	7071.93	人工费
3	1.2	A2	材料费	CLF+ZCF+SBF	材料费+主材费+设备费		553.34	15972.16	材料费
4	1.3	A3	机械费	JXF	机械费		33.39	963.8	机械费
5	2	B	管理费	JQ_RGF	基期人工费	32.16	78.79	2274.27	企业管理费
6	3	C	利润	JQ_RGF	基期人工费	20	49	1414.39	利润
7	4	D	分部分项工程费	A+B+C	直接费+管理费+利润		959.52	27696.54	工程造价

属性区

图 9-22　清单组价单价构成

图 9-23　清单组价安装费用

图 9-24　清单组价方案

第四节　措施项目、其他项目清单计价

一、措施项目费

点击二级导航栏的"措施项目"，进入措施项目费编辑页面，如图 9-25 所示。措施项目费主要包括 3 类：总价措施费、绿色施工安全防护措施项目费、单价措施费。其中，绿色施工安全防护措施项目费、总价措施费中的冬雨季施工增加费已按规范规定自动计取，其他措施项目费可根据规范规定及项目实际情况分别列项计取。

软件提供了"记取安装费用功能"，可以快速对多个措施项目记取安装费用，操作步骤如下：

(1)点击功能区"安装费用""记取安装费用"，弹出"统一设置安装费用"对话框，如图 9-26 所示。

(2)根据规范规定及项目实际情况，勾选本工程需要计取的费用项，如图 9-26 所示。

(3)设置费用项的计取位置(对应清单、指定清单、指定措施)、选择记取规则，点击确定，完成计取安装费用。

序号	名称	单位	项目特征	组价方式	计算基数	费率(%)	工程量表达式	工程量	综合单价	综合合价
− C03	措施项目									47647.83
− C0301	总价措施费									2220.42
1　03B001	压缩工期措施增加费（招投标）	项		计算公式组价	RGF+JXF+JSCS_RGF +JSCS_JXF	0	1	1	0	0
2　03B002	工程定位复测费	项		计算公式组价			1	1	0	0
3　03B003	专业工程中的有关措施项目费	项		计算公式组价			1	1	0	0
4　031302002001	夜间施工增加费	项		计算公式组价			1	1	0	0
5　031302005001	冬雨季施工增加费	项		计算公式组价	FBFXHJ+JSCSF	0.16	1	1	2220.42	2220.42
6　031302006001	已完工程及设备保护费	项		计算公式组价			1	1	0	0
7　031301010001	安装与生产同时进行施工增加	项		可计量清单			1	1	0	0
8　031301011001	在有害身体健康环境中施工增加	项		可计量清单			1	1	0	0
9　031302007001	高层工增加	项		可计量清单			1	1	0	0
− C0302	绿色施工安全防护措施项目费									45427.41
− 一	绿色施工安全防护措施项目费									45427.41
10　其中	安全生产费	项		计算公式组价	JQ_RGF+JQ_JSCS_RGF	10	1	1	39502.09	39502.09
11　031302001···	绿色施工安全防护措施项目费	项		计算公式组价	JQ_RGF+JQ_JSCS_RGF	11.5	1	1	45427.41	45427.41
− 二	按工程量计算部分									0
1	按项计算措施项目费									0
2	单价措施项目费									0
− C0303	单价措施费									0
12　−	自动提示：请输入清单简称	项		可计量清单			1	1	0	0
	自动提示：请输入子目简称							0	0	0

图 9-25　措施项目费编辑页面

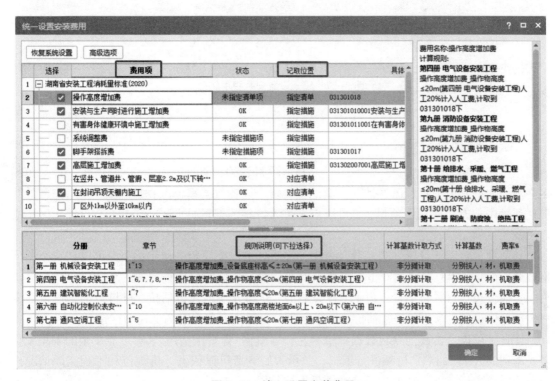

图 9-26　统一设置安装费用

(4)若计取安装费用有误，可以点击功能区"安装费用""记取安装费用"，在弹出的"统一设置安装费用"对话框，点击"恢复系统设置"，点击"确定"，取消之前计取的安装费用。

计取安装费用后，在措施项目编辑页面，删除不需要的措施项目，对清单项目特征等内容进行完善，如图 9-27 所示。

序号		名称	单位	项目特征	组价方式	计算基数	费率(%)	工程量表达式	工程量	综合单价	综合合价
-	C03	措施项目									126981.77
-	C0301	总价措施费									57153.13
1	031302005001	冬雨季施工增加费	项		计算公式组价	FBFXHJ+JSCSF	0.16	1	1	2258.18	2258.18
2	031301010001	安装与生产同时进行施工增加	项		可计量清单			1	1	39502.09	39502.09
	BM29	安装与生产同时进行施工增加费(第四册 电气设备安装工程)	元					1	1	9543.08	9543.08
	BM108	安装与生产同时进行施工增加费(第十册 给排水、采暖、燃气工程)	元					1	1	7432.34	7432.34
	BM91	安装与生产同时进行施工增加费(第九册 消防设备安装工程)	元					1	1	21506.72	21506.72
	BM121	安装与生产同时进行施工增加费(第十二册 刷油、防腐蚀、绝热工程)	元					1	1	1019.95	1019.95
3	031302007001	高层施工增加	项		可计量清单			1	1	15392.86	15392.86
	BM18	高层施工增加费,建筑物层数18层以下(60m)(第四册 电气设备安装工程)	元					1	1	3817.23	3817.23
	BM97	高层施工增加费,建筑物层数18层以下(60m)(第十册 给排水、采暖、燃气工程)	元					1	1	2972.94	2972.94
	BM80	高层施工增加费,建筑物层数18层以下(60m)(第九册 消防设备安装工程)	元					1	1	8602.69	8602.69
	C0302	绿色施工安全防护措施项目费									46230.6
	一	绿色施工安全防护措施项目费									46230.6
4	其中	安全生产费	项		计算公式组价	JQ_RGF+JQ_JSCS_RGF	10	1	1	40200.52	40200.52
5	031302001···	绿色施工安全防护措施项目费	项		计算公式组价	JQ_RGF+JQ_JSCS_RGF	11.5	1	1	46230.6	46230.6
	C0303	单价措施费									23598.04
6	031301017001	脚手架搭拆	项	脚手架搭拆	可计量清单			1	1	23598.04	23598.04
	BM14	脚手架搭拆费(第四册 电气设备安装工程)	元					1	1	5642.63	5642.63
	BM93	脚手架搭拆费(除单独承担的埋地管道工程)(第十册 给排水、采暖、燃气工程)	元					1	1	4394.59	4394.59

图 9-27 统一设置安装费用结果

二、其他项目费

点击二级导航栏的"其他项目"，进入其他项目费编辑页面，如图 9-28 所示。按规范规定必须计取的其他项目费已经计取。其他项目费可以在数据编辑区直接编辑，如果左侧的导航栏列表中如有相应费用项目，也可以点击进入详细的编辑页面进行编辑，数据编辑区汇总显示。

其他项目费需要设置计算基数及费率，软件已将规范规定的费率内置，可以在费率单元格查询，查询到相应费率后双击即可载入费率。暂列金额的费率查询如图 9-29 所示。

暂估价包括材料暂估价、专业工程暂估价、分部分项工程暂估价，材料暂估价可以在人材机汇总中设置，专业工程暂估价、分部分项工程暂估价在本案例工程不存在。

计日工可以点击其他项目数据编辑区左侧导航栏"计日工费用"，对可能发生的零星工作需要用到的人工、材料、机械进行编辑。总承包服务费可以依据计价规范和工程实际情况按同样的方法进行计价。其他项目费的计价方法相同。

图 9-28　其他项目费编辑页面

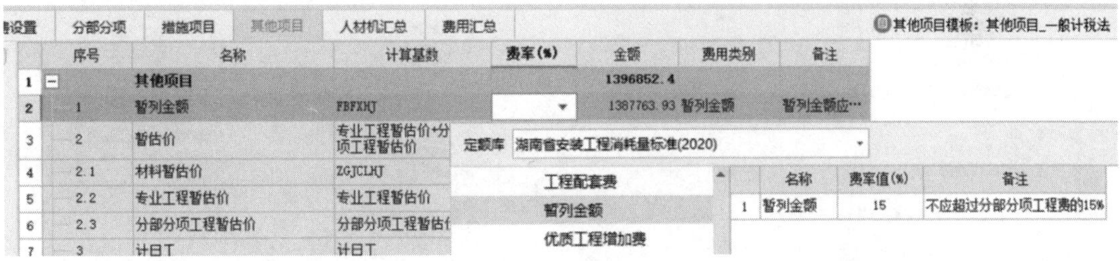

图 9-29　费率查询

三、人机材汇总

点击二级导航栏的"人机材汇总",进入人机材汇总页面,如图 9-30 所示。该页面可查看所有人机材、主要材料表、暂估材料表、发包人供应材料和设备等,还可以对材料的供货方式(自行采购、甲供材料、甲定乙供)及是否暂估进行设置。

四、批量载价、项目自检

对于在组价时没有设置价格或需要采用最新价格信息时的情况,可以进行批量载价,选择批量载价时需要依据"广材助手"数据信息服务包,由软件自动完成批量载价,如图 9-31 所示。

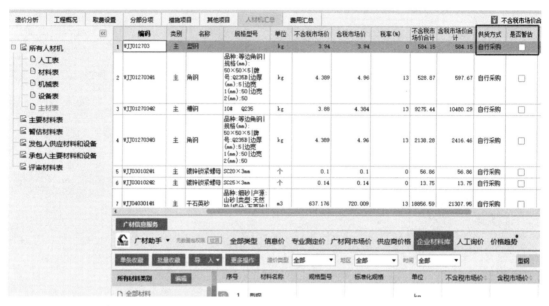

图 9-30　人机材汇总界面

图 9-31　批量载价

　　组价完成后，对工程进行常规性检查，避免出现不必要的错误。点击"项目自检功能"，如图 9-32 所示，设置检查项，执行检查，根据检查结果，对清单项目、单项工程等内容进行必要的修改。

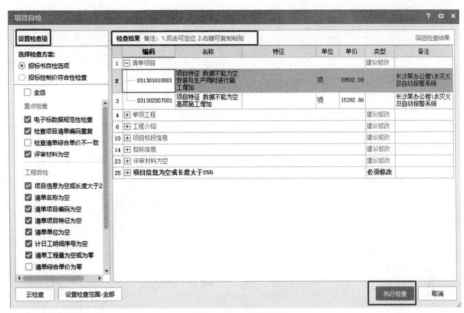

图9-32 项目自检

五、费用汇总、造价分析

点击二级导航栏的"费用汇总""造价分析",可以查看各项费用汇总情况及造价分析,如图9-33、图9-34所示。

	序号	费用代号	名称	计算基数	基数说明	费率(%)	金额
1	一	A	分部分项工程费	FBFXHJ	分部分项合计		1,388,347.89
2	1	A1	直接费	A11+A12+A13	人工费+材料费+机械费		1,182,302.35
3	1.1	A11	人工费	RGF	分部分项人工费		395,020.92
4	1.2	A12	材料费	CLF+ZCF+SBF+MGMMF	分部分项材料费+分部分项主材费+分部分项设备费+单株超过3万元的苗木		756,577.76
5	1.2.1	A121	其中:工程设备费/其他	SBF+MGMMF	分部分项设备费+单株超过3万元的苗木		0.00
6	1.3	A13	机械费	JXF	分部分项机械费		30,703.67
7	2	A2	管理费	GLF	分部分项管理费		127,040.32
8	3	A3	其他管理费	QTGLF	其他管理费		0.00
9	4	A4	利润	LR	分部分项利润		79,009.07
10	二	B	措施项目费	B1 + B2 + B3	单价措施项目费+总价措施项目费+绿色施工安全防护措施项目费		126,982.70
11	1	B1	单价措施项目费	JSCSF	技术措施项目合计		23,598.04
12	1.1	B11	直接费	B111+B112+B113	人工费+材料费+机械费		19,955.05
13	1.1.1	B111	人工费	JSCS_RGF	技术措施项目人工费		6,984.27
14	1.1.2	B112	材料费	JSCS_CLF+JSCS_ZCF+JSCS_SBF	技术措施项目材料费+技术措施项目主材费+技术措施项目设备费		12,970.78
15	1.1.3	B113	机械费	JSCS_JXF	技术措施项目机械费		0.00
16	1.2	B12	管理费	JSCS_GLF	技术措施项目管理费		2,246.13
17	1.3	B13	利润	JSCS_LR	技术措施项目利润		1,396.86
18	2	B2	总价措施项目费	ZZCSF	总价措施项目合计		57,154.06
19	3	B3	绿色施工安全防护措施项目费	LSSGAQFHHJ	绿色施工安全防护措施费合计		46,230.60
20	3.1	B31	其中安全生产费	AQSCF	安全生产费		40,200.52
21	三	C	其他项目费	QTXMHJ	其他项目合计		231,227.64
22	四	D	税前造价	A + B + C	分部分项工程费+措施项目费+其他项目费		1,746,558.23
23	五	E	销项税额	D-JGHJ	税前造价-甲供合计	9	157,190.24
24	六	F	建安工程造价	D + E	税前造价+销项税额		1,903,748.47

图9-33 费用汇总

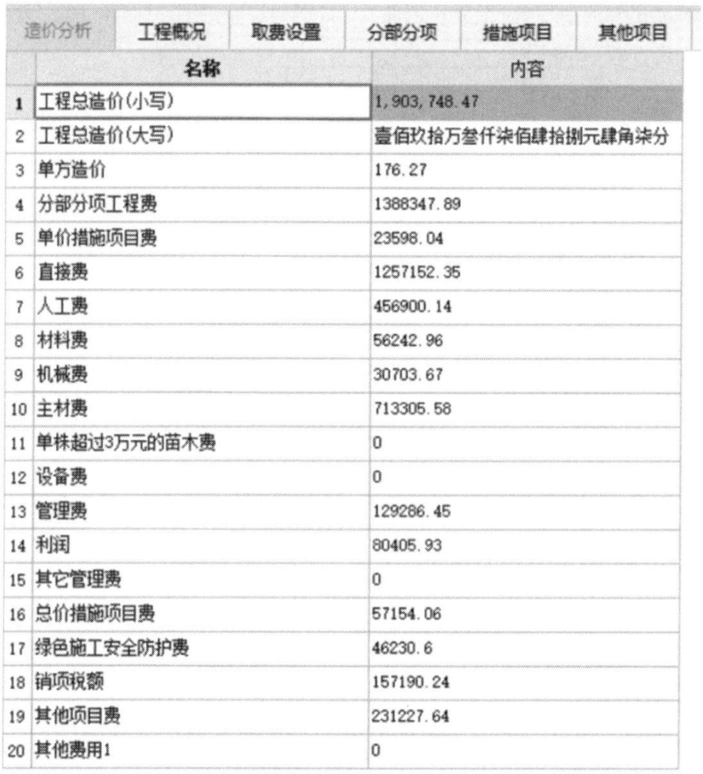

造价分析 | 工程概况 | 取费设置 | 分部分项 | 措施项目 | 其他项目

	名称	内容
1	工程总造价(小写)	1,903,748.47
2	工程总造价(大写)	壹佰玖拾万叁仟柒佰肆拾捌元肆角柒分
3	单方造价	176.27
4	分部分项工程费	1388347.89
5	单价措施项目费	23598.04
6	直接费	1257152.35
7	人工费	456900.14
8	材料费	56242.96
9	机械费	30703.67
10	主材费	713305.58
11	单株超过3万元的苗木费	0
12	设备费	0
13	管理费	129286.45
14	利润	80405.93
15	其它管理费	0
16	总价措施项目费	57154.06
17	绿色施工安全防护费	46230.6
18	销项税额	157190.24
19	其他项目费	231227.64
20	其他费用1	0

图 9-34　造价分析

六、云存档与智能组价

为了将本次组价方案在今后类似工程中应用，可以对本次组价方案进行云存档。分别切换至二级导航栏的“分部分项”“措施项目”页签，全选或部分选择需要云存档的清单，点击“云存档”功能，在下拉列表点击“组价方案”，在“存档选项”中为要存档的组价方案添加标签，方便后续使用更精准，点击“确定”完成存档。

今后对其他类似工程的分部分项、措施项目进行组价时，可以采用“智能组价”功能，将云存档的组价方案作为组价依据，进行快速、智能组价。

第五节　最高投标限价报表

报表是对完成预算后呈现的结果，导出存档或用来制作标书。其步骤如下：

(1)一级导航切换到“报表”页签，如图 9-35 所示。

(2)在分栏显示区里可以对报表数据进行查看。

(3)根据自身需要，点击功能区中的“批量导出 excel”“批量导出 PDF”“批量打印”，进行报表的输出。

(4)以批量导出 PDF 为例，首先选择报表类型，软件自动会把项目下所有的报表都呈现在界面上，然后根据自身需要，选择需要导出的表格，完成后点击“导出选中报表”即可；本

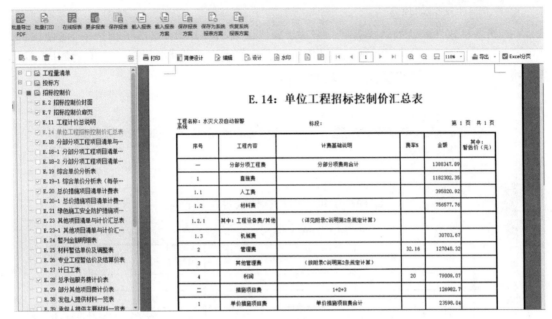

图 9-35　报表界面

案例工程编制招标控制价，报表类型及选中报表如图 9-36 所示。

图 9-36　批量导出 PDF

报表功能使用的一些技巧：

（1）如果对软件默认的格式需要做修改，如修改页眉、页脚，点击工具条中"简便设计"功能，如图9-37所示。进行修改后，若需要所有的报表都按此进行修改，点击功能区"应用当前报表设置"完成整个设置，如图9-38所示。

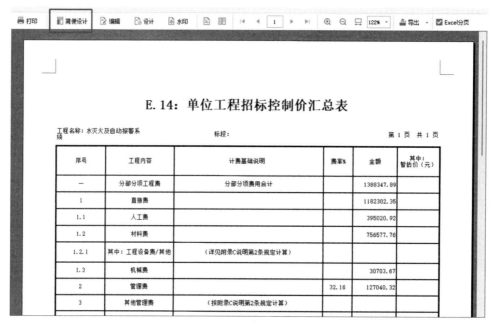

图 9-37　报表设计

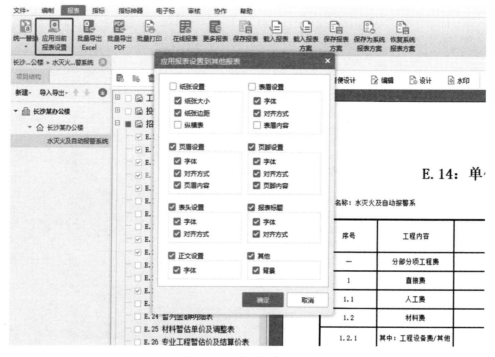

图 9-38　应用报表设置

（2）如果自身有积累的报表，可以载入报表；如果希望把自己常用的报表放在一个文件夹里，可以在分栏显示区鼠标右键新建文件夹。对新建的文件夹进行命名，然后可以把常用报表放在自己新建的文件夹下。

（3）如果更改过的报表想要后几个工程都用，可以点击功能区"保存系统报表方案"进行保存。

参考文献

［1］全国造价工程师职业资格考试培训教材编审委员会. 建设工程计价［M］. 北京：中国计划出版社，2023.

［2］全国造价工程师职业资格考试培训教材编审委员会. 建设工程造价管理基础知识［M］. 北京：中国计划出版社，2023.

［3］张岩俊，曹立辉. 土木工程概预算［M］. 北京：机械工业出版社，2014.

［4］中华人民共和国住房和城乡建设部. 建设工程工程量清单计价规范：GB 50500—2013［S］. 北京：中国计划出版社，2013.

［5］中华人民共和同住房和城乡建设部. 通用安装工程工程量计算规范：GB 50856—2013［S］. 北京：中国计划出版社，2013.

［6］中华人民共和国住房和城乡建设部，中华人民共和国财政部. 住房城乡建设部 财政部关于印发《建筑安装工程费用项目组成》的通知：建标［2013］44 号［A/OL］.（2013-3-21）［2013-4-1］. https://www. gov. cn/zwgk/2013-04/01/content_2367610. htm.

［7］湖南省建设工程造价管理总站. 湖南省建设工程计价办法［M］. 北京：中国建材工业出版社，2020.

［8］湖南省建设工程造价管理总站. 湖南省安装工程消耗量标准（基价表）［M］. 北京：中国建材工业出版社，2020.

［9］中华人民共和国公安部. 消防给水及消火栓系统技术规范：GB 50974—2014［S］. 北京：中国计划出版社，2014.

［10］中华人民共和国公安部. 火灾自动报警系统设计规范：GB 50116—2013［S］. 北京：中国计划出版社，2014.

［11］中国建筑标准设计研究院. 室内消火栓安装：15S202［M］. 北京：中国计划出版社，2015.

［12］中国建筑标准设计研究院. 自动喷水灭火设施安装：20S206［M］. 北京：中国计划出版社，2021.

［13］中国建筑标准设计研究院.《火灾自动报警系统设计规范》图示：14X505-1［M］. 北京：中国计划出版社，2014.